Die Abwicklung des Arbeitsverhältnisses nach erfolgreicher Statusklage im Rundfunk

Studien zum deutschen und europäischen Medienrecht

herausgegeben von Dieter Dörr und Udo Fink

mit Unterstützung der Dr. Feldbausch Stiftung

Bd. 34

Frankfurt am Main · Berlin · Bern · Bruxelles · New York · Oxford · Wien

Nina Knorre

Die Abwicklung des Arbeitsverhältnisses nach erfolgreicher Statusklage im Rundfunk

PETER LANG
Internationaler Verlag der Wissenschaften

Bibliografische Information der Deutschen Nationalbibliothek
Die Deutsche Nationalbibliothek verzeichnet diese Publikation in
der Deutschen Nationalbibliografie; detaillierte bibliografische
Daten sind im Internet über <http://www.d-nb.de> abrufbar.

Zugl.: Mainz, Univ., Diss., 2007

D 77
ISSN 1438-4981
ISBN 978-3-631-57621-2
© Peter Lang GmbH
Internationaler Verlag der Wissenschaften
Frankfurt am Main 2008
Alle Rechte vorbehalten.

Das Werk einschließlich aller seiner Teile ist urheberrechtlich
geschützt. Jede Verwertung außerhalb der engen Grenzen des
Urheberrechtsgesetzes ist ohne Zustimmung des Verlages
unzulässig und strafbar. Das gilt insbesondere für
Vervielfältigungen, Übersetzungen, Mikroverfilmungen und die
Einspeicherung und Verarbeitung in elektronischen Systemen.

www.peterlang.de

Meinen Eltern

Vorwort

Die vorliegende Arbeit wurde im Sommersemester 2005 vom Fachbereich Rechts- und Wirtschaftswissenschaften der Johannes Gutenberg-Universität in Mainz als Dissertation angenommen.

Mein Dank gilt zu allererst Frau Professor Dr. Dagmar Kaiser, die durch ihre konstruktive Kritik und zahlreiche Anregungen maßgeblich zum Gelingen der Arbeit beigetragen hat. Bedanken möchte ich mich an dieser Stelle auch für die stets angenehme Zusammenarbeit an ihrem Lehrstuhl. Ebenso danke ich Herrn Professor Dr. Curt Wolfgang Hergenröder für die zügige Erstellung des Zweitgutachtens.

Bedanken möchte ich mich auch bei meinen Freunden, die mir stets geduldig und aufmunternd zur Seite gestanden und mich immer unterstützt haben. Besonderer Dank gebührt Sonja Kostersitz dafür, dass sie die Arbeit mit großem Einsatz Korrektur gelesen hat.

Schließlich möchte ich ganz besonders meiner Familie danken, ohne deren Unterstützung mein Studium und meine Dissertation nicht möglich gewesen wäre.

Mainz, im Mai 2008   Nina Knorre

Inhaltsverzeichnis

Abkürzungsverzeichnis... 16
Erstes Kapitel: Einleitung.. 19
  A.   Problemstellung und Gegenstand der Untersuchung 19
  B.   Gang der Untersuchung 21
Zweites Kapitel: Der freie Mitarbeiter in den Medien   25
  A.   Die Bedeutung des freien Mitarbeiters für die Medien 25
    I.   Vorbemerkung 25
    II.   Hintergrund: Freie Mitarbeit in Rundfunkanstalten 26
      1.   Festangestellte Rundfunkmitarbeiter................................. 27
      2.   Freie Mitarbeiter.. 29
      a)   Fester Freier oder freier Freier? 29
      b)   Tarifvertragliche Regelungen... 31
      c)   Tarifvertragliche Absicherung 32
      3.   Sozialrechtliche Besonderheiten bei freien Mitarbeitern 34
      a)   Künstlersozialversicherung 34
      b)   Beschäftigung im Sinne von § 7 Abs. 1 SGB IV 36
      c)   Pensionskasse für freie Mitarbeiter 37
      4.   Steuerrechtliche Behandlung der freien Mitarbeiter 38
  B.   Begriffsbestimmungen... 39
    I.   Arbeitsrechtliche Definition des Arbeitnehmers 40
      1.   Allgemeiner Arbeitnehmerbegriff....................................... 40
      a)   Abgrenzungskriterien der Rechtsprechung 40
        (1) Weisungsrecht 41
        (2) Eingliederung 42
        (3) Typologische Methode des BAG 43
      2.   Berücksichtigung der Rundfunkfreiheit 44
      a)   Der ursprüngliche Ansatz des BAG 45
      b)   Die Rechtsprechung des BVerfG 46
        (1) WDR-Beschluss des BVerfG vom 13.1.1982............ 46
        (2) Die zweite Mitarbeiterentscheidung vom 28.6.1983 49

		(3)	Beschluss der 3. Kammer des BVerfG vom 3.12.1992 50

- (3) Beschluss der 3. Kammer des BVerfG vom 3.12.1992 50
- (4) Beschluss der 1. Kammer des BVerfG vom 18.2.2000 51
- (5) Kammerbeschluss vom 22.8.2000 52
- c) Die Interpretation der Beschlüsse des BVerfG 52
  - (1) Der Meinungsstand im Schrifttum 52
  - (2) Die neuere Rechtsprechung 53
- d) Stellungnahme 57
- e) Die Entwicklung der Rechtsprechung des BAG 59
- f) Ergebnis 62
- II. Sozialversicherungsrechtlicher Beschäftigtenbegriff 63
  - 1. Abgrenzungskriterien nach der Rechtsprechung 64
    - a) Weisungsrecht 65
    - b) Eingliederung 65
    - c) Unternehmerrisiko 66
    - d) Typologische Methode des Bundessozialgerichts 66
  - 2. Literatur 67
  - 3. Rundfunkmitarbeiter 67
- III. Steuerrechtlicher Arbeitnehmerbegriff 68
  - 1. Abgrenzungskriterien nach der Rechtsprechung 69
    - a) Weisungsrecht 69
    - b) Eingliederung 70
    - c) Fehlen eines Unternehmerrisikos 70
    - d) Typologische Methode 71
  - 2. Literatur 71
  - 3. Rundfunkmitarbeiter 72
- IV. Zusammenfassung des zweiten Kapitels 72

Drittes Kapitel: Der Statusprozess 75

- A. Prozessuale Grundsätze 75
  - I. Erhebung der Statusklage 76
  - II. Zuständigkeit der Arbeitsgerichte 77
  - III. Feststellungsinteresse 78
    - a) Grundsätze 78
    - b) Rückwirkende Geltendmachung 80
    - c) Einwand des Rechtsmissbrauchs 83
- B. Feststellung der Arbeitnehmereigenschaft 84

I.		Nicht programmgestaltende Tätigkeit	84
II.		Programmgestaltende Tätigkeit	85
III.		Befristetes oder unbefristetes Arbeitsverhältnis	87
	1.	Nicht programmgestaltende Mitarbeit	88
	2.	Programmgestaltende Mitarbeit	89
	3.	Schriftformerfordernis des § 14 Abs. 4 TzBfG	90
C.		Zusammenfassung des dritten Kapitels	92

Viertes Kapitel: Das Arbeitsverhältnis nach Statusfeststellung ... 95

A.				Festlegung des Vertragsinhalts durch die Parteien	95
	1.			Arbeitsrechtlicher Rechtsformzwang	97
	2.			Konsequenzen für die Wirksamkeit	99
		a)		Rechtsfolgen bei beiderseitigem Rechtsirrtum	100
			(1)	Dissens	101
			(2)	Falsa demonstratio	102
			(3)	Anfechtung	104
			(4)	Gesetzliches Verbot	104
			(5)	Zwischenergebnis	106
		b)		Rechtsfolgen bei bewusster Falschbezeichnung	106
			(1)	Scheingeschäft § 117 BGB	106
			(2)	Zwischenergebnis	108
		c)		Rechtsfolgen bei Irrtum nur einer Vertragspartei	108
			(1)	Falsa demonstratio	108
			(2)	Anfechtung	109
		d)		Zusammenfassung	109
	3.			Konsequenzen für den Vertragsinhalt	109
		a)		Grundsatz	109
		b)		Auswirkungen auf den Vertragsinhalt	110
	4.			Zusammenfassung	112
B.				Ermittlung des Inhalts des Arbeitsverhältnisses	113
I.				Vergütung und Vergütungshöhe	113
	1.			Die frühere Position der Rechtsprechung	114
	2.			Die heutige Position der Rechtsprechung	116
	3.			Ansichten in der Literatur	120
	4.			Eigene Stellungnahme	121

	a)		Auslegung der Honorarvereinbarung 122
		(1)	Ausdrückliche Honorarabrede 122
		(2)	Stillschweigende Vereinbarung 126
		(3)	Keine Honorarvereinbarung im freien Mitarbeiterverhältnis 127
	b)		Störung der Geschäftsgrundlage 128
		(1)	Vorrang des Arbeitsvertrages 128
		(2)	Voraussetzungen des § 313 BGB 129
	c)		Vergütungshöhe im Arbeitsverhältnis 133
		(1)	Übliche Vergütung nach § 612 Abs. 2 BGB 133
		(2)	Tarifliche Vergütung 135
	d)		Brutto- oder Nettolohnvereinbarung? 137
	e)		Unmittelbare Anwendbarkeit tarifvertraglicher Regelungen über die Entgelthöhe 138
	f)		Gleichbehandlungsgrundsatz 139
5.			Ergebnis 139
II.	Arbeitspflicht 140
1.			Art der Arbeitsleistung 141
	a)		Vertragliche Abrede 141
	b)		Inhaltsbestimmung aufgrund der Umstände 143
	c)		Schriftformklauseln 145
	d)		Konkretisierung der Art der Arbeitsleistung 149
2.			Ort der Arbeitsleistung 152
	a)		Vertragliche Abrede 152
	b)		Inhaltsbestimmung aufgrund der Umstände 152
	c)		Konkretisierung des Ortes der Arbeitsleistung 153
3.			Dauer der Arbeitsleistung 153
	a)		Vertragliche Abrede 153
	b)		Inhaltsbestimmung aufgrund der Umstände 154
	c)		Beweiserleichterung durch das Nachweisgesetz 159
4.			Lage der Arbeitsleistung 161
	a)		Vertragliche Abrede 161
	b)		Inhaltsbestimmung aufgrund der Umstände 161
5.			Ergebnis 162
III.	Weitere Pflichten des Arbeitgebers 163

1.		Erholungsurlaub	163
a)		Allgemeines	163
b)		(Tarif-)vertragliche Abrede	164
	(1)	Grundsätze	166
	(2)	Auslegung der Bezugnahmeklausel	167
	(3)	Tarifanwendung durch ergänzende Vertragsauslegung	168
	(4)	Tarifanwendung aufgrund betrieblicher Übung	169
c)		Gleichbehandlungsgrundsatz	173
	(1)	Dogmatische Begründung	174
	(2)	Voraussetzungen des Gleichbehandlungsgrundsatzes	175
	(3)	Rechtsfolgen einer Verletzung der Gleichbehandlungspflicht	177
2.		Entgeltfortzahlung	178
a)		Fortbestehen des Vergütungsanspruchs bei Krankheit	179
b)		Entgeltfortzahlung an Feiertagen	179
3.		Einbeziehung in die betriebliche Altersversorgung	180
4.		Ergebnis	181
IV.		Zusammenfassung des vierten Kapitels	181

Fünftes Kapitel: Sozialversicherungsrechtliche Folgen der
Statusfeststellung 183

I.		Grundsätzliches zur Sozialversicherungspflicht	183
	1.	Beginn der Beitragspflicht	183
	2.	Das Lohnabzugsverfahren	184
II.		Haftung für die Vergangenheit	185
III.		Erstattung zuviel erhobener Beiträge	187
IV.		Zusammenfassung des fünften Kapitels	188

Sechstes Kapitel: Steuerrechtliche Auswirkungen der
Statusfeststellung 189

I.		Lohnsteuerschuld des Arbeitnehmers	190
	1.	Lohnsteuerschuld des abhängig Beschäftigten	190
	2.	Lohnsteuerschuld des Scheinselbstständigen	191
II.		Lohnsteuernachforderungen des Finanzamtes	192
	1.	Lohnsteuerschuld	192
	2.	Bemessungsgrundlage	193
III.		Umsatzsteuerrechtliche Folgen	195

1.		Grundsätzliches zur Umsatzsteuer	195
2.		Umsatzsteuerrechtliche Folgen beim Arbeitgeber	196
3.		Umsatzsteuerrechtliche Folgen beim Arbeitnehmer	196
a)		Unberechtigter Steuerausweis	196
b)		Rechnungsberichtigung	197
IV.		Zusammenfassung des sechsten Kapitels	198

Siebentes Kapitel: Die Rückabwicklung des Arbeitsverhältnisses ... 201

A.		Ansprüche des Arbeitgebers für die Vergangenheit	201
I.		Rückzahlung der überzahlten Vergütung	202
1.		Die frühere Vorgehensweise der Rechtsprechung	202
2.		Die neuere Rechtsprechung des BAG	204
a)		Anspruch aus § 812 Abs. 1 S. 1 Alt. 1 BGB	205
	(1)	Leistung	205
	(2)	Bereicherungsgegenstand	206
b)		Ohne Rechtsgrund	209
c)		Anspruchsumfang	212
d)		Kenntnis von der Nichtschuld	214
e)		Einwand des Arbeitnehmers: Entreicherung	215
3.		Begrenzung durch tarifliche Ausschlussfristen	217
a)		Tarifliche Ausschlussfristen	217
b)		Beginn der Verfallfrist	219
c)		Anwendbarkeit auf die Nichtorganisierten	221
d)		Arbeitsrechtlicher Gleichbehandlungsgrundsatz	221
4.		Verjährung des Bereicherungsanspruchs	223
II.		Erstattung der Arbeitnehmeranteile	223
1.		Lohnabzugsverfahren	224
2.		Anspruchsbeschränkung durch Pfändungsfreigrenze	225
3.		Anspruch aus § 826 BGB	226
4.		Anspruch aus § 812 Abs. 1 S. 1 Alt. 1 BGB	226
III.		Erstattung der Arbeitgeberanteile	227
IV.		Lohnsteuererstattungsanspruch	230
1.		Anspruchsgrundlagen	230
2.		Tarifliche Ausschlussfrist	231
a)		Anspruch aus dem Arbeitsverhältnis	231

	b)	Fristbeginn	232
V.		Ergebnis	233
B.		Ansprüche des Arbeitnehmers für die Vergangenheit	234
	I.	Anspruch auf Annahmeverzugslohn (§§ 611, 615 BGB)	235
	II.	Unterbliebene Entgeltfortzahlung im Krankheitsfall	236
	III.	Unterbliebene Gewährung von Urlaub	237
		1. Befristung des gesetzlichen Urlaubsanspruchs	237
		2. Ersatzurlaubsanspruch	238
		3. Anwendbarkeit tariflicher Verfallfristen	239
	IV.	Schadensersatzanspruch wegen Verletzung der Nachweispflicht	240
	V.	Schadensersatzanspruch wegen Rentenkürzung	241
	VI.	Ergebnis	241

Achtes Kapitel: Zusammenfassung der Ergebnisse und Schlussbetrachtung.. 243

A. Zusammenfassung der Ergebnisse... 243

B. Schlussbetrachtung 246

Literaturverzeichnis... 249

Abkürzungsverzeichnis

Abs.	Absatz
AcP	Archiv für die civilistische Praxis
Alt.	Alternative
a. M.	am Main
AN	Arbeitnehmer
AO	Abgabenordnung
AP	Arbeitsgerichtliche Praxis, Sammlung arbeitsgerichtlicher Rechtsprechung
APS	Ascheid, Preis, Schmidt: Großkommentar zum Kündigungsrecht
ArbGG	Arbeitsgerichtsgesetz in der Fassung der Bekanntmachung vom 02. Juli 1979, zuletzt geändert durch VO vom 18.05.2004
AR-Blattei	Arbeitsrecht-Blattei
ArbRB	Der Arbeitsrechtsberater
ArbR-BGB	Das Arbeitsrecht im BGB, herausgegeben von Peter Schliemann
ArbZG	Arbeitszeitgesetz vom 06.06.1994, zuletzt geändert am 24.12.2003
AuA	Arbeit und Arbeitsrecht
Aufl.	Auflage
AuR	Arbeit und Arbeitsrecht
BAG	Bundesarbeitsgericht
BB	Betriebs-Berater
BetrVG	Betriebsverfassungsgesetz in der Fassung der Bekanntmachung vom 25.09.2001, zuletzt geändert am 18.05.2004
BFH	Bundesfinanzhof
BGB	Bürgerliches Gesetzbuch in der Fassung der Bekanntmachung vom 02.01.2002
BGH	Bundesgerichtshof
BR	Betriebsrat

BSG	Bundessozialgericht
BStBl	Bundessteuerblatt
BT-Drs.	Bundestags-Drucksache
BUrlG	Mindesturlaubsgesetz für Arbeitnehmer (Bundesurlaubsgesetz) vom 08.01.1963, zuletzt geändert am 07.05.2002
BVerfG	Bundesverfassungsgericht
BVerfGE	Entscheidung des Bundesverfassungsgerichts
Däubler/ Kittner	Däubler/ Kittner/ Klebe, Betriebsverfassungsgesetz mit Wahlordnung, Kommentar für die Praxis
DB	Der Betrieb
DW	Deutsche Welle
EFZG	Gesetz über die Zahlung des Arbeitsentgelts an Feiertagen und im Krankheitsfall (Entgeltfortzahlungsgesetz) vom 26.05.1994, zuletzt geändert am 23.12.2003
ErfK	Erfurter Kommentar zum Arbeitsrecht
Fitting/ Kaiser	Kaiser u.a., Kommentar zum Betriebsverfassungsgesetz
FS	Festschrift
GewO	Gewerbeordnung in der Fassung der Bekanntmachung vom 22.02.1999, zuletzt geändert am 24.12.2003
GG	Grundgesetz der Bundesrepublik Deutschland
GS	Großer Senat des BAG
HR	Hessischer Rundfunk
i.V.m.	in Verbindung mit
Jura	Juristische Ausbildung (Zeitschrift)
Kap.	Kapitel
KR	Gemeinschaftskommentar zum Kündigungsschutzrecht
KSchG	Kündigungsschutzgesetz in der Fassung der Bekanntmachung vom 25.08.1969, zuletzt geändert am 23.04.2004
LAG	Landesarbeitsgericht
LStR	Lohnsteuerrichtlinie
MAHArbR	Münchener Anwaltshandbuch Arbeitsrecht
MAHSozR	Münchener Anwaltshandbuch Sozialrecht
Medicus	Schuldrecht AT Schuldrecht I, Allgemeiner Teil, Lehrbuch von Dieter Medicus
MüKo	Münchner Kommentar zum Bürgerlichen Gesetzbuch

MünchArbR	Münchner Handbuch zum Arbeitsrecht
MuSchG	Gesetz zum Schutze der erwerbstätigen Mutter (Mutterschutzgesetz) in der Fassung der Bekanntmachung vom 20.06.2002, zuletzt geändert am 18.11.2003
NachwG	Gesetz über den Nachweis der für ein Arbeitsverhältnis geltenden wesentlichen Bedingungen
NJW	Neue Juristische Wochenschrift
NJW-RR	Rechtsprechungsreport der Neuen Juristische Wochenschrift
Nr.	Nummer
Palandt	Palandt, Kommentar zum BGB
Rn.	Randnummer
S.	Satz
SGB	Sozialgesetzbuch
SR	Saarländischer Rundfunk
Staudinger	J. von Staudingers Kommentar zum BGB
SWR	Südwestrundfunk
TPR	Manteltarifvertrag Privater Rundfunk; Manteltarifvertrag für die Arbeitnehmerinnen und Arbeitnehmer in Unternehmen des privatrechtlichen Rundfunks
TV	Tarifvertrag
TVG	Tarifvertragsgesetz in der Fassung vom 25.08.1969, zuletzt geändert am 25.11.2003
TzBfG	Gesetz über Teilzeitarbeit und befristete Arbeitsverträge (Teilzeit- und Befristungsgesetz)
UStG	Umsatzsteuergesetz
vgl.	vergleiche
WDR	Westdeutscher Rundfunk
z.B.	zum Beispiel
ZDF	Zweites Deutsches Fernsehen
ZfA	Zeitschrift für Arbeitsrecht
Ziff.	Ziffer

Im Übrigen werden die Abkürzungen des Abkürzungsverzeichnisses der Rechtssprache von Hildebert Kirchner, 5. Auflage, Berlin 2003, verwendet.

Erstes Kapitel: Einleitung

A. Problemstellung und Gegenstand der Untersuchung

Die Abgrenzung zwischen freien Mitarbeitern und Arbeitnehmern führt im Medienbereich nach wie vor zu Unsicherheiten. Wird ein freier Mitarbeiter, der schon seit Jahren für dieselbe Rundfunkanstalt[1] tätig ist, durch die lange Zusammenarbeit zum Arbeitnehmer? Kann sich „einklagen"[2], wer innerhalb eines bestimmten Zeitraumes besonders häufig eingesetzt wurde, ein eigenes Büro oder eine Visitenkarte mit dem Logo des Senders hat? Dass diese Problematik auch nach der Kritik des BVerfG an der so genannten Festanstellungsrechtsprechung des BAG in den achtziger Jahren nicht an Bedeutung verloren hat, wird in Anbetracht der zahlreichen höchstrichterlichen Entscheidungen deutlich, die seitdem in Bezug auf freie Mitarbeit bei den öffentlich-rechtlichen Rundfunkanstalten ergangen sind. Die Ausgangslage unterscheidet sich im Medienbereich von anderen Fallgestaltungen wie etwa in den „Eismann-Entscheidungen" in erster Linie dadurch, dass freie Rundfunkmitarbeiter keine rechtslosen Freelancer sind. Bei den Anstalten bestehende Haustarifverträge garantieren den freien Mitarbeitern, die ständig für die Rundfunkanstalt tätig sind, eine weitgehende soziale Absicherung. Ein Abbruch der Vertragsbeziehung ist häufig nur nach Mitteilung unter Einhaltung tariflich festgelegter Fristen möglich. Für den Rundfunkmitarbeiter ist ein Statusprozess daher weniger riskant als in anderen Wirtschaftsbereichen, da die Anstalt die Zusammenarbeit zumindest nicht ohne einen Ausgleich in Geld beenden kann.

Steht fest, dass der bisher als „Freier" eingestufte Mitarbeiter in Wirklichkeit Arbeitnehmer ist (so genanntes verdecktes Arbeitsverhältnis), beginnen die Schwierigkeiten aber häufig erst. Und obwohl sich an die Statusklärung weitreichende Folgen anschließen können, ist die Thematik bisher kaum untersucht.

---

[1] Unter dem Oberbegriff Rundfunk zusammenfassend gemeint sind Fernsehen und Hörfunk, BVerfG 28.2.1961 - 2 BvG 1/60, 2 BvG 2/60 – BVerfGE 12, 205, 226.
[2] Dieser bei den Medienmitarbeitern gängige Ausdruck ist insofern missverständlich, als das Arbeitsverhältnis auch schon vor der Statusfeststellung bestanden hat und nicht erst durch diese begründet wird.

Die vorliegende Arbeit beschäftigt sich mit den rechtlichen Konsequenzen, die die fehlerhafte Qualifizierung eines Arbeitsverhältnisses nach sich zieht. Häufig werden sie unter dem Stichwort Scheinselbstständigkeit zusammengefasst[3]. Demgemäß soll keine weitere Untersuchung des Arbeitnehmerbegriffs aus arbeits-, sozialversicherungs- oder steuerreechtlicher Sicht erfolgen, sondern im Vordergrund stehen die Folgen und Risiken einer Rechtsformverfehlung für beide Parteien.

Aus arbeitsrechtlicher Sicht von Bedeutung ist insbesondere, dass in vielen Fällen nur die Feststellung des Arbeitnehmerstatus Gegenstand der gerichtlichen Entscheidung ist[4]. Bei der Überführung des Beschäftigungsverhältnisses auf ein Festanstellungsverhältnis können sich viele rechtliche und praktische Folgeprobleme ergeben. Aber auch in sozialversicherungs- und steuerrechtlicher Hinsicht ist die Abwicklungsproblematik nicht nur von theoretischer, sondern auch von praktischer Relevanz. Stellt sich erst nach Jahren das Bestehen eines Arbeitsverhältnisses heraus, haftet die Rundfunkanstalt im Außenverhältnis zu den Sozialversicherungsträgern rückwirkend für den Gesamtsozialversicherungsbeitrag ab Beginn des Beschäftigungsverhältnisses. In der Praxis ist mehr als zweifelhaft, ob sie gegen den Arbeitnehmer einen Anspruch auf die von ihm zu tragenden Beitragsanteile realisieren kann. Denn wie ausdrücklich aus § 28g SGB IV hervorgeht, sind die Rückgriffsmöglichkeiten des Arbeitnehmers auf die nächsten drei Lohnzahlungen beschränkt. Eine über diesen Zeitraum hinausgehende Erstattung kommt nur unter engen Voraussetzungen in Betracht. Ähnliches gilt, wenn die Rundfunkanstalt als „Leistungsfähigere" vom Finanzamt auf nicht entrichtete Lohnsteuer in Anspruch genommen wird. Kommt ein nachträglicher Lohnsteuerabzug nicht mehr in Frage, trägt der Arbeitgeber das Risiko der Zahlungsunfähigkeit des Mitarbeiters.

Umgekehrt bedeutet die Statusklärung aber auch für den Mitarbeiter nicht nur Vorteile, sondern kann weitreichende finanzielle Folgen haben. Während das BAG in früheren Entscheidungen Rückforderungsansprüche der Rundfunkanstalt gegen den Arbeitnehmer verneinte, weil es die Voraussetzungen eines Wegfalls der Geschäftsgrundlage in den Fällen der Statusverfehlung nicht für gegeben sah, muss der Beschäftigte seit einiger Zeit bereicherungsrechtliche

---

[3] MAHArbR/*Reiserer* (2005) § 5 Rn. 1.
[4] Dazu ausführlich *Niepalla* ZUM 1999, 353, 360.

Ansprüche der Rundfunkanstalt befürchten. Zu diesem Problemkreis sind entscheidende Fragen noch weitgehend ungeklärt. Hinzukommt, dass sich viele Mitarbeiter nicht der Tatsache bewusst sind, dass ein Statusurteil nicht automatisch zu einer 40 Stunden führt. Der Mitarbeiter ist dann trotz Festanstellung gezwungen, sich bei anderen Veranstaltern um Aufträge zu bemühen.

Insbesondere wenn es um den Inhalt der einzelnen Arbeitsbedingungen geht, sind Unklarheiten über Art und Umfang der geschuldeten Tätigkeit nicht selten. Oftmals waren getroffene Vereinbarungen gerade auf die Durchführung einer selbstständigen Beschäftigung zugeschnitten und bekommen im Rahmen eines Arbeitsverhältnisses einen anderen Charakter. Dass dem vermeintlichen Freien im Arbeitsverhältnis regelmäßig nur ein Anspruch auf die tarifübliche Vergütung zusteht, hat das BAG mit Urteil vom 21.1.1998 festgestellt. In diesem Zusammenhang kann es zu weiteren Rechtsstreitigkeiten kommen, wenn die Rundfunkanstalt Rückforderungsansprüche gegen ihren Arbeitnehmer aus der Differenz von in der Vergangenheit tatsächlich gezahlten (hohen) Honoraren und dem rechtlich geschuldeten (niedrigeren) Arbeitslohn geltend macht. Abzuwarten bleibt, inwieweit die neue Rechtsprechung dazu führen wird, dass Arbeitnehmer aus Angst vor den finanziellen Folgen von einem Statusprozess absehen. Viele Fragen, etwa, in welchem zeitlichen Umfang der „*neue*" Arbeitnehmer zu beschäftigen ist, sind noch nicht höchstrichterlich entschieden. Um den Umfang der Untersuchung einzugrenzen, muss die kollektivrechtliche Seite der Rückabwicklung vernachlässigt werden.

B. Gang der Untersuchung

Die Arbeit beginnt im zweiten Kapitel mit einer Beschreibung der freien Mitarbeit in den Rundfunkmedien (S. 26 ff). Hierzu wird die Abgrenzung des Arbeitnehmers vom Selbstständigen für das Arbeits-, das Sozial- und das Steuerrecht (S. 40 ff) allgemein dargestellt. Es erfolgt eine Zusammenstellung der Verfassungsrechtsprechung zur Berücksichtigung der Rundfunkfreiheit bei programmgestaltenden Mitarbeitern (S. 46 ff), um dann die Rechtsprechung des BAG daran zu messen. Danach werden in einem weiteren Kapitel der arbeitsrechtliche Statusprozess als solcher sowie einige Besonderheiten im Rundfunkbereich näher erörtert. Dabei wird sich vor allem zeigen, dass die Befristung von

Arbeitsverhältnissen bei programmgestaltender Mitarbeit unter erleichterten Bedingungen möglich ist.

Im Anschluss daran sollen im vierten Kapitel die wesentlichen Rechte und Pflichten gezeigt werden, die sich für die Vertragsparteien in einem bestehenden Arbeitsverhältnis ergeben. Eine Orientierung bietet § 2 Abs. 1 NachwG, der in einem Katalog die bedeutsamsten Vertragsbedingungen des Arbeitsverhältnisses auflistet. Für die Inhaltsbestimmung vorrangig zu beantworten ist die Frage, ob die Statusverfehlung Einfluss auf die Gültigkeit getroffener Vertragsabreden hat. In diesem Zusammenhang werden der arbeitsrechtliche Rechtsformzwang (S. 97 ff) und seine Bedeutung für die Wirksamkeit des Vertragsverhältnisses näher erläutert. Anschließend gilt es, den Inhalt des Arbeitsverhältnisses nach der Statusklärung im Einzelnen festzustellen. Der Schwerpunkt der Untersuchung liegt auf der im Arbeitsverhältnis geschuldeten Vergütung sowie dem Beschäftigungsumfang.

Obwohl der Schwerpunkt der Bearbeitung auf den arbeitsrechtlichen Folgen der Statusverfehlung liegt, sollen einzelne charakteristische Probleme aus den Nachbargebieten des Sozial- und Steuerrechts erörtert werden. Im sozialrechtlichen Teil im fünften Kapitel dieser Arbeit geht es darum, die sozialversicherungsrechtlichen Folgen der aufgedeckten Scheinselbstständigkeit hervorzuheben. Geklärt werden muss zunächst, welche öffentlich-rechtlichen Pflichten sich für die Vertragsparteien aus dem Bestehen eines sozialversicherungspflichtigen Beschäftigungsverhältnisses i. S. d. § 7 SGB IV ergeben. Dann ist der Frage nachzugehen, wie sich der Status des Mitarbeiters auf das in der Vergangenheit praktizierte Rechtsverhältnis und die Beitragsschuld der Parteien auswirkt. Ebenfalls in einem eigenen Kapitel wird die steuerrechtliche Problematik der Statusverfehlung dargestellt (S. 189 ff). Zu unterscheiden ist hier zwischen den lohnsteuerrechtlichen und den umsatzsteuerrechtlichen Auswirkungen der Statusverfehlung.

Schließlich ist im siebenten Kapitel darauf einzugehen, inwieweit die Statusklärung nicht nur die gegenwärtige Vertragsbeziehung beeinflusst, sondern welche Folgeansprüche sich für die Vergangenheit ergeben können. Zu differenzieren ist zwischen Ansprüchen des Rundfunksenders und des Arbeitnehmers. Vernachlässigt werden müssen bei der Untersuchung die kollektivrechtlichen Konsequenzen der Statuskorrektur. Eine Prüfung über die individualrechtliche Seite hinaus hätte den Umfang der Arbeit gesprengt und dazu geführt, dass wichtige, den Statusprozess kennzeichnende Überlegungen zu kurz kommen.

Die Arbeit schließt mit einer zusammenfassenden Betrachtung der Vorteile und Risiken einer Statusklärung für beide Arbeitsvertragsparteien.

Zweites Kapitel: Der freie Mitarbeiter in den Medien

A. Die Bedeutung des freien Mitarbeiters für die Medien

I. Vorbemerkung

Auf das Arbeitsverhältnis wirkt eine Vielzahl gesetzlicher Schutzvorschriften ein, von denen nicht oder nicht zuungunsten des Arbeitnehmers abgewichen werden darf (z. B. KSchG, MuSchG, ArbzG, BurlG). Dahinter steckt der Gedanke, dass der Arbeitnehmer gegenüber dem Arbeitgeber sozial und wirtschaftlich abhängig und daher besonders schutzwürdig ist. Anders ist die Ausgangslage bei den so genannten Freien-Mitarbeitern. Einen Vertragstyp „freie Mitarbeit" sieht das Gesetz nicht vor. In der Praxis steht diese Bezeichnung für Beschäftigungsverhältnisse, die nicht als Arbeitsverhältnis, sondern üblicherweise aufgrund eines Dienst- oder Werkvertrages begründet werden. Der Mitarbeiter kann frei über seine Zeiteinteilung verfügen und selbst entscheiden, ob und welche Aufträge er annimmt. Andererseits trägt er das Risiko, dass er zeitweise nicht beschäftigt wird und kein Einkommen erzielt. Da es hier normalerweise nicht zu Abhängigkeitsverhältnissen kommt, ist ein besonderer Schutz des Betreffenden nicht vorgesehen und die Vertragsfreiheit praktisch kaum eingeschränkt[5].

Freie Mitarbeit findet man nicht nur im Medienbereich, sondern in Unternehmen nahezu sämtlicher Wirtschaftsbereiche. Ganz allgemein eignen sich für diese Vertragsgestaltung Tätigkeiten, die außerhalb der Betriebsstätte eines Unternehmens zu erbringen sind oder lediglich eine Ergänzungs- oder Hilfsfunktion erfüllen. Typische Branchen sind die Bereiche Informationstechnologie, Unterricht, Transportwesen, Handel und Vertrieb, Gesundheit und Betreuung sowie die Medien- und die Kommunikationsbranche[6]. Die Unanwendbarkeit arbeitsrechtlicher Bestimmungen sowie die Ersparnis im Bereich der Sozialversiche-

---

[5] *Eckert* DStR 1997, 705.
[6] *Rohlfing* NZA 1999, 1027, 1028.

rung sind nur zwei Faktoren, die alternative Beschäftigungsmodelle für den Arbeitgeber attraktiv machen.

II. Hintergrund: Freie Mitarbeit in Rundfunkanstalten

Die hier im Vordergrund stehende Rundfunkbranche ist einer der Wirtschaftsbereiche, in dem freie Mitarbeit am weitesten verbreitet ist[7]. Hintergrund der Personalpraxis in Rundfunkunternehmen ist aber weniger der Versuch, die Lohnnebenkosten auf niedrigem Niveau zu halten, als vielmehr das von den Anstalten betonte Bedürfnis nach Flexibilität, wenn es um den Einsatz von Personen in und hinter Rundfunkprogrammen geht (programmgestaltende Mitarbeiter). Freie Mitarbeit ermöglicht es in erster Linie, geeignete Mitarbeiter für konkrete Zeiträume zu verpflichten, ohne dass sich die Anstalt langfristig an sie binden muss. Vielfach fehlt es in den öffentlich-rechtlichen Rundfunkanstalten zudem an Planstellen, während die Arbeit dennoch anfällt und erledigt werden muss.

Ihr besonderes Interesse am Einsatz von Freien begründen die Rundfunkanstalten insbesondere mit Art. 5 Abs. 1 S. 2 GG[8]. Der ihnen durch Gesetz und Satzung vorgeschriebene Grundversorgungsauftrag in Bezug auf Berichterstattung, Kommunikation und Meinungsbildung, beinhalte auch die Forderung an die Programme, ein Spiegelbild unserer pluralistischen Gesellschaft zu zeichnen. Nur der Einsatz freier Mitarbeiter ermögliche die erwünschte Vielfalt der Programminhalte und biete die Gewähr für ein hohes Niveau der Beiträge[9]. Um dem Verfassungsauftrag aus Art. 5 Abs. 1 S. 2 GG nachkommen zu können, sei ein hohes Maß an Flexibilität und Fluktuation im Personalbereich notwendig. Etwa müsse sich eine Fernsehanstalt auch von einem Gesicht trennen können, wenn die konkrete Person beim Publikum nicht mehr ankomme[10].

Neben Festangestellten beschäftigen Rundfunkunternehmen deshalb seit Jahren in wesentlich größerem Umfang freie Mitarbeiter[11]. Dabei ist zwischen den stän-

---

[7] *Voß* ZUM Sonderheft 2000, 614.
[8] Grundrechtsträger sind nicht nur private Rundfunkveranstalter, sondern auch die öffentlich-rechtlichen Rundfunkanstalten, ErfK/*Dieterich* (2006) Art. 5 GG Rn. 94.
[9] Bezani/Müller Rn.2.
[10] Kritisch dazu *Däubler* EWiR 1998, 1121, 1122.
[11] Bereits 1978 beschäftigten die Rundfunkanstalten der ARD 20.532 fest angestellte Personen, davon 3.854 im Bereich der Programmgestaltung, aber rund 90.000 freie Mitar-

ständigen freien Mitarbeitern (feste Freie) und den nur gelegentlichen freien Mitarbeitern (freie Freie) wie beispielsweise einem Literaturkritiker, der nur hin und wieder als Interviewpartner zu einer Sendung eingeladen wird, zu differenzieren. Zum besseren Verständnis sollen im Folgenden die wesentlichen Merkmale der einzelnen Beschäftigtengruppen kurz dargestellt werden.

1. Festangestellte Rundfunkmitarbeiter

Festangestellte Mitarbeiter der Rundfunkanstalt sind Arbeitnehmer. Für sie kommen sowohl unbefristete als auch zeit- oder zweckbefristete Arbeitsverhältnisse in Betracht. Zunächst gilt auch im Medienbereich, dass die Befristung eines Arbeitsvertrages grundsätzlich eines sachlichen Grundes bedarf (§ 14 Abs. 1 TzBfG). So sind etwa mit Mitwirkenden einer Fernsehserie abgeschlossene Arbeitsvertragsbefristungen zulässig, wenn sie aufgrund eines begrenzten Produktionsauftrages für eine Staffel einer Fernsehserie vereinbart werden[12]. Das betreffende Arbeitsverhältnis endet dann mit Fristablauf, ohne dass es des Ausspruchs einer Kündigung bedarf. Darüber hinaus ist nach der Rechtsprechung des BVerfG im Rundfunk die zeitliche Begrenzung eines Arbeitsverhältnisses unter erleichterten Voraussetzungen zulässig, sofern es sich um einen Mitarbeiter handelt, der inhaltlich an der Programmgestaltung mitwirkt[13]. Zu den programmgestaltenden Mitarbeitern zählen beispielsweise Autoren[14], Regisseure[15], Filmkritiker mit eigener Sendung[16] oder nebenberufliche Sportreporter[17].

Grundlage des Beschäftigungsverhältnisses ist der Arbeitsvertrag, in dem Bestimmungen über Berufs- und Tätigkeitsbezeichnung, die Art des Vertrages (befristet oder unbefristet) und die Vergütungsgruppe enthalten sind[18]. Ergänzt werden die Regelungen durch die Haustarifverträge der jeweiligen Rundfunkan-

---

beiter, mit denen etwa 800.000 Honorarverträge abgeschlossen wurden, siehe BVerfG 13.1.1982 - 1 BvR 848/77 u. a. - BVerfGE 59, 231, 236.

[12] *Joch* ZUM 1999, 368, 374.
[13] BVerfG 13.1.1982 - 1 BvR 848/77 u. a. - BVerfGE 59, 231, 260; im Anschluss daran BAG 22.4.1998 - 5 AZR 2/97 - AP Nr. 24 zu § 611 BGB Rundfunk [B der Gründe].
[14] BAG 9.6.1993 - 5 AZR 123/92 - AP Nr. 66 zu § 611 BGB Abhängigkeit [III 1 der Gründe].
[15] BAG 9.6.1993 - 5 AZR 123/92 - AP Nr. 66 zu § 611 BGB Abhängigkeit [III 1 der Gründe].
[16] BAG 19.1.2000 - 5 AZR 644/98 - AP Nr. 33 § 611 BGB Rundfunk [III 2a der Gründe].
[17] BAG 14.3.2007 - 5 AZR 499/06 - n. v. (juris); BAG 22.4.1998 - 5 AZR 191/97 - AP Nr. 96 zu § 611 BGB Rundfunk [III 1 der Gründe]; ausführlich dazu S. 44 ff.
[18] Ausführlich *v. Olenhusen* S. 41.

stalt, deren Einbeziehung durch individualvertragliche Verweisung oder zwingend durch Tarifbindung geschieht. Daneben entspricht es der gängigen Praxis, auf die Arbeitsverhältnisse nicht nur die jeweils beim Arbeitgeber geltenden Tarifwerke, sondern auch Dienstvereinbarungen[19] und sonstige Dienstanweisungen der Anstalt durch vertragliche Bezugnahme zu verwenden[20].

Die Vergütung der Festangestellten richtet sich nach tariflichen Lohn- und Gehaltssystemen, die je nach Rundfunkanstalt sehr unterschiedlich ausgestaltet sind. Gemeinsam ist den einschlägigen tarifrechtlichen Regelungen aber, dass sie in speziellen Vergütungsordnungen oder Strukturtarifverträgen Vergütungsstufen bestimmen, denen der Mitarbeiter nach allgemeinen Voraussetzungen (Ausbildung, Berufserfahrung), Tätigkeitsbezeichnung (z.B. Redakteur) und Tarifgruppenbeschreibung (z.B. Erstellen von Reportagen, Sprechen am Mikrofon[21]) zugeordnet werden kann.

Festangestellte Arbeitnehmer arbeiten selbstverständlich auf Lohnsteuerkarte. Das bedeutet, dass die Rundfunkanstalt bei jeder Lohnzahlung die auf den Arbeitslohn entfallende Steuer abzieht und sie an das zuständige Finanzamt weiterleitet (§ 38 Abs. 3 S. 1 EStG). An den Arbeitnehmer zahlt sie nur den um die Lohnsteuer verringerten Lohn aus.

Ergänzend sei darauf hingewiesen, dass im privaten Rundfunk hingegen Tarifverträge selten sind. Für Arbeitnehmer und Arbeitnehmerinnen von privatrechtlich organisierten Rundfunkunternehmen gilt zwar insbesondere der Manteltarifvertrag vom 15.5.1991 (MTV TPR), der zwischen dem Tarifverband Privater Rundfunk e. V. einerseits und dem Deutschen Journalisten-Verband e. V., der Industriegewerkschaft Medien und Papier, Publizistik und Kunst und der Deutschen Angestellten-Gewerkschaft andererseits abgeschlossen wurde[22]. Unter seinen Geltungsbereich fallen alle Unternehmen in der Bundesrepublik Deutschland, die Rundfunk (Hörfunk und Fernsehen) veranstalten, betreiben beziehungsweise verbreiten, soweit sie nicht öffentlich-rechtlich organisiert sind.

---

[19] Bei den öffentlich-rechtlichen Rundfunkanstalten bestimmt sich die Mitbestimmung nach den Personalvertretungsgesetzen, dazu *Herrmann* (2004) § 12 Rn. 67 (S. 330 ff).
[20] V. Olenhusen S. 41.
[21] Siehe auch die weiteren Beispiele bei *v. Olenhusen* ZUM 1993, 116, 118.
[22] Abgeschlossen wurden außerdem: MTV RTL Television GmbH ab 1.1.2002; Lokalfunk Baden-Württemberg MTV vom 13.1.1998; Lokalfunk Bayern MTV vom 11.3.1999 und der MTV Lokalfunk Nordrhein-Westfalen vom 3.5.1993 sowie einzelne Gehaltstarifverträge.

Nach dem Ausscheiden der Pro Sieben Sat 1 Media AG und RTL vertritt der Tarifverband TPR derzeit allerdings nur noch fünf landesweite Hörfunksender und zwei Evangelische Kirchenfunkredaktionen.

2. Freie Mitarbeiter

Neben fest angestellten Arbeitnehmern werden in allen Rundfunkunternehmen in erheblich größerem Umfang freie Mitarbeiter auf Dienst- oder Werkvertragsbasis eingesetzt. Sind sie ständig für die Rundfunkanstalt tätig, werden sie in der Regel feste Freie oder „12-aler" genannt. Die übrigen Mitarbeiter, die nur gelegentlich Aufträge für die Rundfunkanstalt erbringen, werden als freie Freie bezeichnet.

a) Fester Freier oder freier Freier?

Hintergrund des Ausdrucks „12a-ler" ist die speziell unter dem Eindruck der freien Mitarbeiter in den Medien geschaffene Vorschrift des § 12a TVG[23]. Danach findet das Tarifvertragsgesetz auch auf arbeitnehmerähnliche Personen im Sinne von § 12a Abs. 1 Nr. 1 TVG Anwendung[24]. Als arbeitnehmerähnliche Person gilt, wer wirtschaftlich abhängig und vergleichbar einem Arbeitnehmer sozial schutzbedürftig ist[25], aber gerade wegen seiner persönlichen Selbstständigkeit nicht unter den Arbeitnehmerbegriff fällt[26]. Die arbeitnehmerähnliche Person muss nach § 12a Abs. 1 Nr. 1 TVG überwiegend für eine Person tätig sein oder mindestens die Hälfte ihres durchschnittlichen Entgelts von einer Person beziehen. § 12a Abs. 3 erleichtert die Voraussetzungen für Personen, die künstlerische, schriftstellerische oder journalistische Leistungen erbringen sowie bei Personen, die an der Erbringung, insbesondere der technischen Gestaltung solcher Leistungen unmittelbar mitwirken. Auf freie Mitarbeiter von Medienunternehmen findet das TVG bereits Anwendung, wenn sie mindesten ein Drittel ihres durchschnittlichen Einkommens von einer Person beziehen.

Die öffentlich-rechtlichen Rundfunkanstalten haben von ihrer tariflichen Regelungsmöglichkeit auch umfassend Gebrauch gemacht und für die bei ihnen be-

---

[23] *Herrmann* (2004) § 12 Rn. 63.
[24] Kempen/Zachert/*Stein* (2006) §12a Rn. 31; ErfK/*Franzen* (2006) § 12a TVG Rn. 11; Löwisch/Rieble (2004) § 12a TVG Rn. 18.
[25] Siehe insoweit die Legaldefinition in § 12a I Nr. 1 TVG.
[26] Schaub/*Schaub* (2005) § 9 Rn. 1.

schäftigten Arbeitnehmerähnlichen mehr oder weniger vergleichbare Bestandsschutztarifverträge abgeschlossen, die ihren Mitarbeitern eine soziale Absicherung orientiert an der der Festangestellten garantieren[27]. Im Unterschied zu kündigungsschutzrechtliche Bestimmungen verlangen die genannten Tarifverträge keine personen-, verhaltens- oder betriebsbedingten Gründe, um die Beschäftigung eines freien Mitarbeiters beenden oder wesentlich einschränken zu können, sehen aber unter bestimmten Voraussetzungen Ausgleichszahlungen vor.

Da sich die einzelnen Beschäftigungsmodelle und ihre konkrete Handhabung von Anstalt zu Anstalt unterscheiden, ist eine umfassende Darstellung an dieser Stelle nicht möglich. Gemeinsam ist den Bestimmungen der öffentlich-rechtlichen Rundfunkstationen aber, dass sie die Dauerrechtsbeziehungen der arbeitnehmerähnlichen Personen normalerweise durch befristete Rahmenverträge regeln[28]. Die Rahmenvereinbarungen sehen vor, dass der Beschäftigte für einen bestimmten Zeitraum (z. B. ein Jahr) in einem solchen Umfang beschäftigt wird, dass dadurch die Arbeitnehmerähnlichkeit entsteht[29]. Zudem ist bestimmt, dass die Parteien für jeden Einzelauftrag eine gesonderte Vereinbarung schließen. Obwohl das TzBfG nur auf die Befristung von Arbeitsverträgen anwendbar ist[30], ist regelmäßig als Befristungsgrund das Erfordernis einer Sicherung der verfassungsrechtlich gebotenen Programmvielfalt angegeben[31]. Sollte später festgestellt werden, dass der Mitarbeiter in Wirklichkeit Arbeitnehmer der Rundfunkanstalt ist, endet das Arbeitsverhältnis mit Ablauf der (wirksamen) Befristung (S. 87 ff). In einigen Anstalten enthalten die Rahmenverträge zudem finanzielle oder zeitliche Höchstgrenzen für den jährlichen Beschäftigungsumfang (z. B. gibt es beim ZDF sog. 40er, 110er oder 220er Verträge), die nur nach Rücksprache mit der Direktion beziehungsweise Intendanz überschritten werden

---

[27] Siehe dazu LAG Hessen 6.3.1998 - 7 Sa 1183/97 - n. v. (juris); *Seidel* ZUM Sonderheft 2000, 660, 662 f.
[28] Vgl. auszugsweise die Rahmenvereinbarung in der Entscheidung BAG - 5 AZR 342/97 AP Nr. 26 zu § 611 BGB Rundfunk [Ider Gründe] *„Der Südwestfunk ... und ... sind sich einig, dass die nachfolgenden Bedingungen Vertragsbestandteil werden, sofern sie künftig Honorar-Verträge abschließen und nicht Änderungen oder Ergänzungen im Einzelfall schriftlich vereinbaren. Der Vertragspartner wirkt an einzelnen Hörfunk- oder Fernsehsendungen beziehungsweise -sendereihen inhaltlich gestaltend mit, und zwar als Reporter mit Redaktionsaufgaben für den Bereich FS-Landesprogramm. Der Umfang der Tätigkeit für den SWF hängt ausschließlich davon ab, ob und inwieweit sich der VP und der SWF von Fall zu Fall über den jeweiligen Auftrag einigen.".*
[29] *Reitzel*, S. 174, 208.
[30] KR/*Rost* (2007) Arbeitnehmerähnliche Personen Rn. 41.
[31] So in der Entscheidung BAG 8.11.2006 – 5 AZR 706/05 – (juris).

dürfen[32]. Die Verteilung auf einzelne Produktionstermine oder Beschäftigungszeiten bleibt späteren Honorarverträgen (Aufträgen) überlassen, in denen sich Bestimmungen über Art und Ort der Tätigkeit finden lassen. Je nach Tätigkeit erfolgt die Beschäftigung auf Dienst- oder Werkvertragsbasis[33]. Für weitere Vertragsbedingungen wird auf tarifliche Regelungen bei der Rundfunkanstalt verwiesen.

Für größeres Status-Chaos sorgen zudem so genannte Honorarzeitverträge („HZV"), die den vertraglichen Rahmen für den Vollzeiteinsatz eines Freien über einen Zeitraum von bis zu drei Jahren bilden können, ohne dass nach dem äußeren Eindruck ein Unterschied zur Beschäftigung eines Festangestellten erkennbar wäre[34].

Freie Medienmitarbeiter, die nicht in den täglichen Sendebetrieb eingebunden und ganz offensichtlich weder persönlich noch wirtschaftlich von der Rundfunkanstalt abhängig sind, werden auf Honorarbasis beschäftigt, wobei Grundlage des Rechtsverhältnisses Dienst-, Werk-, oder sonstiges Vertragsrecht sein kann.

Die Vergütung der Freien richtet sich nach den Honorarrichtlinien der Rundfunkanstalt. Häufig sind sie in einem besonderen Vergütungstarifvertrag festgelegt, auf den im Honorarvertrag Bezug genommen wird, oder es wird für jeden Arbeitstag ein Pauschalhonorar ausgewiesen. Je nach Art der Tätigkeit und „Marktwert" des Mitarbeiters[35] ist aber auch nicht ausgeschlossen, dass von den üblichen Honorarspannen abgewichen und eine höhere Vergütung vereinbart wird.

b) Tarifvertragliche Regelungen

Für die freien Mitarbeiter bestehen bei den öffentlich-rechtlichen Rundfunkanstalten Haustarifverträge, die die Grundbedingungen der einzelnen Beschäfti-

---

[32] Die Anstalten setzen sog. Prognoseverfahren ein, um die Begründung eines Arbeitsverhältnisses von vornherein zu verhindern. Wird der Mitarbeiter innerhalb eines Jahres nur in geringem Umfang eingesetzt, dürfte eine Statusklage in den meisten Fällen uninteressant sein. Niepalla weist darauf hin, dass ein Teilzeitarbeitsverhältnis mit einer dementsprechend geringen Vergütung in vielen Fällen nicht einmal das Existenzminimum garantieren könne, ZUM 1999, 353, 362.
[33] Schaub/Schaub (2005) § 9 Rn. 2; v. Olenhusen Rn. 89 f.
[34] Reitzel S. 189
[35] Herrmann (2004) § 12 Rn. 48.

gungsverhältnisse regeln. Häufig werden sie als Tarifvertrag für die auf Produktionsdauer Beschäftigten bezeichnet[36]. Diese enthalten beispielsweise Bestimmungen über die Vertragsgestaltung und die Vergütungsregelung, die Übertragung und Abgeltung der Urheber- und Leistungsschutzrechte etc. Durch Bezugnahme in den Honorarverträgen werden diese Bedingungen Inhalt des Beschäftigungsvertrages und gelten so für alle Mitarbeiter, die für eine Produktion verpflichtet werden. Unter den tariflichen Geltungsbereich fallen sowohl die ständigen als auch die nur gelegentlich freien Mitarbeiter, nicht aber von den Tarifpartnern im einzeln festgelegte Personen wie beispielsweise Autoren, Fotografen, Komponisten, Kostümbildner, Bühnenbildner und Berichterstatter. Bei diesen gehen die Tarifpartner anscheinend davon aus, dass alle Leistungen freiberuflich erbracht werden[37].

Der für das privatrechtlich organisierte n-tv Nachrichtenfernsehen abgeschlossene Tarifvertrag für arbeitnehmerähnliche Personen (TaäP n-tv) wurde inzwischen gekündigt.

c) Tarifvertragliche Absicherung

Die freien Mitarbeiter genießen als Selbstständige nicht den Schutz arbeitsrechtlicher Normen[38]. Einige gesetzliche Regelungen werden aber ausdrücklich auch auf den Kreis der Arbeitnehmerähnlichen erstreckt (§ 2 S. 2 BUrlG, § 5 Abs. 1 S. 2 ArbGG, § 138 SGB IX; § 2 Abs. 2 Nr. 3 ArbSchG; § 2 Abs. 2 Nr. 1 BeschSchG)[39]. Daneben richtet sich nach der vertraglichen Vereinbarung, ob Dienst-, Werk- beziehungsweise das sonstige, für den jeweiligen Vertragstyp geltende Vertragsrecht zur Anwendung gelangt[40].

Die in den Bestandsschutztarifverträgen für arbeitnehmerähnliche Personen getroffenen Regelungen entsprechen weitgehend dem sozialen Schutz, wie er im Arbeitsverhältnis gegeben ist. Neben der Festlegung, wer arbeitnehmerähnliche Person im Sinne des § 12a TVG ist[41], enthalten sie Bestimmungen über die Zah-

---

[36] Dazu ausführlich *Reitzel* S. 33; *Herrmann* (2004) § 12 Rn. 49.
[37] *Seidel* ZUM Sonderheft 2000, 660, 661.
[38] MünchArbR/*Richardi* (2000) § 29 Rn. 1 f; Schaub/*Schaub* (2005) § 9 Rn. 4.
[39] ErfK/*Preis* (2006) § 611 Rn. 135.
[40] ErfK/*Preis* (2006) § 611 Rn. 136; Schaub/*Schaub* (2005) § 9 Rn. 4.
[41] Vgl. dazu aber BAG 2.10.1990 - 4 AZR 106/90 - NZA 1991, 239, 240.

lung von Urlaubsgeld[42], im Krankheitsfalle oder bei Arbeitsunfähigkeit[43], Zahlungen bei Schwangerschaft[44], über die Sozialversicherung und vor allem über die Einschränkung oder Beendigung des Beschäftigungsverhältnisses[45]. Die festen Freien genießen zwar keinen Kündigungsschutz, dafür aber einen höheren Bestandsschutz als echte freie Mitarbeiter. In vielen Fällen darf die Beschäftigung, wenn der Mitarbeiter mindestens ein Kalenderjahr für die Anstalt wiederkehrend und in bestimmtem Umfang tätig war, nur nach schriftlicher Mitteilung und unter Einhaltung bestimmter Auslauffristen reduziert oder beendet werden[46]. Häufig ist die Auslauffrist je nach Dauer der Tätigkeit des Mitarbeiters für die konkrete Anstalt gestaffelt. Teilt der Sender dem Mitarbeiter nicht oder nicht rechtzeitig mit, ob er die Absicht hat, die Vertragsbeziehung fortzusetzen beziehungsweise den Vertrag nicht mehr zu erneuern, hat dies keine Auswirkungen auf das Ende des Rechtsverhältnisses. Der Mitarbeiter hat aber innerhalb der Mitteilungsfrist regelmäßig einen tariflichen Anspruch auf eine Ausgleichszahlung[47]. Entsprechendes gilt, wenn die Tätigkeit wesentlich reduziert wird, wobei tariflich genau festgelegt ist, wann von einer wesentlichen Kürzung auszugehen ist[48]. Darüber hinaus garantieren einige Anstalten ihren Mitarbeitern für die Laufzeit des Honorar-Rahmenvertrages eine Mindestanzahl von Diensten zur Sicherung des Lebensunterhalts (sog. Honorar-Garantie). Sollte der jährlich Mindestbetrag nach Ablauf des Beschäftigungsjahres nicht erreicht worden sein, erwirbt der betroffene Mitarbeiter einen entsprechenden Zahlungsanspruch auf den Restbetrag (Auffüllungsanspruch)[49].

Einige Tarifverträge enthalten so genannte Ewigkeitsklauseln[50]. Eine Kündigung des arbeitnehmerähnlichen Verhältnisses ist dann beispielsweise nach einer Tä-

---

[42] *Reitzel* S. 152.
[43] Anschaulich *Reitzel* S. 148.
[44] *Reitzel* S. 99, 153.
[45] Kempen/Zachert/*Stein* (2006) § 12a TVG Rn. 4; *Reitzel* S. 192 f.
[46] Anschaulich BAG 16.3.1999 - 9 AZR 314/98 - AP Nr. 84 zu § 615 BGB; *Reitzel* S. 193 ff.
[47] V. *Olenhusen* ZUM 2002, 621, 622.
[48] *Reitzel* S. 193.
[49] Vgl. dazu exemplarisch den TV arbeitnehmerähnliche Personen der Deutschen Welle vom 6.2.2002, der unter § 20 Abs. 1 („Honorar") eine solche Regelung vorsieht.
[50] *Seidel* ZUM Sonderheft 2000. 660, 663.

tigkeit von 25 Jahren für dieselbe Anstalt oder bei Erreichen einer bestimmten Altersgrenze nur noch aus wichtigem Grund möglich[51].

3. Sozialrechtliche Besonderheiten bei freien Mitarbeitern

Auch das Sozialrecht kennt den arbeitnehmerähnlichen Selbstständigen[52], der unter den Voraussetzungen des § 2 S. 1 Nr. 9 SGB VI der Versicherungspflicht in der Rentenversicherung unterliegt. Der selbstständig Tätige muss allerdings seine Beiträge in vollem Umfang selbst tragen (§ 169 Nr. 1 SGB VI). Für den Medienbereich betrifft die Vorschrift nur den Kreis der selbstständigen Mitarbeiter, die technische Aufgaben oder Verwaltungstätigkeit verrichten. Für freiberuflich tätige Künstler und Publizisten normiert das Künstlersozialversicherungsgesetz (KSVG) unter bestimmten Voraussetzungen eine Pflichtversicherung in der gesetzlichen Renten-, Kranken und Pflegeversicherung, das hier als Spezialgesetz vorgeht (vgl. § 2 S. 1 Nr. 5 SGB VI) und für den Mitarbeiter günstiger ist, weil er nur die Hälfte des Versicherungsbeitrags aufbringen muss. Nach der Legaldefinition in § 2 KSVG ist Künstler, wer Musik, darstellende oder bildende Kunst schafft, ausübt oder lehrt[53]. Publizist ist, wer als Schriftsteller, Journalist oder in anderer Weise publizistisch tätig ist. Eine entsprechende Tätigkeit, die unter § 2 KSVG fällt, wird bei den mit Medieninhalten betrauten Mitarbeitern regelmäßig zu bejahen sein[54]. Erfasst vom KSVG sind aber nur die Tätigkeiten selbstständiger Künstler oder Publizisten.

a) Künstlersozialversicherung

Das Künstlersozialversicherungsgesetz, das über die Künstlersozialkasse den selbstständigen Künstlern und Publizisten Sozialversicherungsschutz gewähren soll, ist 1983 in Kraft getreten. Grund für die Einbeziehung der selbstständigen Künstler und Publizisten in die Zweige der Sozialversicherung war die Feststel-

---

[51] Dazu § 41 des MTV-AN beim ZDF.
[52] Diese ursprünglich in den Gesetzeswortlaut des § 2 S. 1 Nr. 9 SGB VI eingefügte Bezeichnung wurde nach heftiger Kritik durch das Gesetz zur Förderung der Selbstständigkeit vom 20.12.1999 fallen gelassen; siehe auch *Buchner* DB 1999, 146, 148; arbeitnehmerähnliche Selbstständige sind aus steuerrechtlicher Sicht in der Regel selbstständig, *Kirchhof/Eisgruber* (2006) § 19 EStG Rn. 7.
[53] Siehe BSG 28.1.1999 – B 3 KR 2/98 R - BB 99, 1662.
[54] *Ory/Schmittmann* Rn. 215; *Bezani/Müller* Rn. 120; vgl. auch die Aufstellung der Tätigkeiten, bei denen die Künstler- beziehungsweise Publizisteneigenschaft unterstellt werden kann, in *Finke/Brachmann/Nordhausen* (1992) § 2 Rn. 2 ff.

lung, dass dieser Personenkreis traditionell in erheblichem Umfang selbstständig, gleichzeitig aber wegen der speziellen Gegebenheiten der Branche vergleichbar einem Arbeitnehmer beziehungsweise Beschäftigten sozial schutzbedürftig ist[55]. Deshalb unterliegen Künstler und Publizisten gemäß §§ 5 Abs. 1 Nr. 4 SGB V, 20 Abs. 1 SGB XI, 2 S. 1 Nr. 5 SGB VI i. V. m. dem Künstlersozialversicherungsgesetz in der Kranken-, Renten- und Pflegeversicherung der Versicherungspflicht[56].

Abgesichert sind Medienmitarbeiter, die die künstlerische oder publizistische Tätigkeit erwerbsmäßig[57] und nicht nur vorübergehend ausüben und im Zusammenhang mit ihrer Tätigkeit nicht mehr als einen Arbeitnehmer beschäftigen, es sei denn, die Beschäftigung erfolgt zur Berufsausbildung oder ist geringfügig im Sinne des § 8 SGB IV (§§ 1, 2 KSVG). Durch ihre Selbstständigkeit unterscheiden sich die Versicherten von den fest angestellten Arbeitnehmern. Zur Abgrenzung gelten dieselben Kriterien wie bei § 7 Abs. 1 SGB IV[58]. Im Falle eines sozialrechtlichen Beschäftigungsverhältnisses ist die Zuständigkeit der Künstlersozialkasse nicht gegeben[59].

Wie Arbeitnehmer haben die nach dem KSVG Versicherten für ihre Kranken- und Rentenversicherung nur die Hälfte der Beiträge zu erbringen (§§ 15 – 16a KSVG), während die andere Hälfte zu gleichen Teilen von den abgabepflichtigen Unternehmen durch Zahlung der Künstlersozialabgabe (§§ 23 – 26 KSVG)[60] und den Bund durch einen Zuschuss entrichtet wird (§ 34 KSVG)[61].

Bemessungsgrundlage der Künstlersozialabgabe sind alle Entgelte, die die betroffenen Medienunternehmen für künstlerische und publizistische Werke und Leistungen im Laufe eines Jahres an die entsprechenden Mitarbeiter gezahlt haben, auch wenn diese selbst nicht nach dem KSVG versicherungspflichtig sind (§ 25 Abs. 1 KSVG). Das Bundesministerium für Arbeit und Soziales bestimmt im Einvernehmen mit dem Bundesministerium für Finanzen einen Abgabesatz

---

[55] *Söllter* BB 1990 Beilage 22.
[56] Zur Verfassungsmäßigkeit BVerfG 8.4.1987 – 2 BvR 909/82 – BVerfGE 75, 108 f.
[57] Dazu Finke/Brachmann/Nordhausen (1992) § 1 Rn. 15.
[58] Finke/Brachmann/Nordhausen (1992) § 1 Rn. 9.
[59] *Küttner/Röller* (2006) Künstlersozialversicherung Rn. 19.
[60] MAHSozR/*Plagemann* (2005) § 8 Rn. 18; zur Verfassungsmäßigkeit BVerfG 8.4.1987 - 2 BvR 909/82 u. a. - BVerfGE 75, 108 ff.
[61] BT-Drs. 9/26 S. 16.

durch Rechtsverodnung, der dann mit der Summe der Entgelte multipliziert wird. So ergibt sich die für das jeweilige Jahr zu zahlende Künstlersozialabgabe. Zuständig für den Einzug der Beitragsanteile und die Entgegennahme des Bundeszuschusses ist als eine Art Inkassostelle die Künstlersozialkasse, die die Beiträge dann an die jeweiligen Versicherungsträger weiterleitet (§§ 37 ff KSVG). Die Prüfung der Zahlung der Künstlersozialabgabe nach dem KSVG hat der Gesetzgeber mit dem Dritten Gesetz zur Änderung des KSVG vom 12.6.2007 den Trägern der Rentenversicherung übertragen. Die Rentenversicheurngsträger übernehmen nun die Überprüfung der rechtzeitigen und vollständigen Entrichtung der Künstlersozialabgabe.

Da es sich bei der Künstlersozialversicherung um eine Pflichtversicherung handelt, fällt es in den Pflichtenkreis des Medienmitarbeiters, sich gemäß § 11 Abs. 1 KSVG bei der Künstlersozialkasse zu melden, sofern er Voraussetzungen der Sozialversicherungspflichtigkeit nach dem KSVG erfüllt[62].

b) Beschäftigung im Sinne von § 7 Abs. 1 SGB IV

Die Rundfunkanstalten behandeln ihre ständigen freien Mitarbeiter abweichend von der arbeitsrechtlichen Einordnung in der Regel als Beschäftigte im Sinne von § 7 Abs. 1 SGB IV[63]. Nur in Einzelfällen wird von einer selbstständigen Tätigkeit ausgegangen und dies auch nur für bestimmte Personengruppen und dann, wenn die Beschäftigung bei der Rundfunkanstalt nicht regelmäßig stattfindet[64]. Zurückzuführen ist diese Praxis unter anderem auf die restriktivere Anwendung des Künstlersozialversicherungsgesetzes durch die Sozialversicherungsträger[65]. Denn während die Künstlersozialkasse in den achtziger Jahren bei der Anerkennung der Versicherungspflicht selbstständiger Künstler und Publizisten zunächst eher großzügig vorging, wird heute nur noch in Ausnahmefällen

---

[62] Bezani/Müller Rn. 126.
[63] Dazu das Rundschreiben der Spitzenverbände der Sozialversicherung - Abgrenzungskatalog für im Bereich Theater, Orchester, Rundfunk- und Fernsehanbieter, Film- und Fernsehproduktionen tätige Personen vom 5.7.2005 (kann unter www.vdr.de abgerufen werden). Die einzelnen Sozialversicherungsträger orientieren sich an diesem Rundschreiben bei der Bearbeitung der Fälle aus diesem Bereich.
[64] *Ory* BB 1999, 897, 898.
[65] Zu den Hintergründen der Verwaltungspraxis der Sozialversicherungsträger *Ory* BB 1999, 897, 898.

eine Selbstständigkeit anerkannt[66]. Für im Bereich Theater, Orchester, Rundfunk und Fernsehen sowie bei Film- und Fernsehproduktionen tätige Personen haben die Spitzenorganisationen der Sozialversicherung in einem Gemeinsamen Rundschreiben zum Gesetz zur Förderung der Selbstständigkeit vom 5.7.2005 einen Abgrenzungskatalog als Anlage beigefügt[67]. Danach sind neben dem ständigen Personal beschäftigte Künstler und Angehörige von verwandten Berufen, die in der Regel aufgrund von Honorarverträgen tätig und im allgemeinen als freie Mitarbeiter bezeichnet werden, grundsätzlich als abhängig Beschäftigte anzusehen. Das gelte insbesondere, wenn sie nicht zu den programmgestaltenden Mitarbeitern gehören sowie für Schauspieler, Kameraleute, Regieassistenten und sonstige Mitarbeiter in der Film- und Fernsehproduktion. Bei programmgestaltender Tätigkeit sei zu unterscheiden zwischen einem vorbereitenden Teil, einem journalistisch-schöpferischen oder künstlerischen Teil und dem technischen Teil der Ausführung. Überwiege die gestalterische Freiheit und werde die Gesamttätigkeit vorwiegend durch den journalistisch-schöpferischen Eigenanteil bestimmt, sei eine selbständige Tätigkeit anzunehmen. Aber auch die programmgestaltend tätigen Mitarbeiter stünden dann in einem abhängigen Beschäftigungsverhältnis, wenn die Sendeanstalt innerhalb eines bestimmten zeitlichen Rahmens über die Arbeitsleistung verfügen könne. Dies sei anzunehmen, wenn ständige Dienstbereitschaft erwartet werde oder der Mitarbeiter in nicht unerheblichem Umfang ohne Abschluss entsprechender Vereinbarungen zur Arbeit herangezogen werden könne. Bei bestimmten Personengruppen, sei, wenn sie für Produktionen einzelvertraglich verpflichtet werden von einer selbstständigen Tätigkeit auszugehen. Zu diesen Berufsgruppen gehören beispielsweise: Autoren, Bühnenbildner, Kostümbildner, Kabarettisten, Interviewpartner und Dolmetscher.

c) Pensionskasse für freie Mitarbeiter

Für alle freien Mitarbeiter (nicht nur für die Arbeitnehmerähnlichen) ist im Jahre 1971 die „Pensionskasse für freie Mitarbeiter der deutschen Rundfunkanstalten" gegründet worden, die den Versicherten eine Alters- und Hinterbliebenenversorgung sichert. Sie wird von den öffentlich-rechtlichen Rundfunkanstalten und

---

[66] 1983 waren insgesamt 12 569 Personen bei der KSK versichert, die Zahl stieg bis 1997 auf insgesamt 96 577.
[67] Abrufbar unter www.deutsche-rentenversicherung.de.

zahlreichen privaten Produktionsfirmen, jedoch nicht von den Privatsendern getragen. Freiwilliges Mitglied werden kann hier jeder Freie, der mindestens ein Jahr lang für einen Träger der Pensionskasse gearbeitet und mindestens 3500,- € an Honoraren und Lizenzen bekommen hat. Der Beitragsanteil der Rundfunkanstalt und des Mitarbeiters beträgt jeweils 7 % der Honorareinkünfte, sofern die Rente nicht neben der gesetzlichen Sozialversicherungsrente gewährt wird. Zahlt die Rundfunkanstalt für den Mitarbeiter Beiträge zur gesetzlichen Rentenversicherung oder ist der Betreffende Mitglied der Künstlersozialkasse, kann der Beitrag auf jeweils 4 % ermäßigt werden. Die Mitgliedsanstalten behalten bei der Honorarzahlung den Beitrag ein und führen ihn mit dem eigenen Beitragsanteil monatlich an die Pensionskasse ab. Nach zehn Jahren Mitgliedschaft besteht der Anspruch auf Altersrente, der sich nach den eingezahlten Beiträgen bemisst.

4. Steuerrechtliche Behandlung der freien Mitarbeiter

Über die Frage, ob für den Mitarbeiter Lohnsteuer abzuführen ist oder er „auf Rechnung" beschäftigt wird, entscheiden die Rundfunkanstalten üblicherweise auf der Grundlage eines Abgrenzungskatalogs[68]. Praktische Folge ist, dass freie Mitarbeiter, die zur Anstalt in einer Dauerrechtsbeziehung stehen, in der Regel aus steuerrechtlicher Sicht als Arbeitnehmer behandelt werden, während die Anstalt sie arbeitsrechtlich abweichend davon als Selbstständige einstuft. Diese Vorgehensweise ist darauf zurückzuführen, dass die Finanzverwaltung künstlerisch tätige Rundfunkmitarbeiter, die einer auf Dauer angelegten Tätigkeit nachgehen, grundsätzlich als abhängig beschäftigt im Sinne des Steuerrechts ansieht[69]. Umgekehrt hat das Bundesfinanzministerium für den Rundfunkbereich in einem Negativkatalog detailliert aufgelistet, für welche Personengruppe eine freie Tätigkeit in Betracht kommen kann[70]. Danach sind im Allgemeinen nur die im Katalog aufgeführten Gruppen von freien Mitarbeitern (z. B. Bühnenbildner, Interviewpartner, Choreographen oder Quizmaster) selbstständig. Zusätzliche Voraussetzung für die Selbstständigkeit ist, dass der Mitarbeiter nur für einzelne Produktionen (etwa ein Fernsehspiel, eine Unterhaltungssendung oder einen ak-

---

[68] Ausführlich *Buchholz* 4.8.1.1. (S. 129, 130).
[69] Bundesministeriums der Finanzen vom 5.10.1990 - IV B 6 - S 2332 - 73/90 - betreffend den Steuerabzug vom Arbeitslohn bei unbeschränkt einkommensteuer- (lohnsteuer-) pflichtigen Künstlern und verwandten Berufen, BStBl. I 1990, 638; Erman/*Edenfeld* (2004) § 611 Rn. 32.
[70] 5.10.1990 - IV B 6 - S 2332 - 73/90 - BStBl I 1990, 638.

tuellen Beitrag) eingesetzt wird. Umgekehrt gelten freie Mitarbeiter, die nicht unter den Negativkatalog fallen, für die steuerrechtliche Beurteilung als Arbeitnehmer, wenn die Tätigkeit von vornherein auf Dauer angelegt ist. So geht das Bundesfinanzministerium exemplarisch bei einer freien Journalistin, die sich vor einer Auslandsreise vertraglich zu Lieferung mehrer Beiträge von dieser Reise an die Anstalt verpflichtet, von einer Arbeitnehmerinneneigenschaft aus. Auch wenn die Beiträge einzeln abgerechnet werden, sei die Tätigkeit von vornherein auf Dauer angelegt. Die Rundfunkanstalt behält dementsprechend in den meisten Fällen die Lohnsteuer von den Mitarbeiterhonoraren ein und führt sie an das zuständige Finanzamt ab.

B. Begriffsbestimmungen

Im Arbeits-, Sozial- sowie im Steuerrecht müssen Arbeitnehmer und Selbstständige voneinander abgegrenzt werden. Jedes dieser Rechtsgebiete enthält Bestimmungen, die jeweils nur für den einen oder für den anderen Personenkreis Anwendung finden[71]. Unterschiede bestehen auch in den Zielsetzungen: Während der Arbeitnehmerbegriff darüber entscheidet, ob der Betreffende unter den Schutz des Arbeitsrechts fällt, dient der Beschäftigtenbegriff der Begründung der Versicherungspflicht in allen Zweigen der Sozialversicherung. Steuerrechtlich steht die Einordnung der Einkunftsarten im Vordergrund. Der geschützte Personenkreis (Arbeitnehmer/Beschäftigter) muss sich in den drei Rechtsgebieten nach zutreffender Auffassung nicht notwendig decken[72]. Im Einzelfall kann arbeitsrechtlich ein Arbeitsverhältnis vorliegen, ohne dass sozialrechtlich ein Beschäftigungsverhältnis gegeben ist[73] und umgekehrt[74]. Gleiches gilt im Verhältnis zum Steuerrecht[75]. Dementsprechend differenzieren auch die Rundfunk-

---

[71] Dazu *Müller* MDR 1998, 1061.
[72] BSG 30.8.1955 - 7 RAr 40/55 - BSGE 1, 115, 118; BFH 2. 12. 1998 - X R 83/96 - DStR 1999, 711, 714; aA *Gitter* FS Wannagat S. 141 ff; *Wank* S. 343.
[73] So, wenn das Arbeitsverhältnis durch einen schon bei Vertragsschluss Arbeitsunfähigen nur mit dem Ziel begründet wurde, um Leistungen der Krankenversicherung zu erhalten; anders Kasseler Handb./*Worzalla* (2000) 1.1 Rn.71.
[74] Etwa bei Weiterbeschäftigung während eines Kündigungsschutzprozesses zur Abwendung der Zwangsvollstreckung, wenn sich am Ende herausstellt, dass das Arbeitsverhältnis wirksam gekündigt und deshalb beendet war; dazu BAG 12.2.1992 AP Nr.9 zu § 611 BGB Weiterbeschäftigung [I der Gründe].
[75] BFH 13.2.1980 - I R 17/78 - BB 1980, 874; Blümich/*Thürmer* (2006) § 19 Rn.50.

anstalten bei der Behandlung ihrer freien Mitarbeiter zwischen den verschiedenen Bereichen.

Im Folgenden sollen zunächst die allgemeinen arbeitsrechtlichen Grundsätze zur Bestimmung des Arbeitnehmerstatus dargestellt und dann auf die Besonderheiten im Medienbereich eingegangen werden. In diesem Zusammenhang wichtig ist der verfassungsrechtliche Schutz aus Art. 5 Abs. 1 S. 2 GG. Darin ist bestimmt, dass die Pressefreiheit und die Freiheit der Berichterstattung durch Rundfunk und Film gewährleistet werden. Im weiteren Verlauf wird daher auch die zur Rundfunkmitarbeit ergangene Rechtsprechung des BVerfG vorgestellt. Danach gilt es die Abgrenzung zwischen Arbeitnehmer und Selbstständigem aus sozial- und steuerrechtlicher Sicht zu erläutern.

I. Arbeitsrechtliche Definition des Arbeitnehmers

Wer Arbeitnehmer ist, ist im Arbeitsrecht nicht legal definiert. In einigen Vorschriften wie den § 5 Abs. 1 S.1 ArbGG, § 2 S.1 BurlG, § 5 Abs. 1 BetrVG finden sich lediglich *„Minimaldefinitionen"*[76]. Eine entscheidende Bedeutung kommt daher der Rechtsprechung des BAG zur Abgrenzung von Arbeitnehmern und Selbstständigen zu, der sich auch die herrschende Lehre im Wesentlichen angeschlossen hat und die für die betriebliche Praxis letztlich maßgeblich ist.

1. Allgemeiner Arbeitnehmerbegriff

a) Abgrenzungskriterien der Rechtsprechung

Nach ständiger Rechtsprechung des BAG ist Arbeitnehmer, *„wer aufgrund eines privatrechtlichen Vertrages im Dienste eines anderen zur Leistung weisungsgebundener, fremdbestimmter Arbeit in persönlicher Abhängigkeit verpflichtet ist. Kein Arbeitnehmer ist, wer im Wesentlichen frei seine Tätigkeit gestalten und seine Arbeitszeit bestimmen kann*[77].*"* Drei Merkmale kennzeichnen somit den Arbeitnehmerbegriff: ein privatrechtlicher Vertrag, die Leistung von Diensten für einen anderen, also ein Dienstvertrag im Sinne des § 611 BGB, und

---

[76] *Reinecke* NZA 1999, 729, 730.
[77] St. Rspr., statt vieler BAG 27.3.1991 - 5 AZR 194/90 – AP Nr. 53 zu § 611 BGB Abhängigkeit [I 1 der Gründe]; dazu instruktiv *Griebeling* NZA 1998, 1137 ff.

die Unselbstständigkeit des Dienstnehmers, die von der Rechtsprechung mit persönlicher Abhängigkeit gleichgesetzt wird. In dieser persönlichen Abhängigkeit bei Erbringung der Dienstleistung sieht die Rechtsprechung das maßgebliche Kriterium der Arbeitnehmereigenschaft[78]. Eine gleichzeitig gegebene wirtschaftliche Abhängigkeit ist hingegen weder erforderlich noch ausreichend[79], weil sie nicht nur typisch für ein Arbeitsverhältnis ist, sondern ebenso bei einem Dienst- oder Werkvertrag vorliegen kann (z. B. bei einem selbstständigen Architekten, der überwiegend nur für einen Auftraggeber tätig wird)[80].

(1) Weisungsrecht

Den Grad der persönlichen Abhängigkeit bestimmt das BAG in erster Linie nach dem Weisungsrecht des Arbeitgebers, welches Inhalt, Durchführung, Zeit, Dauer und Ort der Tätigkeit betreffen kann[81]. Gestützt wird diese Ansicht auf § 84 Abs. 1 S. 2 HGB mit der Begründung, die Norm enthalte ein typisches Abgrenzungsmerkmal, das als allgemeine gesetzliche Wertung bei der Abgrenzung des Dienstvertrages vom Arbeitsvertrag zu beachten sei.[82]

Persönliche Abhängigkeit wird begründet, wenn der Arbeitgeber innerhalb eines bestimmten zeitlichen Rahmens über die Arbeitsleistung des Mitarbeiters verfügen kann[83]. Hingegen spricht es für eine freie Mitarbeit, wenn der Beschäftigte die Möglichkeit hat, sich seine Arbeitszeit frei einzuteilen[84]. Selbst der Umstand, dass ihm für die Erledigung seiner Aufgaben bestimmte Fristen gesetzt werden, ändert daran nichts, solange er seine Arbeit innerhalb dieses vorgegebenen Zeitraums nach eigenen Vorstellungen und Bedürfnissen gestalten kann[85]. Denn zeitliche Vorgaben oder die Verpflichtung, bestimmte Termine einzuhalten, sind

---

[78] BAG 27.3.1991 - 5 AZR 194/90 - AP Nr. 53 zu § 611 BGB Abhängigkeit [I 1 der Gründe].
[79] BAG 30.11.1994 - 5 AZR 704/93 - AP Nr. 74 zu § 611 BGB Abhängigkeit [B I der Gründe].
[80] Schaub/*Schaub* (2005) § 9 Rn. 2.
[81] BAG 16.7.1997 - 5 AZR 312/96 - AP Nr. 4 zu § 611 BGB Zeitungsausträger [I der Gründe].
[82] BAG 26.7.1995 - 5 AZR 22/94 . AP Nr. 79 zu § 611 BGB Abhängigkeit [II 1 der Gründe].
[83] BAG 26.7.1995 - 5 AZR 22/94 - AP Nr. 79 zu § 611 BGB Abhängigkeit [II 1 der Gründe].
[84] BAG 17.5.1978 - 5 AZR 580/77 - AP Nr. 28 zu § 611 BGB Abhängigkeit [2 der Gründe].
[85] BAG 21.9.1977 - 5 AZR 373/76 - AP Nr. 24 zu § 611 BGB Abhängigkeit [3 der Gründe].

wiederum nicht charakteristisch für ein Arbeitsverhältnis, da es auch im Rahmen von Dienst- oder Werkverträgen nicht unüblich ist, Termine für die Erledigung eines Auftrages festzusetzen[86]. Dementsprechend ist ein Rundfunkreporter, der einen Beitrag bis zu einem konkreten Abgabetermin zu produzieren hat, nicht zwingend Arbeitnehmer[87].

Der zeitliche Umfang einer vertraglichen Verpflichtung spricht für sich allein weder für noch gegen ein Arbeitsverhältnis. Nicht jeder, der seine Arbeitskraft seinem Vertragspartner für eine bestimmte Zeit zur Verfügung stellt, muss deshalb schon Arbeitnehmer sein[88]. Umgekehrt schließt eine nur nebenberufliche Tätigkeit mit geringen Arbeitszeiten die Arbeitnehmereigenschaft nicht automatisch aus[89]. So bejahte das BAG bei einem Rundfunksprecher und Übersetzer, der jeweils sonntags für vier Stunden eingesetzt war, ein Arbeitsverhältnis[90]. Es sei ausreichend, wenn der Beschäftigte überhaupt, wenn auch in geringem Umfang verpflichtet ist, weisungsgebundene Arbeit zu leisten und dem Arbeitgeber somit ein Verfügungsrecht über einen Teil der Arbeitskraft zusteht.

Ebenso wenig lässt sich aus der Dauer der Tätigkeit die rechtliche Einordnung des Beschäftigungsverhältnisses zwingend herleiten. In den Fällen, in denen die vertragliche Bindung der Parteien allerdings über die Abwicklung einzelner Aufträge hinausgeht, so dass fortlaufend Dienste geschuldet werden, liegt eine Dauerrechtsbeziehung vor, die nach allgemeinen Kriterien darauf zu überprüfen ist, ob freie Mitarbeit oder ein Arbeitsverhältnis vorliegt[91].

(2) Eingliederung

Ein weiteres Merkmal der persönlichen Abhängigkeit ist die Eingliederung in die fremdbestimmte Arbeitsorganisation[92]. Dieses Kriterium konkretisiert letzt-

---

[86] BAG 27.3.1991 - 5 AZR 194/90 - AP Nr. 53 zu § 611 BGB Abhängigkeit [III 4 der Gründe].
[87] BAG 13.5.1992 - 5 AZR 434/91 – n. v. (juris) [IV 3 der Gründe].
[88] BAG 9.9.1981 - 5 AZR 477/79 - AP Nr. 38 zu § 611 BGB Abhängigkeit [II 2a der Gründe].
[89] St. Rspr., vgl. nur BAG 30.11.1994 - 5 AZR 704/93 - AP Nr. 74 zu § 611 BGB Abhängigkeit [I 2 der Gründe].
[90] BAG 11.3.1998 - 5 AZR 522/96 - AP Nr. 23 zu § 611 BGB Rundfunk [III 3 der Gründe].
[91] BAG 13.1.1983 - 5 AZR 149/82 - AP Nr. 42 zu § 611 BGB Abhängigkeit [I 2a der Gründe].
[92] BAG 16.7.1997 - 5 AZR 312/96 - AP Nr. 4 zu § 611 BGB Zeitungsausträger [I der Gründe].

lich die Weisungsunterworfenheit, denn die Eingliederung in die Organisation des Arbeitgebers zeigt sich nach Auffassung des BAG insbesondere darin, dass der Beschäftigte einem Weisungsrecht unterliegt[93].

Vor allem deutlich wird die persönliche Abhängigkeit bei der so genannten faktischen Eingliederung. Wer regelmäßig zu festen Arbeitszeiten an einem bestimmten Arbeitsort zu erscheinen hat, ist grundsätzlich Arbeitnehmer. Ein Rundfunkmitarbeiter gilt aber nicht allein deshalb als in den Betrieb eingegliedert, weil er sich zur Erfüllung der ihm übertragenen Aufgaben des Personals und der Einrichtungen der Rundfunkstation bedient. Oftmals ist es nämlich aus rein praktischen Erwägungen, vor allem aus Kostengründen sinnvoll, Arbeiten in den Räumen und mit Betriebsmitteln der Anstalt zu erledigen[94].

Ohne rechtliche Bedeutung ist es, wenn der Mitarbeiter innerhalb der Betriebsräume allgemeine Grundsätze der betrieblichen Ordnung zu beachten hat. Vertragliche Pflichten, die nicht die geschuldete Tätigkeit, sondern das sonstige Verhalten betreffen, sind zur Abgrenzung regelmäßig nicht geeignet.[95] Beispielsweise kann aus der Anordnung, benutztes Kaffeegeschirr wegräumen und reinigen zu müssen, nicht geschlossen werden, der so in die Pflicht Genommene sei Arbeitnehmer oder freier Mitarbeiter[96].

(3) Typologische Methode des BAG

Die persönliche Abhängigkeit soll nach Auffassung des BAG kein fest umrissener Begriff sein, sondern es soll anhand einer Reihe von Indizien wertend zu entscheiden sein, ob eine Person als Arbeitnehmer anzusehen ist[97]. Die Zuordnung sei im Wege einer typologischen Betrachtungsweise auch unter Berücksichtigung der Verkehrsanschauung vorzunehmen.

Um das Maß der persönlichen Abhängigkeit im Einzelfall zu bestimmen, zieht die Rechtsprechung neben den primären Kriterien Weisungsgebundenheit und Eingliederung weitere Indizien für den Arbeitnehmerstatus heran. Dazu gehören auch eine organisatorische Abhängigkeit für die Erbringung der Leistung und

---

[93] BAG 30.10.1991 - 7 ABR 19/91 - AP Nr. 59 zu § 611 BGB Abhängigkeit [II 4d der Gründe].
[94] BAG 13.5.1992 - 5 AZR 434/91 - n. v. (juris) [III 5 der Gründe].
[95] BAG 15.12.1999 - 5 AZR 3/99 - AP Nr. 5 zu § 92 HGB [II 2b der Gründe].
[96] BAG 20.9.2000 - 5 AZR 61/99 - AP Nr. 37 zu § 611 BGB Rundfunk [IV 4b der Gründe].
[97] Überblick bei *Beuthien/Wehler* RdA 1978, 2, 3.

die Fremdnützigkeit der überlassenen Arbeitsleistung. Nicht erforderlich ist, dass sämtliche Merkmale eines Arbeitsverhältnisses kumulativ vorliegen. Letztlich könne nämlich über die persönliche Abhängigkeit nur im Rahmen einer Gesamtwürdigung aller maßgeblichen Umstände des Einzelfalls entschieden werden[98]. Die Rechtsprechung betont in diesem Zusammenhang, dass es auf die Besonderheiten des jeweiligen Falles ankommt und es einen einheitlichen Maßstab nicht gibt.

Ausgangspunkt für die Bestimmung der Arbeitnehmereigenschaft ist die zwischen den Vertragsparteien getroffene Vereinbarung. Allerdings soll sich nach ständiger Rechtsprechung des BAG der Beschäftigungsstatus nicht nach den Wünschen und Vorstellungen der Vertragspartner richten, sondern danach, wie die Vertragsbeziehungen nach ihrem Geschäftsinhalt objektiv einzuordnen sind[99]. Das bedeutet, in den Fällen, in denen der Vertrag abweichend von den ausdrücklich getroffenen Regelungen durchgeführt wird, ist ausschließlich die tatsächliche Durchführung maßgebend. Die praktische Handhabung lässt nach Auffassung des BAG Rückschlüsse darauf zu, von welchen Rechten und Pflichten die Parteien in Wirklichkeit ausgegangen sind[100]. Lediglich dann, wenn einzelne Anhaltspunkte für die Annahme eines Arbeitsverhältnisses, andere für ein freies Mitarbeiterverhältnis sprechen, soll es doch auf den ausdrücklich erklärten Parteiwillen ankommen[101].

2. Berücksichtigung der Rundfunkfreiheit

Gerade im Medienbereich führt die Statusbestimmung immer wieder zu Problemen, da die Arbeitsgerichte insbesondere die verfassungsrechtlichen Anforderungen aus Art. 5 Abs.1 S.2 GG berücksichtigen müssen. Im Folgenden ist zu überprüfen, in wieweit die Rundfunkfreiheit den Status als Arbeitnehmer beeinflusst und welche Auswirkungen Art. 5 Abs.1 S.2 GG für den arbeitsrechtlichen Bestandsschutz der im Medienbereich Beschäftigten hat. Eine detaillierte Erörterung über Bedeutung, Inhalt und Grenzen der Rundfunkfreiheit kann an dieser

---

[98] BAG 11.3.1998 - 5 AZR 522/96 - AP Nr. 23 zu § 611 BGB Rundfunk [I der Gründe].
[99] BAG 17.5.1978 - 5 AZR 580/77 - AP Nr. 28 zu § 611 BGB Abhängigkeit [1 der Gründe].
[100] BAG 13.1.1983 - 5 AZR 149/82 - AP Nr. 42 zu § 611 BGB Abhängigkeit [II 3 der Gründe].
[101] Zusammenfassend BAG 15.3.1978 - 5 AZR 819/76 - AP Nr. 26 zu § 611 BGB Abhängigkeit [II 4 der Gründe].

Stelle nicht erfolgen, da eine solche den Rahmen der Untersuchung sprengen würde. Für die hier zu klärende Fragestellung genügen die Ausführungen, die das BVerfG im Rahmen des Beschlusses vom 13.1.1982[102] zum Spannungsverhältnis zwischen Rundfunkfreiheit und Arbeitsrecht gemacht hat. Bedeutsam ist die genannte Entscheidung deshalb, weil darin die so genannte Festanstellungsrechtsprechung des 5. Senats stark kritisiert wurde. Im Anschluss soll zunächst die ursprüngliche Rechtsprechung des BAG vorgestellt und danach die neue Linie des BAG näher untersucht werden.

a) Der ursprüngliche Ansatz des BAG

In seinem Urteil vom 15.3.1978[103] hatte der 5. Senat des BAG Gelegenheit, grundsätzliche Aussagen über die Arbeitnehmereigenschaft der Mitarbeiter von Hörfunk und Fernsehen zu treffen. Es ging um eine Filmautorin und Regisseurin, die für die beklagte Sendeanstalt überwiegend im Bereich Fernsehen tätig war. Aufträge zur Herstellung einzelner Filme erhielt sie in Vorbesprechungen mit der zuständigen Redakteurin. In gemeinsamer Diskussion wurden dann Richtlinien für den Film festgelegt und die Klägerin erstellte innerhalb eines ihr zeitlich vorgegebenen Rahmens eine Drehvorlage. Die eigentliche Produktion fand zusammen mit einem Team aus festangestellten Mitarbeitern statt.

Der Senat qualifizierte ihr Beschäftigungsverhältnis als unbefristetes Arbeitsverhältnis, weil sie bei der Herstellung der Filme, insbesondere bei den Dreh- und Schnittarbeiten, vom technischen Apparat der Sendeanstalt abhängig war. Daneben bezog das BAG auch Stellung zu einer möglichen Verletzung des Art. 5 Abs.1 S.2 GG: Der arbeitsrechtliche Bestandsschutz sei eine Ausprägung des verfassungsrechtlichen Sozialstaatsprinzips und habe nicht schlechthin der Rundfunkfreiheit zu weichen. Eine rechtliche Absicherung des Arbeitsplatzes für alle an der Programmgestaltung beteiligten Mitarbeiter sei schon aus Gründen der Rundfunkfreiheit geboten, da diese Mitarbeiter vielfach erst dann in ihrer Meinungsäußerung frei seien, wenn der Bestandsschutz ihres Arbeitsverhältnisses gesichert ist; geistige Freiheit werde durch Existenzangst gelähmt. In diversen weiteren Urteilen hielt der Senat in der Folgezeit daran fest, dass sich die Abhängigkeit der Rundfunkmitarbeiter in ihrer Abhängigkeit vom Apparat der

---

[102] 1 BvR 848/77 u. a. – BVerfGE 59, 231 ff.
[103] 5 AZR 819/76 – AP Nr. 26 zu § 611 BGB Abhängigkeit.

Sendeanstalt und dem Mitarbeiterteam zeige.[104] Nahezu bei allen freien Mitarbeiter der Rundfunkanstalten wurde aufgrund dieser Rechtsprechung ein unbefristetes Arbeitsverhältnis zur jeweiligen Sendeanstalt bejaht und Fernsehredakteure, Reporter, Drehbuchautoren, Hörfunkkorrespondenten oder auch Rundfunkbeauftragte, die Gebührenpflichtige ermitteln sollten, wurden als Arbeitnehmer eingeordnet.[105]

b) Die Rechtsprechung des BVerfG

(1) WDR-Beschluss des BVerfG vom 13.1.1982

Der 1. Senat des BVerfG gab mit Beschluss vom 13.1.1982[106] elf Verfassungsbeschwerden des WDR gegen Urteile des BAG und des LAG Düsseldorf statt und verwies die Entscheidungen nach § 95 Abs.2 BVerfGG an das BAG beziehungsweise an das LAG Düsseldorf zurück. In allen Fällen hatte das BAG entgegen der vertraglichen Vereinbarung der Parteien unbefristete Arbeitsverhältnisse festgestellt. Lediglich eine der 12 eingelegten Verfassungsbeschwerden wurde als unbegründet zurückgewiesen. Nach Ansicht des BVerfG verkannte die Rechtsprechung, soweit es sich um programmgestaltende Mitarbeiter handelte, *„die Einwirkungen des Grundrechts der Rundfunkfreiheit auf die zugrunde gelegten Voraussetzungen für die Feststellung eines unbefristeten Arbeitsverhältnisses von Rundfunkmitarbeitern"*[107].

Ausgangspunkt der Verfassungsrechtsprechung ist das aus der Rundfunkfreiheit abgeleitete Gebot der Programmvielfalt, aus dem der Senat wiederum ein Bedürfnis der Anstalt nach einem flexiblen Personaleinsatz ableitet: *„Der durch Art.5 GG in den Schranken der allgemeinen Gesetze gewährleistete verfassungsrechtliche Schutz der Freiheit des Rundfunks erstreckt sich auf das Recht der Rundfunkanstalten, dem Gebot der Vielfalt der zu ermittelnden Programminhalte auch bei der Auswahl Einstellung und Beschäftigung der Rundfunkmit-*

---

[104] BAG 22.6.1977 – 5 AZR 753/75 – AP Nr. 22 zu § 611 BGB Abhängigkeit [2b der Gründe]; BAG 20.6.1977 - 498/76 – n. v. (juris); BAG 20.9.1978 – 5 AZR 1101/77 n. a. v. (juris); alle diese Urteile wurden wegen Verletzung von Art. 5 Abs. 1 S. 2 GG durch Beschluss des BVerfG vom 13.1.1982 aufgehoben. BAG 15.3.1978 - 5 AZR 819/76 - AP Nr. 26 zu § 611 BGB Abhängigkeit [II 2b der Gründe]; bereits einschränkend BAG 23.4.1980 - 5 AZR 426/79 - AP Nr. 34 zu § 611 BGB Abhängigkeit [II 2 der Gründe].
[105] Ausführlich *Bezani* NZA 1997, 856, 858.
[106] BVerfG 13.1.1982 - 1 BvR 848/77 u. a. - BVerfGE 59, 231 ff.
[107] BVerfG 13.1.1982 - 1 BvR 848/77 u. a. - BVerfGE 59, 268.

arbeiter Rechnung zu tragen[108]." Dies sei von den Arbeitsgerichten zu beachten, wenn sie darüber entscheiden, ob die Rechtsbeziehungen zwischen den Anstalten und deren an der Programmgestaltung tätigen Mitarbeiter als unbefristete Arbeitsverhältnisse einzuordnen sind.

Die Rundfunkfreiheit dient nach Auffassung des BVerfG der Gewährleistung freier individueller und öffentlicher Meinungsbildung und ist schlechthin konstituierend für die freiheitliche demokratische Grundordnung[109]. Der Senat hebt hervor, die Rundfunkanstalten seien nur dann in der Lage, ihrem Programmauftrag gerecht zu werden, wenn sie auf einen breit gestreuten Kreis geeigneter Mitarbeiter zurückgreifen könnten, was seinerseits voraussetzen könne, dass diese nicht auf Dauer, sondern nur für die Zeit beschäftigt werden, in der sie benötigt werden[110]. Und wenn Auswahl, Inhalt und Ausgestaltung der Programme gegen fremde Einflüsse geschützt sind, müsse dies konsequenterweise auch für die Auswahl, Einstellung und Beschäftigung des Personals gelten, von dem die Programmgestaltung abhängt. Demnach trifft die Rundfunkanstalten zwar einerseits die Verpflichtung, die personellen Voraussetzungen für ein vielfältiges Programm zu schaffen und zu erhalten, andererseits haben sie dann aber auch das Recht, ihre Personalentscheidungen frei von staatlicher Einflussnahme zu treffen. Dieses Recht werde nicht erst durch die Erschwerung der Kündigung, sondern bereits durch die Feststellung beeinträchtigt, dass der Mitarbeiter *„ungeachtet des zwischen den Parteien geschlossenen Vertrags in einem unbefristeten Arbeitsverhältnis zur Anstalt steht"*[111]. Folglich schützt nach Auffassung des Senats die Rundfunkfreiheit auch die personelle Entscheidung, ob ein Mitarbeiter fest, für einen bestimmten Zeitraum oder auf eine Produktion beschränkt beschäftigt werden soll. Dies schließe auch die Befugnis des Senders ein, bei der

---

[108] BVerfG 13.1.1982 - 1 BvR 848/77 u. a. - BVerfGE 59, 231, 257.
[109] So bereits BVerfG 5.6.1973 - 1 BvR 536/72 - BVerfGE 35, 202, 221 f; BVerfG 13.1.1982 - 1 BvR 848/77 u. a. - BVerfGE 59, 231, 266; Jedes Rundfunk- und Fernsehprogramm sei tendenzbezogen. Die Garantie der Rundfunkfreiheit müsse daher jede einzelne Sendung umfassen und fremde Einflussnahmen auf Auswahl, Inhalt und Gestaltung der Programme abwehren. Hieraus ergebe sich ein prinzipieller Unterschied zwischen dem Tendenzschutz in Presseunternehmen einerseits und in Sendeanstalten andererseits. Bei der Pressefreiheit bestehe die Gewährleistung vor allem darin, die Grundrichtung der jeweiligen Zeitung unbeeinflusst zu bestimmen und zu verwirklichen. Hingegen dürften die Sendeanstalten wegen ihrer oligopolitischen Struktur nicht nur eine Tendenz verfolgen, sondern müssten allen in der Gesellschaft vorhandenen und bedeutsamen Tendenzen Raum geben.
[110] BVerfG 13.1.1982 - 1 BvR 848/77 u. a. - BVerfGE 59 231, 259.
[111] BVerfG 13.1.1982 - 1 BvR 848/77 u. a. - BVerfGE 59, 231, 270.

Begründung von Mitarbeiterverhältnissen den *„jeweils geeigneten Vertragstyp zu wählen"*[112].

Im Hinblick auf den dargelegten Zusammenhang beschränkt das BVerfG den grundrechtlichen Schutz auf einen bestimmten Kreis der Beschäftigten, die so genannten programmgestaltenden Mitarbeiter, [...] *„die typischerweise ihre eigene Auffassung zu politischen, wirtschaftlichen, künstlerischen oder anderen Sachfragen, ihre Fachkenntnisse und Informationen, ihre individuelle künstlerische Befähigung und Aussagekraft in die Sendungen einbringen, wie dies etwa bei Regisseuren, Moderatoren, Kommentatoren, Wissenschaftlern und Künstlern der Fall ist*[113]*"*. Nicht unter den geschützten Personenkreis fallen das betriebstechnische und das Verwaltungspersonal, sowie solche Mitarbeiter, deren Tätigkeit sich in der technischen Realisation der Programme erschöpft, ohne dass sie inhaltlichen Einfluss nehmen könnten.

Die Rundfunkfreiheit ist nicht schrankenlos gewährleistet (Art. 5 Abs.2 GG). In einem ersten Schritt prüft das BVerfG daher, ob sich unmittelbar aus der Verfassung, das heißt aus den Grundrechten der Arbeitnehmer oder aus dem Sozialstaatsprinzip Schranken ergeben. Die Rechtfertigung des BAG, aus Gründen der Rundfunkfreiheit sei eine rechtliche Absicherung des Arbeitsplatzes geboten[114], lehnt das BverfG ausdrücklich ab.

Die Frage, ob sich die Rundfunkmitarbeiter ebenfalls auf die Rundfunkfreiheit berufen können, hat der Senat offen gelassen, denn in keinem Fall lasse sich aus Art. 5 Abs.1 S.2 GG ein verfassungsrechtlicher Anspruch, nicht als freier Mitarbeiter, sondern in einem Arbeitsverhältnis beschäftigt zu werden, ableiten[115].

Auch der Berufsfreiheit könne ein verbindlicher Verfassungsauftrag, Rundfunkmitarbeiter fest anzustellen, nicht entnommen werden. Das gleiche gelte für das Sozialstaatsprinzip[116].

---

[112] *Dörr* ZUM Sonderheft 2000, 666, 670; a.A. *Otto* ArbuR 1983, 1, 4 mit der Begründung, das BVerfG verstehe unter *„Vertragstypus"* nicht den schuldrechtlichen Typus, sondern die typischen Vertragsmodalitäten.
[113] BVerfG 13.1.1982 - 1 BvR 848/77 u. a. - BVerfGE 59, 231, 260.
[114] BAG 15.3.1978 - 5 AZR 819/76 - AP Nr. 26 zu § 611 BGB Abhängigkeit [IV der Gründe]; diese Grundsatzentscheidung wurde nicht mit Verfassungsbeschwerde angegriffen.
[115] BVerfG 13.1.1982 - 1 BvR 848/77 u. a. - BVerfGE 59, 231, 262.
[116] BVerfG 13.1.1982 - 1 BvR 848/77 u. a. - BVerfGE 59, 231, 262.

Als Schranken der Rundfunkfreiheit bleiben damit nur noch die allgemeinen Gesetze nach Art. 5 Abs.2 GG. Dazu zählen auch die Bestimmungen des Arbeitsrechts, bei deren Auslegung und Anwendung zu berücksichtigen sei, dass diese ihrerseits der Bedeutung der Rundfunkfreiheit gerecht werden müssen. Dementsprechend verlangt das BVerfG im Rahmen der Wechselwirkungstheorie[117] eine Abwägung zwischen der Bedeutung der Rundfunkfreiheit einerseits und dem Rang der von den Normen des Arbeitsrechts geschützten Rechtsgüter andererseits. Folge ist, dass die Einschränkung der Rundfunkfreiheit durch den arbeitsrechtlichen Bestandsschutz geeignet und erforderlich sein muss, der sozialen Schutzbedürftigkeit der Mitarbeiter Rechnung zu tragen. Außerdem muss der Erfolg des arbeitsrechtlichen Schutzes in einem angemessenen Verhältnis zu der Einbuße stehen, die die Beschränkung für die Rundfunkfreiheit bedeutet[118]. In diesem Zusammenhang weist das BVerfG auch auf die Gefahren einer Anwendung der arbeitsrechtlichen Regeln und daraus resultierend auf das hohe Gewicht der Rundfunkfreiheit hin[119]: Für Nachwuchskräfte bedeuteten unbefristete Arbeitsverhältnisse eine Sperrwirkung, der Zugang zu einer Tätigkeit im Rundfunkbereich werde ihnen verwehrt. Für das Publikum gehe ein eingeschränkter Personaleinsatz mit einem Verlust an Information einher. Das BVerfG will damit aber nicht ausdrücken, dass das Arbeitsrecht durch die Rundfunkfreiheit verdrängt wird: *„Das Verfassungsrecht verlangt nicht die Wahl zwischen dem Alles des vollen Schutzes der unbefristeten Dauereranstellung und dem Nichts des Verzichts auf jeden Sozialschutz. Es steht nur arbeitsrechtlichen Regelungen und einer Rechtsprechung entgegen, welche den Rundfunkanstalten die zur Erfüllung ihres Programmauftrags notwendige Freiheit und Flexibilität nehmen würden. Das gilt, soweit ersichtlich nur im Falle der gerichtlichen Feststellung unbefristeter Arbeitsverhältnisse, während die Möglichkeit befristeter Arbeitsverträge nicht ausgeschlossen wird[120]."*

(2) Die zweite Mitarbeiterentscheidung vom 28.06.1983

Bestätigt hat das BVerfG seine grundsätzlichen Aussagen zur Bedeutung der Rundfunkfreiheit für arbeitsgerichtliche Entscheidungen in einem weiteren Be-

---

[117] Dazu grundlegend BVerfG 15.1.1958 - 1 BvR 400/51 - BVerfGE 7, 198, 210 f.
[118] BVerfG 13.1.1982 - 1 BvR 848/77 u. a. - BVerfGE 59, 231, 265.
[119] BVerfG 13.1.1982 - 1 BvR 848/77 u. a. - BVerfGE 59, 231, 267.
[120] BVerfG 13.1.1982 - 1 BvR 848/77 u. a. - BVerfGE 59, 231, 268.

schluss (sog. zweite Mitarbeiterentscheidung[121]). Der Senat hatte über die Verfassungsbeschwerde des Saarländischen Rundfunks gegen ein Urteil des LAG Saarbrücken zu befinden. Klägerin des Ausgangsverfahrens war eine Moderatorin des Senders. Das LAG hatte sich ausdrücklich der im Grundsatzurteil des BAG vom 15.3.1978 entwickelten Rechtsprechung angeschlossen und ausgeführt, die Rundfunkfreiheit ende dort, wo der arbeitsrechtliche Bestandsschutz als besondere Ausprägung des verfassungsrechtlichen Sozialstaatsprinzips einsetze und festgestellt, dass die Klägerin in einem Arbeitsverhältnis stand.

Der Senat gab der Verfassungsbeschwerde wegen Verletzung von Art. 5 Abs. 1 S. 2 GG statt. Er hält fest, dass die Würdigung des LAG nicht der verfassungsrechtlichen Lage entspreche. Der arbeitsrechtliche Bestandsschutz begrenze nicht nur die Rundfunkfreiheit, sondern umgekehrt werde er selbst auch durch die Freiheit des Rundfunks begrenzt. Die Arbeitsgerichte hätten bei ihrer gerichtlichen Feststellung zu prüfen, ob die Maßstäbe, nach denen sie zur Entscheidung einer Festanstellung gelangen, mit den Anforderungen der Verfassung vereinbar seien. Es müsse ein verhältnismäßiger Ausgleich zwischen den Belangen der Rundfunkanstalten und den sozialen Belangen der Mitarbeiter herbeigeführt werden[122].

(3) Beschluss der 3. Kammer des BVerfG vom 3.12.1992

Fast zehn Jahre nach der ersten grundlegenden Entscheidung zu den Rundfunkmitarbeitern weist das BVerfG noch einmal ausdrücklich darauf hin, dass der grundrechtliche Schutz des Art. 5 Abs.1 S.2 GG auf den Kreis der programmgestaltend tätigen Personen beschränkt ist[123]. Nicht erfasst sind solche Personalentscheidungen, bei denen ein Zusammenhang mit Programminhalten fehlt. Im Ausgangsfall ging es um den Sprecher einer Hörfunksendung, der wöchentlich eine Musiksendung bei der beklagten Rundfunkanstalt moderierte und pro Sendung vergütet wurde. Die gespielten Musikstücke und Wortbeiträge wurden von der Redaktion bestimmt, konnten aber durch eigene Texte verbunden werden. Das BVerfG verneinte einen inneren Zusammenhang zwischen der Tätigkeit des Moderators und der Erfüllung des Programmauftrages, so dass die Personalentscheidung nicht vom Schutz der Rundfunkfreiheit umfasst war.

---

[121] BVerfG 28.6.1983 - 1 BvR 525/82 - BVerfGE 64, 256 ff.
[122] BVerfG 13.1.1982 - 1 BvR 848/77 u. a. - BVerfGE 59, 231, 270.
[123] BVerfG 3.12.1992 - 1 BvR 1462/88 - NZA 1993, 741 ff.

Weiter führte die Kammer aus, der arbeitsrechtliche Arbeitnehmerbegriff und das Kriterium des Einflusses auf die inhaltliche Programmgestaltung seien nicht deckungsgleich. Es sei deshalb denkbar, dass ein Rundfunkmitarbeiter den arbeitsrechtlichen Arbeitnehmerbegriff erfülle, gleichwohl aber Einfluss auf die inhaltliche Gestaltung des Programms habe, so dass bei einer isolierten Anwendung des arbeitsrechtlichen Arbeitnehmerbegriffs auf Rundfunkmitarbeiter eine unverhältnismäßige Zurückdrängung der Rundfunkfreiheit nicht auszuschließen sei. Dies könne der Fall sein, wenn das Kriterium des inhaltlichen Einflusses des Rundfunkmitarbeiters auf die Programmgestaltung völlig unberücksichtigt bliebe und dadurch der Zugang zum Schutzbereich versperrt würde.

(4) Beschluss der 1. Kammer des BVerfG vom 18.2.2000

In einem aktuellen Kammerbeschluss vom 18.2.2000[124] hatte das BVerfG erneut Gelegenheit, zum Verhältnis Rundfunkfreiheit und Arbeitsrecht Stellung zu nehmen. Die Verfassungsbeschwerden betrafen Redakteure, die als Mitarbeiter im redaktionellen Bereich jeweils unterschiedlicher, regelmäßig ausgestrahlter Sendungen für den Saarländischen Rundfunk tätig waren. Die Arbeitsgerichte hatten ihren Klagen auf Feststellung eines unbefristeten Arbeitsverhältnisses stattgegeben.

Das BVerfG verneinte eine Verletzung der Rundfunkfreiheit. Anders als in vorangegangen Entscheidungen deutete es aber an, dass die Rundfunkfreiheit nicht zwingend schon beim Arbeitnehmerbegriff berücksichtigt werden müsse. Eine derartige Aussage könne der Beschwerdeführer auch der vorangegangenen Entscheidung[125] nicht entnehmen. Vielmehr komme eine zwingende Berücksichtigung der Rundfunkfreiheit schon beim Arbeitnehmerbegriff nur in den Fällen in Betracht, in denen bereits mit der Einordnung des Beschäftigungsverhältnisses als Arbeitsverhältnis der Schutz des Grundrechts aus Art. 5 Abs.1 S.2 GG versperrt wird. Solange die Einordnung des Beschäftigungsverhältnisses als Arbeitsverhältnis noch genügend Raum für die Anforderungen der Rundfunkfreiheit lässt, werde der Grundrechtsschutz nicht generell versagt. Hingegen sei die Rundfunkfreiheit beeinträchtigt, wenn durch den Ausschluss der Beschäftigung als freier Mitarbeiter die Entschließungsfreiheit der Rundfunkanstalt so sehr eingeschränkt werde, dass die danach verbleibende Möglichkeit zur rechtlichen

---

[124] BVerfG 18.2.2000 – 1 BvR 491/93, 562/93, 624/98 – NZA 2000, 653 ff.
[125] BVerfG 3.12.1992 – 1 BvR 1462/88 – NZA 1993, 741 ff.

Gestaltung des Arbeitsverhältnisses im Vergleich zur freien Mitarbeit eine Beeinträchtigung der für die Erfüllung des Programmauftrags notwendigen Freiheit und Flexibilität mit sich brächte. Dies komme dann in Betracht, wenn die verfügbaren Vertragsgestaltungen wie Teilzeitbeschäftigungs- oder Befristungsabreden zur Sicherung der Aktualität und Flexibilität der Berichterstattung in tatsächlicher oder rechtlicher Hinsicht nicht in gleicher Weise geeignet sind wie die Beschäftigung in freier Mitarbeit.

(5) Kammerbeschluss vom 22.8.2000

Der Auffassung in der Literatur, die Rundfunkfreiheit müsse schon bei der Statusfrage und damit beim Arbeitnehmerbegriff zu beachten sein, ist das BVerfG jetzt ausdrücklich entgegengetreten[126]. Unter Hinweis auf den Beschluss vom 18.2.2000[127] hat es erneut klargestellt, dass die Rundfunkfreiheit bei programmgestaltenden Mitarbeitern nicht stets schon bei der Zuordnung zum Arbeitnehmerbegriff berücksichtigt werden muss.

c) Die Interpretation der Beschlüsse des BVerfG

In Literatur und Rechtsprechung ist umstritten, welche Rechtsfolgen sich aus den Beschlüssen des BVerfG - insbesondere der Grundsatzentscheidung vom 13.1.1982 - ergeben und ob sie im Medienbereich einen abweichenden Arbeitnehmerbegriff vorschreiben[128].

(1) Der Meinungsstand im Schrifttum

Einige Autoren vertreten die Auffassung, die Rundfunkfreiheit müsse bereits bei der Beurteilung des Arbeitnehmerstatus berücksichtigt werden[129]. Dies sei erforderlich, weil Art. 5 Abs.1 S.2 GG den öffentlich-rechtlichen Rundfunkanstalten die Möglichkeit garantiere, die Rechtsbeziehungen zu ihren programmgestaltenden Mitarbeitern grundsätzlich frei auszugestalten, also zwischen den Vertrags-

---

[126] BVerfG 22.8.2000 – 1 BvR 2121/94 – NZA 2000, 1097.
[127] BVerfG 18.2.2000 – 1 BvR 491/93, 562/93, 624/98 – NZA 2000, 653 ff.
[128] Vgl. den Literaturüberblick bei *Dörr* FS für Thieme S. 911, 914 Fn.12; zusammenfassend BAG 30.11.1994 - 5 AZR 704/93 – AP Nr. 74 zu § 611 BGB Abhängigkeit [II 2b der Gründe].
[129] *Dörr*, ZUM 2000, 666 ff; ders. ZTR 1994, 355 ff; *Rüthers* DB 1982, 1869, 1877; vgl. auch *Wank* RdA 1982, 363 ff.

typen Arbeitsvertrag und Dienstvertrag zu wählen[130]. Für den Regelfall sei davon auszugehen, dass Mitarbeiter, deren Tätigkeit einen nicht ganz unerheblichen Programmbezug enthalte, nicht gegen den Willen der Sendeanstalt zu angestellten Arbeitnehmern werden könnten[131]. Die Feststellung eines Arbeitsverhältnisses bedeute in diesen Fällen nach den Vorgaben des BVerfG einen Eingriff in die Rundfunkfreiheit, der nur nach Art. 5 Abs.2 GG gerechtfertigt werden könne. Dabei müsse das einschränkende Gesetz, der Arbeitnehmerbegriff, im Lichte der Rundfunkfreiheit ausgelegt werden.

Andere sind der Ansicht, der allgemeine Arbeitnehmerbegriff sei auch im Bereich der Rundfunkanstalten anzuwenden. Die Rundfunkfreiheit könne nur auf die Zulässigkeit von Befristungen des Arbeitsverhältnisses Einfluss haben[132]. Sie stehe deshalb auch nicht der Feststellung entgegen, der freie Mitarbeiter sei in Wirklichkeit Arbeitnehmer, sondern wirke sich erst bei der Frage aus, unter welchen Voraussetzungen befristete Arbeitsverhältnisse mit programmgestaltenden Mitarbeitern zulässig sind.

Nach Hilger[133] und Plander[134] soll der Schutz der Rundfunkfreiheit weder im Rahmen der Statusfrage noch bei der Frage des sachlichen Grundes für die Befristung eines Arbeitsverhältnisses relevant werden, sondern allein über eine Erleichterung betriebsbedingter Kündigungen eines Arbeitsverhältnisses im Rundfunkbereich gewährleistet werden.

(2) Die neuere Rechtsprechung

Das BAG wich auch in seiner Folgerechtsprechung im Medienbereich nicht von den allgemeinen Abgrenzungsgrundsätzen ab. Eine Berücksichtigung der Rundfunkfreiheit bereits beim Arbeitnehmerbegriff lehnte es sogar ausdrücklich ab[135]. Lediglich bei Beurteilung der persönlichen Abhängigkeit könne die jeweilige Eigenart der Tätigkeit berücksichtigt werden. Zur Begründung führt der Senat aus, dass nur die Feststellung eines unbefristeten Arbeitsverhältnisses und nicht

---

[130] *Dörr* ZUM 2000, 666 ff; ders. ZTR 1994, 355 ff.
[131] *Rüthers* DB 1982, 1869, 1877; vgl. auch *Wank* RdA 1982, 363 ff.
[132] *Bezani/Müller* Rn. 221; *Wank* S. 308, 309; ErfK/*Müller-Glöge* (2006) § 620 BGB Rn. 113.
[133] RdA 1981, 265, 267.
[134] BlStSozArbR 1982, 225, 231.
[135] BAG 13.1.1983 - 5 AZR 149/82 - AP Nr. 42 zu § 611 BGB Abhängigkeit [II a der Gründe].

schon eines befristeten Arbeitsverhältnisses das Grundrecht der Rundfunkfreiheit berühren könne. Dies folge aus dem Gesamtzusammenhang der Entscheidungsgründe des Urteils des BVerfG. Die Rundfunkfreiheit solle die Anstalten in die Lage versetzen, dem Gebot der Programmvielfalt Rechnung zu tragen. Dies sei aber schon dann möglich, wenn die Rundfunkanstalt frei darüber befinden könne, ob und wie lange der Mitarbeiter beschäftigt werde. Der Rundfunkfreiheit sei daher in ausreichendem Maße genüge getan, wenn das Bedürfnis nach einem flexibleren Personaleinsatz erst bei der Frage der Zulässigkeit einer erleichterten Befristung relevant wird[136]. Auch nach dem teilweise abweichenden Beschluss des BVerfG vom 3.12.1992[137] hält das BAG mit dem Hinweis, es handele sich nicht um tragende Erwägungen, denen im übrigen der Beschluss des 1. Senats des BVerfG vom 13.2.1982 entgegenstehe, daran fest, dass die Rundfunkfreiheit nicht bereits beim Arbeitnehmerbegriff zu berücksichtigen ist[138].

Die Unterscheidung des BVerfG zwischen programmgestaltender und nicht programmgestaltender Tätigkeit übernimmt das BAG in der Weise, dass im letztgenannten Fall freie Mitarbeiterverhältnisse grundsätzlich ausgeschlossen sein sollen[139]. Die mit Medieninhalten betraute Tätigkeit könne dagegen sowohl in Arbeitsverhältnissen als auch im Rahmen von freier Mitarbeit erbracht werden[140]. Diese Rechtsprechung darf aber nicht so verstanden werden, dass sonstige Rundfunkmitarbeiter grundsätzlich als Arbeitnehmer zu qualifizieren sind. Vielmehr bleibt es für nicht programmgestaltende, aber rundfunk- und fernsehtypische Mitarbeit, bei den allgemeinen Voraussetzungen[141]. Folge ist, dass die Tätigkeit regelmäßig in Form eines Arbeitsverhältnisses erbracht werden dürfte, weil die Beschäftigten sowohl in zeitlicher, örtlicher und fachlicher Hinsicht ei-

---

[136] Dazu exemplarisch BAG 13.1.1983 - 5 AZR 149/82 - AP Nr.42 zu § 611 BGB Abhängigkeit [II 2a der Gründe].
[137] BVerfG 3.12.1994 - 1 BvR 1462/88 - NZA 1993, 741 ff.
[138] BAG 9.7.1993 - 5 AZR 123/92 - AP Nr. 66 zu § 611 BGB Abhängigkeit [IV 1 der Gründe].
[139] Zu einem Ausnahmefall BAG 14.6.1989 – 5 AZR 346/88 – n. v. (juris); die Besonderheit des Falles lag darin, dass der als Sprecher tätige Kläger zusätzlich in einem Vollzeitarbeitsverhältnis (kaufmännischer Angestellter in einem Industrieunternehmen) stand und noch eine Tätigkeit für einen anderen Sender ausübte.
[140] BAG 11.3.1998 - 5 AZR 522/96 - AP Nr. 23 zu § 611 BGB Rundfunk [II der Gründe].
[141] *Bezani* NZA 1997, 856, 861; ErfK/*Preis* (2006) § 611 BGB Rn.114.

nem umfangreichen Weisungsrecht unterworfen sind[142]. Im Fall eines nicht programmgestaltenden Rundfunkmitarbeiters hingegen bejahte das LAG Köln ein freies Mitarbeiterverhältnis, da die Anstalt jeden einzelnen Einsatz vorher mit dem Betroffenen abstimmte und es somit an einer zeitlichen Weisungsgebundenheit fehlte[143].

Während das BVerfG für eine programmgestaltende Tätigkeit fordert, dass der Arbeitnehmer unmittelbar den Inhalt der Sendung mitgestaltet, konkretisierte das BAG die Definition dahingehend, dass nur diejenigen Tätigkeiten nicht programmgestaltend sind, die überhaupt keinen inhaltlichen Einfluss auf das Programm haben. Eine schöpferische Mitwirkung an den einzelnen gesendeten Beiträgen werde nicht vorausgesetzt, vielmehr könne auch durch die Ausarbeitung der übergeordneten Rahmenkonzeption, die Festlegung der verbindlichen Leitideen, die Auswahl und Zusammenstellung der Sendungen der Inhalt des Programms gestaltet werden[144]. Beide Auffassungen kommen aber zu denselben praktischen Ergebnissen, da auch das BAG bei programmgestaltender Mitarbeit ein Arbeitsverhältnis bejaht, wenn der Mitarbeiter inhaltlich gestalterisch mitwirkt, dabei aber weitgehend inhaltlichen Weisungen unterliegt und ihm damit nur ein geringes Maß an Gestaltungsfreiheit, Eigeninitiative und Selbstständigkeit verbleibt[145].

Da auch eine einheitliche Tätigkeit unterschiedliche Bereiche umfassen kann, wird weiter unterschieden zwischen einem vorbereitenden Teil, einem journalistisch-schöpferischen oder künstlerischen Teil und dem technischen Teil der Ausführung[146]. Je größer die gestalterische Freiheit des Beschäftigten ist desto mehr werde die Gesamttätigkeit von der journalistisch-schöpferischen Tätigkeit geprägt.

Dementsprechend ist beispielsweise die Tätigkeit eines Live-Sportberichterstatters, der Spannung und Atmosphäre des Spiels auf die Zuhörer zu übertra-

---

[142] BAG 30. 11.1994 - 5 AZR 704/93 - AP Nr. 74 zu § 611 BGB Abhängigkeit [II 3 der Gründe].
[143] 22.4.1998 - 2 Sa 1813/97 n. v.
[144] BAG 11.12.1991 - 7 AZR 128/91 - AP Nr. 144 zu § 620 BGB Befristeter Arbeitsvertrag [III 1c der Gründe].
[145] BAG 20.9.2000 - 5 AZR 61/99 - AP Nr. 37 zu § 611 BGB Rundfunk [II der Gründe].
[146] BAG 27.2.1991 - 5 AZR 107/90 - AfP 1992, 394, 395.

gen, das Spielgeschehen zu kommentieren und kritisch zu bewerten hat, eine journalistisch-schöpferische Leistung[147].

Vor allem auf Digitalisierung und technischen Fortschritt ist es zurückzuführen, dass zusätzliche technische Arbeiten die Einordnung als programmgestaltende Mitarbeit nicht beeinflussen, wie etwa bei einem Online-Redakteur, der einen Beitrag verfasst und daneben HTML-Befehle für Links hinzufügt[148]. Handelt es sich überwiegend um eine kreative Tätigkeit, werden auch vorbereitende Handlungen dazu gezählt. So gelten bei einem Regisseur Tätigkeiten im Vorfeld, die der Recherche oder Kontaktaufnahme und damit der Realisierung des Vorhabens dienen, nur als unselbständige Teile der schöpferischen Tätigkeit, auch wenn sie in zeitlicher Hinsicht häufig überwiegen[149].

Geht ein Mitarbeiter verschiedenen Tätigkeiten nach, überprüft das BAG für jeden Bereich gesondert, ob die Tätigkeit inhaltlichen Einfluss auf das Programm hat[150]. Ein Mitarbeiter kann dann für bestimmte Tätigkeiten als Arbeitnehmer, für andere als freier Mitarbeiter einzuordnen sein.

Diese Rechtsprechung hat zu einer ausdifferenzierten Kasuistik geführt. Unter anderem sind als programmgestaltend anerkannt worden: Nachrichtenredakteurin im Fernsehen[151], Redaktionsleiterin[152], Autor[153], Filmkritiker mit eigener Sendung[154], nebenberuflicher Sportreporter[155], Fotoreporter[156], Regisseur[157].

---

[147] BAG 22.4.1998 - 5 AZR 191/97 - AP Nr. 96 zu § 611 BGB Abhängigkeit [III 1 der Gründe]; das Gericht verneinte hier trotz einer rund 30 Jahre andauernden Zusammenarbeit das Bestehen eines Arbeitsverhältnisses.
[148] Dazu Ory/Schmittmann Rn 52.
[149] BAG 9.6.1993 - 5 AZR 123/92 - AP Nr. 66 zu § 611 BGB Abhängigkeit [III 1 der Gründe]; BAG 22.5.1998 - 5 AZR 342/97 - AP Nr. 26 zu § 611 BGB Rundfunk [III 1 der Gründe].
[150] BAG 16.2.1994 - 5 AZR 402/93 - AP Nr. 15 zu § 611 BGB Rundfunk [III 1 der Gründe].
[151] BAG 5.7.1995 - 5 AZR 755/93 - n. v. (juris).
[152] BAG 11.12.1991 - 7 AZR 128/91 - AP Nr. 144 zu § 620 BGB Befristeter Arbeitsvertrag [III 1c der Gründe].
[153] BAG 9.6.1993 - 5 AZR 123/92 - AP Nr. 66 zu § 611 BGB Abhängigkeit [III 1 der Gründe].
[154] BAG 19.1.2000 - 5 AZR 644/98 - AP Nr. 33 § 611 BGB Rundfunk [III 2a der Gründe].
[155] BAG 22.4.1998 - 5 AZR 191/97 - AP Nr. 96 zu § 611 BGB Abhängigkeit [III 1 der Gründe].
[156] BAG 16.6.1998 - 5 AZR 154/98 - AP Nr. 44 zu § 5 ArbGG 1979 [II 2 der Gründe].
[157] BAG 9.6.1993 - 5 AZR 123/92 - AP Nr. 66 zu § 611 BGB Abhängigkeit [III 1 der Gründe].

Verneint für: Aufnahmeleiter[158], Rundfunksprecher und Übersetzer[159], Kameraassistent[160].

Es wäre aber verfehlt, alle Beschäftigten mit gleicher Berufsbezeichnung zwangsläufig gleich zu beurteilen. Hinter den einzelnen Begriffen verbergen sich häufig unterschiedliche Tätigkeiten, weil sich zum einen Aufgaben- und Zuständigkeitsbereich der Mitarbeiter von Anstalt zu Anstalt unterscheiden[161] und sich zum anderen durch den Einsatz moderner Technik ständig neue Formen der Aufgabenverteilung und neue Tätigkeitsfelder bilden können[162]. Daher ist in jedem Einzelfall die Arbeit des Betreffenden zu untersuchen und festzustellen, ob die wahrgenommenen Aufgaben programmgestaltend sind oder nicht[163]. Wenn ja, muss in einem weiteren Schritt geprüft werden, ob nach allgemeinen Kriterien dennoch ein Arbeitsverhältnis vorliegt.

Als Zwischenergebnis kann somit festgehalten werden, dass das BAG auch im Rundfunkbereich nicht von den allgemeinen Grundsätzen zur Statusbestimmung abweicht[164]. Erst wenn feststeht, dass der programmgestaltende Mitarbeiter in einem Arbeitsverhältnis zur Anstalt steht, wirkt sich die Rundfunkfreiheit im Rahmen der Befristungsmöglichkeiten auf das Beschäftigungsverhältnis aus.

d) Stellungnahme

Wie bereits festgestellt, erstreckt das BVerfG das aus der Rundfunkfreiheit abgeleitete Gebot der Programmvielfalt auch auf die personelle Auswahl programmgestaltender Rundfunkmitarbeiter. Bei diesen Beschäftigten folgert der Senat aus Art. 5 Abs.1 S.2 GG auf die Befugnis der Rundfunkanstalten, den *„jeweils geeigneten Vertragstyp"* zu wählen[165]. Unklar geblieben ist allerdings, was der Senat darunter versteht. Man könnte mit einigen Stimmen in der Litera-

---

[158] BAG 16.2.1994 - 5 AZR 402/93 - AP Nr. 15 zu § 611 BGB Rundfunk [III 1 der Gründe].
[159] BAG 11.3.1998 - 5 AZR 522/96 - AP Nr. 23 zu § 611 BGB Rundfunk [III 1 der Gründe].
[160] BAG 22.4.1998 - 5 AZR 92/97 - AP Nr. 25 zu § 611 BGB Rundfunk [A III der Gründe].
[161] BAG 11.12.1991 - 7 AZR 128/91 – AP Nr. 144 zu § 620 BGB Befristeter Arbeitsvertrag [III 1c der Gründe].
[162] *Blaes* ZUM Sonderheft 2000, 616, 620 f.
[163] Ähnlich BAG 11.12.1991 - 7 AZR 128/91 - AP Nr. 144 zu § 620 BGB Befristeter Arbeitsvertrag [III 1 c der Gründe].
[164] So in den Folgeentscheidungen des BAG 13.1 1983 - 5 AZR 150/82 – n. v. (juris); BAG 13.1.1983 – 5 AZR 151/82 n. v. (juris); BAG 13.1.1983 - 5 AZR 152/82 – n. v. (juris); BAG 13.1.1983 - 5 AZR 149/82 - AP Nr. 42 zu § 611 Abhängigkeit [II 2 der Gründe].
[165] BVerfG 13.1.1982 - 1 BvR 848/77 u. a.- BVerfGE 59, 231, 260.

tur durchaus annehmen, dass der schuldrechtliche Vertragstypus gemeint sein sollte und dass die Anstalt dementsprechend frei zwischen einer Beschäftigung im Rahmen eines Arbeits-, Werk- oder Dienstverhältnisses wählen darf. Für eine Berücksichtigung von Art. 5 Abs. 1 S. 2 GG bereits beim Arbeitnehmerbegriff spricht außerdem, dass das BVerfG mit Beschluss vom 3.12.1992 ausdrücklich auf die Gefahr einer unverhältnismäßigen Zurückdrängung der Rundfunkfreiheit bei einer isolierten Anwendung des arbeitsrechtlichen Arbeitnehmerbegriffs hinwies.

Die Aussage des BVerfG, es sei der jeweils geeignete Vertragstyp zu wählen, darf aber nicht isoliert betrachtet werden, sondern ist im Zusammenhang mit der vorangegangenen Ausführung zu sehen. Der Schutz der Rundfunkfreiheit soll neben der Personalauswahl die Entscheidung darüber umfassen, ob Mitarbeiter fest angestellt werden oder ob ihre Beschäftigung aus Gründen der Programmplanung auf eine gewisse Dauer oder auf ein bestimmtes Projekt zu beschränken ist. Die Betonung liegt also auf dem Beschäftigungszeitraum. Das wird auch dadurch belegt, dass das BVerfG selbst formuliert, dass das Verfassungsrecht nur arbeitsrechtlichen Regelungen und einer Rechtsprechung entgegenstehe, welche den Rundfunkanstalten die zur Erfüllung ihres Programmauftrags notwendige Freiheit und Flexibilität nehmen würden. Die Rundfunkfreiheit fällt erst bei der Ausgestaltung des Arbeitnehmerstatus ins Gewicht. Insofern deutet der Beschluss vom 13.1.1982 lediglich an, dass Art. 5 Abs.1 S.2 GG nicht zwingend gegen die Arbeitnehmereigenschaft eines freien Mitarbeiters sprechen muss, sondern nur einen vergleichsweise weiteren Spielraum bei der Befristung von Arbeitsverhältnissen fordert. Das BVerfG weist auch ausdrücklich daraufhin, dass es nicht ausgeschlossen ist, von den allgemeinen Merkmalen abhängiger Arbeit auszugehen und der Rundfunkfreiheit durch eine Befristung zu genügen[166]. Daraus ist ersichtlich, dass sich die Bedenken des BVerfG ausschließlich gegen die Feststellung unbefristeter Arbeitsverhältnisse richten. Das zeigt auch die aktuellere Entscheidung der 1. Kammer. Darin wirft das BVerfG der Anstalt vor, sie habe es versäumt darzulegen, inwieweit durch Teilzeitbeschäftigung oder eine zulässige Befristungen Nachteile für den Sender eingetreten wären[167]. Den Ausführungen lässt sich entnehmen, dass in den Fällen, in denen Teilzeit und Befristung die Belange der Rundfunkfreiheit sichern, das Medienunterneh-

---

[166] BVerfG 13.1.1982 - 1 BvR 848/77 u. a.- BVerfGE 59, 231, 267.
[167] BVerfG 18.2.2000 - 1 BvR 491/93, 562/93, 624/98 - AfP 2000, 164, 197.

men diese Gestaltungsmittel einsetzen muss, anstatt auf die freie Mitarbeit zurückzugreifen. Solange die durch die Programmfreiheit gewährleistete Flexibilität bei der Beschäftigung programmgestaltender Mitarbeiter auf diese Weise verwirklicht werden kann, besteht kein Bedürfnis, die Rundfunkfreiheit bereits bei der Bestimmung des Arbeitnehmerstatus relevant werden zu lassen.

e) Die Entwicklung der Rechtsprechung des BAG

In neueren Entscheidungen hat das BAG seine bisherigen Kriterien zur Feststellung der Arbeitnehmereigenschaft bei programmgestaltenden Mitarbeitern präzisiert und teilweise auch erheblich verändert. Entscheidungen der Instanzgerichte und des BAG im Anschluss an die Mitarbeiterbeschlüsse des BVerfG deuten auf eine „*vorsichtige, aber deutliche Tendenzwende*"[168] in der Rechtsprechung und eine größere Bereitschaft, freie Mitarbeiterverhältnisse anzuerkennen, hin[169].

So verneinte das BAG die Arbeitnehmereigenschaft einer Fernsehreporterin[170] und eines Rundfunkreporters[171], da weder die Erteilung klar umrissener Beitragsaufträge noch die Vergabe der Aufträge in einem Umfang, dass eine Vergütung wie bei fest angestellten Reportern erreicht werden könnte, zwingend für ein Arbeitsverhältnis sprechen müssten. Ebenso wenig seien zeitliche Vorgaben oder das Bestehen einer Rechtsbeziehung über zehn bis zwanzig Jahre oder die Abhängigkeit der Reporter von den Einrichtungen des Senders zwingende Kriterien, die auf ein Arbeitsverhältnis schließen lassen; alle diese Umstände könnten auch in einem freien Dienstverhältnis gegeben sein. So müssten sich in einem freien Mitarbeiterverhältnis tätige Reporter schon aus rein praktischen Erwägungen des Personals und der Einrichtungen der Rundfunkanstalt bedienen, um ihre Beiträge sendefähig herstellen zu können.

Anders als in seiner bisherigen Rechtsprechung stellt der Senat nicht mehr maßgeblich auf das Kriterium der Abhängigkeit von Apparat und Team ab, sondern

---

[168] *Dörr* ZTR 1994, 355, 357.
[169] BAG 11.12.1991 - 7 AZR 128/91 - AP Nr. 144 zu § 620 BGB Befristeter Arbeitsvertrag; BAG 27.2.1991 - 5 AZR 107/90 - AfP 1992, 394, 395; BAG 13.5.1992 - 5 AZR 434/91 - AfP 1992, 398 ff.
[170] BAG 27.2.1991 - 5 AZR 107/90 - ZUM 1993, 306, 307.
[171] BAG 13.5.1992 - 5 AZR 434/91 - AfP 1992, 398 ff.

vielmehr darauf, in welcher Intensität Weisungen hinsichtlich Zeit, Ort und Inhalt der geschuldeten Dienstleistung erteilt werden[172].

In den Vordergrund tritt der Gesichtspunkt, dass ein Arbeitsverhältnis auch bei den mit Medieninhalten Betrauten zu bejahen ist, wenn der Sender innerhalb eines bestimmten zeitlichen Rahmens über deren Arbeitsleistung verfügen kann; zur zeitlichen Weisungsgebundenheit, die sich insbesondere in Dienstplänen ausdrücken kann, gibt es inzwischen eine ständige Rechtsprechung[173]. Hochrathner kritisiert in diesem Zusammenhang den „*pawloschen Reflex*" in der Rechsprechung der Instanzgerichte[174]. Es habe in der Gerichtsakte nur das „*Schlüsselwort*" Dienstplan auftauchen müssen und der Statusprozess sei gewonnen gewesen.

Nach dieser so genannten Dienstplanrechtsprechung ist Arbeitnehmer, von wem ständige Dienstbereitschaft erwartet wird oder wer in nicht unerheblichem Umfang ohne entsprechende Vereinbarung herangezogen wird, so dass ihm die Arbeiten letztlich zugewiesen werden[175]. Dementsprechend sei es ein starkes Indiz[176] für die Arbeitnehmereigenschaft, wenn der Mitarbeiter in Dienstplänen aufgeführt wird, ohne dass die einzelnen Einsätze im Voraus abgesprochen werden[177]. Dahinter steckt die Überlegung, dass die einseitige Vorgabe von Dienstplänen nur dann von Nutzen ist, wenn die Dienstbereitschaft der darin Disponierten vorausgesetzt werden kann[178]. Entscheidend ist also nicht, dass der Mitarbeiter im Dienstplan aufgeführt wird, sondern vielmehr, unter welchen Voraussetzungen es dazu gekommen ist.

Ständige Dienstbereitschaft kann sich nach Ansicht des BAG sowohl aus den ausdrücklich getroffenen Vereinbarungen der Parteien als auch aus der praktischen Durchführung der Vertragsbeziehungen ergeben, etwa wenn der Sender auf die Ablehnung der Mitwirkung an einzelnen Sendungen mit dem Abbruch

---

[172] Ausdrückliche Aufgabe der früheren Rechtsprechung zur Abhängigkeit von Apparat und Team in BAG 30.11.1994 - 7 AZR 128/91 - AP Nr. 144 zu § 620 BGB Befristeter Arbeitsvertrag [II 2b der Gründe].
[173] Dazu *Hochrathner* NZA-RR 2001, 561, 562.
[174] *Hochrathner* NZA-RR 2001, 561, 562.
[175] BAG 7.5.1980 - 5 AZR 293/78 - AP Nr. 35 zu § 611 BGB Abhängigkeit [3d der Gründe].
[176] BAG 20.7.1994 - 5 AZR 627/93 - AP Nr. 73 zu § 611 BGB Abhängigkeit [II der Gründe].
[177] BAG 22.4.1998 - 5 AZR 191/97 - AP Nr. 96 zu § 611 BGB Abhängigkeit [II 2 der Gründe].
[178] So auch *Niepalla* ZUM 1999, 353, 356

der Vertragsbeziehungen reagieren würde[179]. Hat ein Mitarbeiter seinen Urlaub nicht nur „anzuzeigen" (wie in einigen Tarifverträgen für Arbeitnehmerähnliche vorgesehen[180]), sondern muss ihn jeweils genehmigen lassen, spricht das ebenfalls für eine zeitliche Abhängigkeit. Im Ergebnis führt diese Linie des BAG dazu, dass für jeden Einsatz eine konkrete Absprache mit dem freien Mitarbeiter erfolgen müsste, um einer Qualifizierung als Arbeitnehmer vorzubeugen. Dementsprechend heftig ist die Kritik in der Literatur[181]. Auch die Unterscheidung zwischen Dienst- und Ablaufplan fällt in der Praxis nicht immer leicht[182], so dass an dieser Stelle möglicherweise die Qualität des Prozessvortrages über den Arbeitnehmerstatus entscheidet[183].

Mit Urteil vom 19.1.2000 schränkte der 5. Senat seine Rechtsprechung aber dahingehend ein, dass für den Status relevante Dienstpläne nur solche sind, *„die den Mitarbeiter einseitig zu bestimmten Zeiten, in einem bestimmten Umfang und zu bestimmten Tätigkeiten heranziehen"*[184]. Ein Mitarbeiter, der sich Vorgaben aus „*zeitlichen Sachzwängen*" anzupassen hat, werde dadurch nicht zum Arbeitnehmer. Beispielsweise wird der Freie, dessen Beitrag laut Dienstplan um 22.45 Uhr erwartet wird, dadurch nicht automatisch zum Arbeitnehmer[185].

Von einer einseitigen Weisung geht die arbeitsgerichtliche Rechtsprechung auch dann nicht aus, wenn dem Mitarbeiter Gelegenheit gegeben wurde, in Planungsbögen seine Verfügungszeiten mitzuteilen und der Sender dann einzelne Tage auswählt[186].

---

[179] BAG 9.6.1993 - 5 AZR 123/92 - AP Nr. 66 zu § 611 BGB Abhängigkeit [III 1 der Gründe].
[180] Zwar sind arbeitnehmerähnliche Personen in urlaubsrechtlicher Hinsicht grundsätzlich den Arbeitnehmern gleichgestellt (§ 2 BUrlG). Anders als der Festangestellte muss der Arbeitnehmerähnliche seinen Urlaubsanspruch aber nicht nach § 7 Abs. 1 BUrlG geltend machen. Dies würde seiner Stellung als Selbstständiger widersprechen.
[181] *Bezani* NZA 1997, 856, 861; *Niepalla* ZUM 1999, 353, 357.
[182] BAG 22.4.1998 - 5 AZR 191/97 - AP Nr. 96 zu § 611 BGB Abhängigkeit [III 2 der Gründe].
[183] So *Wrede* NZA 1999, 1019, 1026; in diese Richtung schon *Dalichau* EWiR 1998, 973, 974.
[184] BAG 19.1.2000 - 5 AZR 644/98 - AP Nr. 33 zu § 611 BGB Rundfunk [III 2 dd 2 der Gründe]; ähnlich schon BAG 22.4.1998 - 5 AZR 191/97 - AP Nr. 96 zu § 611 BGB Abhängigkeit [III 2b der Gründe].
[185] *Hochrathner* NZA-RR 2001, 561, 562.
[186] LAG Köln 14.6.1996 – 12 Sa 122/96 - ZUM-RD 1998, 96 ff.

In einer aktuelleren Entscheidung betont das BAG jetzt, die Aufnahme in Dienstpläne sei zwar ein „*starkes Indiz*" für das Vorliegen eines Arbeitsverhältnisses[187]. Aus den Bestandsschutztarifverträgen für arbeitnehmerähnliche Personen ergäben sich aber derartig umfassende praktische Konsequenzen für den Einsatz der durch sie geschützten freien Mitarbeiter, dass in diesem Bereich die Indizwirkung für die Arbeitnehmereigenschaft abgeschwächt werde. Neu ist auch, dass in der Urteilsbegründung der Personenkreis der arbeitnehmerähnlichen Person in Erscheinung tritt. Erstmals formuliert das BAG, das Gesetz gehe nicht von einem dualen, sondern von einem dreigeteilten System der Erwerbstätigkeit aus, welches zwischen Arbeitnehmern, arbeitnehmerähnlichen Personen und Selbstständigen differenziere[188]. Der Arbeitnehmerbegriff ergebe sich vornehmlich im Umkehrschuss aus den Vorschriften zu den selbstständig Dienstverpflichteten und den arbeitnehmerähnlichen Personen.

f) Ergebnis

Der Beschluss des BVerfG und seine arbeitsgerichtliche Umsetzung haben im Medienbereich zwar nicht zu einem speziellen Arbeitnehmerbegriff, wohl aber zu einer eigenen Vorgehensweise geführt. So unterscheidet das BAG im Rundfunkbereich entsprechend den Vorgaben des BVerfG zwischen solchen Mitarbeitern, die programmgestaltend tätig werden und solchen, die inhaltlich keinen Einfluss auf das Programm nehmen. Für Mitarbeiter ohne Tendenzbezug bleibt es bei den allgemeinen Grundsätzen zur Bestimmung der Arbeitnehmereigenschaft. Und auch bei den Mitarbeitern mit Einfluss auf Programminhalte grenzt das BAG das Dienstverhältnis nach den allgemeinen Kriterien zur abhängigen Arbeit typologisch vom Arbeitsverhältnis ab. Auf diese Weise besteht die Möglichkeit, die besonderen Arbeitsbedingungen und Strukturen im Medienbereich über die Art der Tätigkeit und die Umstände des Einzelfalls in die Statusbestimmung einfließen zu lassen.

Zu erwähnen ist hier insbesondere die Dienstplanrechtsprechung des BAG, wonach ein Arbeitsverhältnis dann anzunehmen ist, wenn die Sendeanstalt innerhalb eines bestimmten zeitlichen Rahmens über die Arbeitsleistung des Mitar-

---

[187] 20.9.2000 - 5 AZR 61/99 - AP Nr. 37 zu § 611 BGB Rundfunk [IV 3 der Gründe]; dazu Hochrathner ZuM 2001, 218, 219.
[188] BAG 20.9.2000 - 5 AZR 61/99 - AP Nr. 37 zu § 611 BGB Rundfunk [I der Gründe].

beiters verfügen kann[189]. Zu Recht stellt die Rechtsprechung nicht mehr maßgeblich auf das Kriterium der Abhängigkeit von Apparat und Team ab, sondern berücksichtigt verstärkt die tatsächlichen Gegebenheiten der Branche. Insbesondere der oftmals erhebliche technische Aufwand bringt es mit sich, dass einzelne Tätigkeiten in den eigenen Räumen der Anstalt ausgeführt werden müssen. Nimmt ein Freier aus Kostengründen beispielsweise Schnittplätze der Rundfunkanstalt in Anspruch, ist damit keine Aussage über eine persönliche Abhängigkeit getroffen. Konsequent berücksichtigt das BAG in seiner Dienstplanrechtsprechung jetzt auch, inwieweit sich aufgrund tarifvertraglicher Bestimmungen eine Pflicht der Anstalt ergibt, den Mitarbeiter in einem Mindestumfang zu beschäftigen. Das Vorgehen des Senders darf in einem solchen Fall nicht ungeprüft als inhaltliche Weisung gedeutet werden.

Bemerkenswert ist, dass das BAG in seiner Statusrechtsprechung nunmehr die arbeitnehmerähnliche Person erwähnt. Es bleibt abzuwarten inwieweit das BAG die Konsequenz aus der Urteilsbegründung zieht und künftig denjenigen, der nicht Selbstständiger ist, nicht automatisch als Arbeitnehmer einordnet, sondern bei Vorliegen entsprechender Voraussetzungen den Status des Arbeitnehmerähnlichen anerkennt.

Wenn feststeht, dass der freie Mitarbeiter in Wirklichkeit Arbeitnehmer ist, wirkt sich die Rundfunkfreiheit im Rahmen der Befristungsmöglichkeiten aus. Art. 5 Abs. 1 S. 2 GG kann bei programmgestaltenden Tätigkeiten als sachlicher Grund die Befristung eines Arbeitsverhältnisses rechtfertigen. Für die Rundfunkanstalten führt die Befristungserleichterung zumindest zu einer größeren Flexibilität bei zeitlich befristeten Arbeitsverträgen. Die Frage, ob es Höchstgrenzen für die aneinander gereihte Befristung von Arbeitsverhältnissen gibt, soll an späterer Stelle ausführlich behandelt werden (S. 89 f).

II. Sozialversicherungsrechtlicher Beschäftigtenbegriff

Während im Arbeitsrecht der Begriff des Arbeitnehmers über die Anwendbarkeit arbeitsrechtlicher Normen entscheidet, ist in allen Zweigen der Sozialversicherung für die Versicherungspflicht gemäß §§ 2 Abs. 2 Nr. 1, 7 Abs. 1 S. 1

---

[189] Statt vieler BAG 19.1.2000 - 5 AZR 644/98 – AP Nr. 33 zu § 611 BGB Rundfunk [III 2 b der Gründe].

SGB IV das Bestehen eines Beschäftigungsverhältnisses maßgeblich[190]. § 7 Abs. 1 S. 1 SGB IV definiert die Beschäftigung als „*die nichtselbständige Arbeit, insbesondere in einem Arbeitsverhältnis*". Wie sich bereits dem Wortlaut entnehmen lässt, bildet das Arbeitsverhältnis lediglich einen Fall des Beschäftigungsverhältnisses. Umgekehrt setzt ein sozialversicherungsrechtliches Beschäftigungsverhältnis aber kein Arbeitsverhältnis voraus[191].

Im Jahre 1999 führte der Gesetzgeber in § 7 Abs.4 S.1, 3 SGB IV eine gesetzliche Vermutung für das Bestehen einer versicherungspflichtigen Beschäftigung ein. Durch das „*Zweite Gesetz für moderne Dienstleistungen am Arbeitsmarkt*" wurde diese Regelung wieder gestrichen und zum 1.1.2003 im Wesentlichen der Rechtszustand wiederhergestellt, der vor Einführung des „*Gesetzes zu Korrekturen in der Sozialversicherung und zur Sicherung der Arbeitnehmerrechte*" bestand. Damit ist Ausgangspunkt der Abgrenzung abhängiger und selbstständiger Tätigkeit wie früher § 7 Abs.1 SGB IV.

1. Abgrenzungskriterien nach der Rechtsprechung

Voraussetzung für das Bestehen einer Beschäftigung im Sinne des Sozialversicherungsrechts ist eine nichtselbstständige Tätigkeit. Nach ständiger Rechtsprechung des BSG kommt es entscheidend auf das Merkmal der persönlichen Abhängigkeit an, die in der Verfügungsbefugnis des Arbeitgebers und der Dienstbereitschaft des Arbeitnehmers ihren Ausdruck findet[192]. Eine wirtschaftliche Abhängigkeit wird hingegen nicht als Abgrenzungskriterium herangezogen[193], denn sie kann auch bei selbstständigen Mitarbeitern vorliegen. Ebenso wie das BAG beurteilt das BSG anhand einer Reihe unterschiedlicher Kriterien, ob eine persönliche Abhängigkeit vorliegt.

---

[190] Vgl. für die Arbeitslosenversicherung § 25 Abs.1 SGB III; für die Krankenversicherung § 5 Abs.1 Nr.1 SGB V, für die Rentenversicherung § 1 Abs. 1 Nr.1 SGB VI; für die Unfallversicherung § 2 Abs.2 Nr.1 SGB VII; für die Pflegeversicherung § 20 Abs1 Nr.1 SGB XI.

[191] HWK/*Riken* (2006) § 7 SGB IV Rn. 6; ausführlich *Gitter* FS Wannagat S. 141 ff.

[192] St. Rspr. BSG 8.12.1987 – 7 RAr 25/86 – BB 1989, 72, 73; BSG 8.8.1990 – 11 RAr 77/89 - ZIP 1990, 1566; BSG 18.4.1991 - 7 RAr 32/90 - NZA 1991, 869; BSG 6.2.1992 – 7 RAr 134/90 - NZA 1992, 1004; vgl. auch die Zusammenfassung der Rspr. bei BSG 4.6.1998 – B 12 KR 5/97 R – SozR 3-2400 § 7 Nr. 13.

[193] BSG 10.9.1975 - 3/12 RK 6/74 - BSGE 40, 208 ff; ausführlich HWK/*Ricken* (2006) § 7 SGB IV Rn. 13.

a) Weisungsrecht

Die Abhängigkeit des Mitarbeiters soll sich vor allem darin äußern, dass der Beschäftigte in Bezug auf Zeit, Dauer, Ort und Art der Arbeitsausführung einem umfassenden Weisungsrecht unterliegt[194]. Selbstständig sei hingegen, wer über die eigene Arbeitskraft verfügen und im Wesentlichen Tätigkeit und Arbeitszeit frei gestalten könne, wie § 84 Abs. 1 S. 2 HGB die Selbstständigkeit des Handelsvertreters unter Verwertung eines allgemeinen Rechtsgedankens umschreibt[195]. Gerade bei Diensten höherer Art kann das Weisungsrecht auch erheblich eingeschränkt und zur „*funktionsgerecht dienenden Teilhabe am Arbeitsprozess verfeinert*" sein[196]. Es darf aber nicht vollständig entfallen[197]. Kann der Beschäftigte die Arbeitsstätte frei wählen, ist dies zwar ein Hinweis auf eine selbstständige Tätigkeit. Umgekehrt sind aber auch Fälle denkbar, in denen bei einer selbstständigen Tätigkeit der Ort der Leistungserbringung durch die Art der Tätigkeit vorgegeben wird[198].

b) Eingliederung

Die Eingliederung in einen fremden Betrieb ist weiteres wesentliches Merkmal der persönlichen Abhängigkeit. Dabei geht es nicht notwendig um die Einordnung in eine betriebliche Organisationseinheit, sondern die Eingliederung kann sich auch in der Ausübung einer dem Betriebszweck dienenden und ihm untergeordneten Tätigkeit erschöpfen[199]. Als eingegliedert gilt nach ständiger Rechtsprechung des BSG, wer sich dienstbereit der Verfügungsbefugnis eines Arbeitgebers über seine Arbeitskraft unterwirft[200]. Bei Diensten höherer Art kann die Eingliederung allein die Annahme einer abhängigen Beschäftigung begründen, weil hier das Direktionsrecht des Arbeitgebers regelmäßig weniger in Erscheinung tritt oder treten kann[201].

---

[194] BSG 29.1.1981 - 12 RK 63/79 - BSGE 51, 164, 167.
[195] BSG 13.12.1960 - 3 RK 2/56 - BSGE 13, 196, 201.
[196] BSG 18.12.2001 - B 12 KR 8/01 R - JuS 2003, 511, 512; BSG 23.9.1982 - 10 RAr 10/81 - MDR 1983, 436.
[197] BSG 14.12.1999 - B 2 U 38/98 R - DB 2000, 329, 330.
[198] BSG 1.2.1979 - 12 RK 7/77 - SozR 2200 § 615 RVO Nr. 36.
[199] BSG 14.12.1999 - B 2 U 38/98 R - BSGE 85, 214, 216; BSG 18.12.2001 NZA 2002, 550; ErfK/*Rolfs* (2006) § 7 SGB IV Rn. 9; HWK/*Ricken* (2006) § 7 SGB IV Rn. 8.
[200] BSG 27.3.1980 - 12 RK 26/79 - SozR 2200 § 165 Nr. 45; BSG 31.8.1976 - 12/3/12 RK 20/74 - SozR 2200 § 1227 Nr. 4.
[201] BSG 27. 3. 80 – 12 RK 26/79 - SozR 2200 § 165 Nr. 45.

c) **Unternehmerrisiko**

Das BSG geht außerdem davon aus, dass ein eigenes unternehmerisches Risiko Indiz für die Selbstständigkeit des Mitarbeiters ist[202]. Typisch für eine selbstständige Tätigkeit sei der Einsatz eigenen Kapitals mit der Möglichkeit, es durch die Tätigkeit zu vermehren oder es dabei zu verlieren[203]. Allerdings werde ein Mitarbeiter nicht zwingend dadurch zum Selbstständigen, dass der Erfolg seines Einsatzes der Arbeitskraft ungewiss sei. Die Belastung eines Erwerbstätigen mit Risiken sei nur dann ein Hinweis auf eine Selbstständigkeit, wenn er auch im Übrigen nach der Gestaltung des gegenseitigen Verhältnisses als Selbstständiger einzustufen sei. Dies setze voraus, dass dem Unternehmerrisiko auf der einen Seite eine größere Freiheit bei der Gestaltung und Bestimmung des Umfangs des Einsatzes der eigenen Arbeitskraft auf der anderen Seite gegenüberstehe[204].

d) **Typologische Methode des Bundessozialgerichts**

Methodisch nimmt auch das BSG eine typologische Abgrenzung vor. Ob eine Tätigkeit abhängig oder selbstständig verrichtet wird, ist durch eine Gesamtwürdigung aller Umstände des Einzelfalls zu entscheiden.

Neben den primären Kriterien Weisungsgebundenheit, Eingliederung und Unternehmerrisiko zieht das BSG weitere Indizien heran, um das Maß der persönlichen Abhängigkeit im Einzelfall zu bestimmen[205]. So können etwa das Fehlen einer eigenen Betriebsstätte[206] oder die Entlohnung durch festes Gehalt ohne eine Umsatzbeteiligung[207] für eine unselbstständige Tätigkeit sprechen. Zum Teil berücksichtigt die Rechtsprechung auch eine soziale Schutzbedürftigkeit des Mitarbeiters[208]. Nicht erforderlich ist, dass sämtliche Merkmale einer abhängigen Beschäftigung kumulativ vorliegen. Sollte im Einzelfall eine Tätigkeit sowohl Merkmale der Abhängigkeit wie der Selbstständigkeit aufweisen, kommt

---

[202] BSG 31.7.1974 - 12 RK 26/72 - BSGE 38, 53, 57.
[203] BSG 1.12.1977 - 12/3/12 RK 39/74 - BB 1978, 966, 967.
[204] BSG 13.7.1978 - 12 RK 14/78 - AP Nr. 29 zu § 611 BGB Abhängigkeit.
[205] Vgl. die Zusammenstellung bei *Brand* NZS 1997, 552, 554; *Hanau/Strick* DB Beilage 1998, Nr. 14, 1 ff; *Reiserer/Freckmann* NJW 2003, 180, 181; *Sommer* NZS 2003, 169, 171.
[206] BSG 19.6.2001 - B 12 KR 44/00 R - NZS 2002, 199.
[207] BAG 29.3.1961 - 2 RU 204/57 - BSGE 14, 142, 146.
[208] BSG 29.1.1981 - 12 RK 63/79 - BB 1981, 2074, 2075; ausführlich dazu *Schlegel* NZS 2000, 426 ff.

es bei der Beurteilung des Gesamtbildes darauf an, welche Merkmale überwiegen[209].

Für die Abgrenzung von Bedeutung sind die tatsächlichen Verhältnisse, unter denen die Dienstleistung zu erbringen ist und nicht die Bezeichnung, die die Parteien ihrem Rechtsverhältnis gegeben haben oder eine von ihnen gewünschte Rechtsfolge[210]. Das BSG begründet dies mit der öffentlich-rechtlichen Natur des § 7 Abs. 1 SGB IV, die es den Vertragsschließenden „*grundsätzlich versagt, über ihre öffentlich-rechtlichen Pflichten zu paktieren*"[211]. Die vertragliche Vereinbarung ist aber dann ausschlaggebend, wenn ebenso viele Gründe für eine abhängige Beschäftigung wie für eine selbstständige Tätigkeit sprechen[212].

2. Literatur

Die überwiegende Meinung im Schrifttum geht ebenfalls von der Eigenständigkeit des sozialversicherungsrechtlichen Beschäftigungsverhältnisses aus[213]. Im Wesentlichen folgt sie der Rechtsprechung des BSG und stellt auf das Merkmal der persönliche Abhängigkeit ab[214]. Vereinzelt wird auch der Versuch unternommen, in Anlehnung an den Vorschlag von Wank nicht mehr nach der persönlichen Abhängigkeit, sondern der unternehmerischen Position am Markt zu unterscheiden[215].

3. Rundfunkmitarbeiter

Für den Kreis der Medienmitarbeiter nimmt das BSG ausdrücklich auf die Rechtsprechung des BAG und den verfassungsrechtlichen Einfluss der Rundfunkfreiheit Bezug[216]. Programmgestaltende Tätigkeit könne bei Rundfunk- und Fernsehanstalten durch Beschäftigte oder Selbstständige ausgeführt werden. Auch sei die persönliche Abhängigkeit der Medienbeschäftigten nicht schon aus

---

[209] BSG 29.1.1981 - 12 RK 63/79 - BSGE 51, 164.
[210] BSG 1.12.1977 - 12/3/12 RK 39/74 - AP Nr. 27 zu § 611 BGB Abhängigkeit.
[211] BSG 28.10.1960 - 3 RK 13/56 - BSGE 13, 130, 134.
[212] BSG 13.7.1978 - 12 RK 14/78 - AP Nr.29 zu § 611 BGB Abhängigkeit; BSG 14.5.1981 - 12 RK 11/80 - BB 1981, 1581, 1582.
[213] *Söllner* FS Zöllner, S. 949; *Hanau/Peters-Lange* NZA 1998, 785, 786 die eine Annäherung beider Rechtsgebiete betonen; v. Hoyningen-Huene BB 1987, 1730 ff; *Reiserer/Schulte* BB 1995, 2162; aA *Wank* S. 342, 346 ff; *Gitter* FS Wannagat, S. 141, 153.
[214] Dazu *Schmidt* RdA 1999, 124, 126 m. w. N.
[215] *Hanau/Peters-Lange* NZA 1998, 785, 787.
[216] BSG 28.1.1999 - B 3 KR 2/98 R - BB 1999, 1662, 1663.

ihrer Abhängigkeit vom technischem Apparat und Produktionsteam abzuleiten. Ein Beschäftigungsverhältnis sei aber zu bejahen, wenn die dienstberechtigte Institution innerhalb eines bestimmten zeitlichen Rahmens über die Arbeitsleistung verfügen kann. Dies sei anzunehmen, wenn ständige Dienstbereitschaft erwartet werde oder der Mitarbeiter in nicht unerheblichem Umfang ohne Abschluss entsprechender Vereinbarung zur Arbeit herangezogen werden könne.

In der Entscheidung vom 28.1.1999 ging es um eine Regieassistentin, die innerhalb von 18 Monaten bei 15 verschiedenen Engagements für insgesamt acht verschiedene Produktionsgesellschaften tätig geworden war, ohne dass über das Einzelengagement hinaus wirkende Rahmenvereinbarungen bestanden hatten. Das Gericht verneinte eine abhängige Beschäftigung, weil sich die Klägerin nie für einen längeren Zeitraum an einen Auftraggeber gebunden hatte. Es fehlte an der für ein Arbeitsverhältnis typischen längerfristigen Einbindung in den fremden Betrieb.

Für Rundfunk- und Fernsehsprecher ging das BSG in zwei Entscheidungen von einer abhängigen Beschäftigung aus, weil sie die weisungsgemäße Verwendung ihrer Arbeitskraft schuldeten und ihre Tätigkeit für die Anstalt nur unter Verwendung ihrer Einrichtungen ausüben könnten[217].

Somit ist festzuhalten, dass der aus arbeitsrechtlicher Sicht zulässig als freier Mitarbeiter Eingesetzte für den sozialrechtlichen Bereich ebenfalls als Selbstständiger behandelt werden kann[218]. Allerdings dürfte es sich vor allem bei den festen Freien der Rundfunkanstalten regelmäßig um abhängig Beschäftigte handeln, weil die Tätigkeit von vornherein auf Dauer angelegt ist.

III. Steuerrechtlicher Arbeitnehmerbegriff

Im Steuerrecht wird zwischen Einkünften aus selbstständiger und nichtselbstständiger Arbeit unterschieden (§§ 18, 19 EStG); Arbeitnehmer ist, wer als abhängig Beschäftigter Einnahmen aus nichtselbstständiger Arbeit bezieht. Die lohnsteuerrechtliche Bedeutung des Arbeitnehmerbegriffs ist vor allem eine organisatorische, da der Arbeitgeber vom Arbeitnehmer die Lohnsteuer einzube-

---

[217] BSG 22.11.1973 – 12 RK 19/72 – BB 1974, 233; BSG 22.11.1973 – 12/3 RK 84/71 – SozR Nr. 7 zu § 441 RVO.
[218] Missverständlich *Ory* Anm. zu BSG 28.1.1999 - B 3 KR 2/98 R – BB 1999, 1662, 1664.

halten und an das Finanzamt abzuführen hat. Der Selbstständige hingegen, der seine Einkünfte aus selbstständiger Arbeit nach § 2 Abs. 1 S 1 Nr. 3 EStG oder evtl. aus Gewerbebetrieb nach § 2 Abs. 1 S. 1 Nr. 2 EStG erzielt, muss seinen Gewinn selbstverantwortlich nach § 4 EStG ermitteln und versteuern. Hinzu kommt, dass Selbstständige grundsätzlich umsatzsteuerpflichtig sind.

Eine nähere Definition für die Abgrenzung zwischen Arbeitnehmer und Selbstständigem findet sich in § 1 Abs. 1 LStDV, der als Arbeitnehmer Personen beschreibt, „*die in öffentlichem oder privatem Dienst angestellt oder beschäftigt sind oder waren und die aus diesem Dienstverhältnis oder einem früheren Dienstverhältnis Arbeitslohn beziehen*". Damit können auch Beamte und Richter Arbeitnehmer im steuerrechtlichen Sinne sein. Ob jemand selbstständig oder abhängig beschäftigt tätig ist, ist für alle Steuerarten (Einkommensteuer, Lohnsteuer, Umsatzsteuer, Gewerbesteuer) einheitlich zu beurteilen[219].

1. Abgrenzungskriterien nach der Rechtsprechung

Der BFH teilt im Wesentlichen die Ansicht des BAG, dass sich selbstständige und unselbstständige Arbeit durch die Kriterien der persönlichen Weisungsgebundenheit und organisatorischen Eingliederung unterscheiden. Ausgangspunkt ist aus steuerrechtlicher Sicht § 1 Abs. 2 LStDV, wonach Arbeitnehmer ist, wer seine Arbeitskraft in abhängiger Stellung schuldet. Dafür ist nach § 1 Abs. 2 S. 2 LStDV kennzeichnend, dass die Person in der Betätigung ihres geschäftlichen Willens unter der Leitung des Arbeitgebers steht oder im geschäftlichen Organismus des Arbeitgebers dessen Weisungen zu folgen verpflichtet ist[220]. Den Gegensatz dazu bildet das Schulden eines Arbeitserfolges wie z. B. im Rahmen eines Werkvertrages gemäß § 631 BGB[221]. Ebenso wie BAG und BSG beurteilt der BFH anhand einer Reihe unterschiedlicher Kriterien, ob der steuerrechtliche Arbeitnehmerbegriff erfüllt ist.

a) Weisungsrecht

Für eine Arbeitnehmerstellung spricht nach dem BFH die Weisungsgebundenheit hinsichtlich Zeit, Ort und Art der Arbeitsleistung, wobei je nach Charakter

---

[219] *Olbing* ZIP 1999, 226, 227.
[220] Dazu BFH 24.7.1992 - VI R 126/88 - AP BGB § 611 Abhängigkeit Nr. 63 [1 der Gründe].
[221] BFH 14.6.1985 - VI R 150-152/82 - BB 1985, 2153, 2154.

der Tätigkeit unterschieden werden muss[222]. Denn wie im Arbeitsrecht kann sich bei gehobenen Tätigkeiten, etwa der eines Chefarztes, die persönliche Abhängigkeit bereits aus geringfügigen Weisungen ergeben, da ein inhaltliches Weisungsrecht häufig nur begrenzt in Betracht kommt[223]. Umgekehrt kann die Weisungsgebundenheit sehr umfassend sein und praktisch alle Einzelheiten des Arbeitsablaufs betreffen, wie dies regelmäßig bei einfachen, mechanischen Tätigkeiten der Fall ist. Auf eine wirtschaftliche Abhängigkeit kommt es auch hier nicht an[224].

b) Eingliederung

Weiteres Merkmal der persönlichen Abhängigkeit ist die Eingliederung in den Betrieb eines anderen, da sie dem Beschäftigten die Chance nehme, eigene Dispositionen zu treffen und damit Einfluss auf die individuelle Ertragslage zu nehmen[225]. Auch eine nur kurze Beschäftigungsdauer steht nach der Rechtsprechung einer Eingliederung nicht grundsätzlich entgegen[226]. In einem solchen Fall müsse sie aber besonders sorgfältig geprüft werden[227]

Der BFH differenziert dann weiter nach der Eigenart der Tätigkeit. So sollen einfache Arbeiten eher für eine Eingliederung sprechen als gehobene Tätigkeiten, die weitestgehend der Gestaltungsfreiheit durch den Beauftragten unterliegen[228].

c) Fehlen eines Unternehmerrisikos

Einkünfte aus nichtselbstständiger Arbeit werden in erster Linie durch Verwertung der eigenen Arbeitsleistung erzielt. Im Unterschied dazu bildet bei den Einkünften aus selbstständiger Tätigkeit der Einsatz von Arbeit in Kombination mit dem risikobehafteten Einsatz von Vermögen den Schwerpunkt. Arbeitnehmer im steuerrechtlichen Sinn kann deshalb nicht sein, wer auf eigene Rechnung

---

[222] BFH 21.7.1972 – VI R 188/69 - DB 1972, 1755, 1756.
[223] BFH 14.6.1985 - VI R 150-152/82 - BB 1985, 2153, 2154; BFH 3.8.1978 - VI R 212/75 - BB 1979, 719; BFH 30.5.1996 - V R 2/95 - BB 1996, 2025, 2026.
[224] Vgl. nur BFH 28.4.1972 – VI R 71/69 - BB 1972, 1085.
[225] BFH 10.9.1976 - VI R 80/74 - BB 1977, 176, 177.
[226] BFH 14.6.1985 - VI R 150-152/82 - BB 1985, 2153, 2154.
[227] BFH 10.9.1976 - VI R 80/74 - BB 1977, 176, 177.
[228] BFH 14.6.1985 - VI R 150-152/82 - BB 1985, 2153, 2154; BFH 24.7.1992 - VI R 126/88 - AP Nr. 63 zu § 611 BGB Abhängigkeit [2a der Gründe]; BFH 10.9.1976 - VI R 80/74 - BB 1977, 176, 177.

und Gefahr tätig wird[229] und die Höhe der Einnahmen wesentlich durch Steigerung seiner Arbeitsleistung oder durch die Herbeiführung eines besonderen Erfolges beeinflussen kann[230].

d) Typologische Methode

Nach der Rechtsprechung sind die für und gegen ein steuerrechtliches Arbeitsverhältnis sprechenden Kriterien in einer Gesamtbetrachtung zu würdigen. Dabei sind alle Umstände der Beschäftigung einzubeziehen, gegeneinander abzuwiegen und zu gewichten[231]. Nicht entscheidend ist, wie die Vertragsparteien das Rechtsverhältnis bezeichnen, sondern es kommt allein auf die tatsächliche Durchführung an[232]. Wie im Sozialrecht folgt dies aus dem öffentlich-rechtlichen Charakter der Statuszuordnung. In Zweifelsfällen kann der Parteiwille aber als schwaches Indiz gewürdigt werden[233].

2. Literatur

Auch die Literatur nimmt mit der Rechtsprechung an, dass sich die Abgrenzung zwischen selbstständiger und unselbstständiger Tätigkeit im Steuerrecht in erster Linie an den Merkmalen Weisungsgebundenheit und Eingliederung orientieren muss[234]. Das Merkmal eines fehlenden Unternehmerrisikos wird jedoch teilweise als ungeeignet abgelehnt, da die Bezahlung bei Arbeitnehmern zunehmend erfolgsorientiert sei[235]. Andere stellen auch bei einer erfolgsbezogenen Bezahlung auf die Möglichkeit der tätigen Person ab, die Höhe der Einnahmen durch eine Steigerung ihrer Arbeitsleistung oder durch das Herbeiführen eines besonderen Erfolgs zu beeinflussen[236].

---

[229] Vgl. i. E. BFH 2.12.1998 - X R 83/96 - BB 1999, 1477, 1479; BFH 24.8.1995 - IV R 60-61/94 - BB 1996, 247, 248.
[230] BFH 10.12.1987 - IV R 176/85 - BStBl II 88, 273.
[231] Vgl. die „legendäre" Spiegelstrichaufzählung im Werbedamenurteil des BFH 14.6.1985 - VI R 150-152/82 - BB 1985, 2153, 2154.
[232] BFH 10.9.1976 - VI R 80/74 - BB 1977, 176, 177.
[233] BFH 24.10.1995 - VIII R 2/92 - n. v. (juris).
[234] Blümich/*Thürmer* (2006) § 19 EStG Rn 110; Kirchhof/*Eisgruber* (2006) § 19 EStG Rn. 37, 40; *Kunz/Kunz* DB 1993, 326; *Giloy* DB 1986, 822 ff.
[235] Kirchhof/Söhn/Mellinghoff (2006) § 19 Rn. B 147 f.
[236] Kirchhof/*Eisgruber* (2006) § 19 EStG Rn. 44.

3. Rundfunkmitarbeiter

Ob ein Rundfunkmitarbeiter Arbeitnehmer im einkommensteuerrechtlichen Sinne ist, hängt insbesondere vom Grad seiner Eingliederung ab.

Freie Mitarbeiter, die der Anstalt auf Dauer zur Verfügung stehen, sind in der Regel Arbeitnehmer. Dem steht auch nicht entgegen, dass der Mitarbeiter aufgrund von Honorarverträgen jeweils nur für kurze Zeit (z. B. zwei bis drei Tage) mit dem Rundfunkunternehmen in Berührung kommt. Erforderlich ist aber, dass die Einsätze durch Rahmenverträge miteinander verbunden sind, so dass der Betreffende im Vertrauen auf weitere Aufträge nicht selbst bei anderen Auftraggebern aktiv wird[237]. Umgekehrt kann eine selbstständige Tätigkeit gegeben sein, wenn der Mitarbeiter jeweils nur für eine bestimmte Produktion herangezogen wird[238]

Das Bundesfinanzministerium hat den Kreis der tatsächlich freien Rundfunkmitarbeiter in einer Verwaltungsvorschrift typisierend aufgelistet (z.b. Bühnenbildner, Interviewpartner, Korrespondenten)[239]. Voraussetzung ist aber stets, dass die Tätigkeit nicht von vornherein auf Dauer angelegt sein darf. Wer nicht unter den Negativkatalog fällt, ist von den Finanzbehörden grundsätzlich als Arbeitnehmer zu behandeln. So ist ein als freier Mitarbeiter eingesetzter Rundfunksprecher Arbeitnehmer, wenn er dem Sender dauernd zur Verfügung steht[240].

IV. Zusammenfassung des zweiten Kapitels

Im Rundfunkbereich ist es üblich, die an der Programmgestaltung beteiligten Mitarbeiter nicht als Arbeitnehmer, sondern als freie Mitarbeiter zu beschäftigen. Bemerkenswert ist, dass die Rundfunkanstalten die ständigen Freien in der Regel aus sozial- und steuerrechlticher Sicht wie abhängig Beschäftigte behandeln, gleichzeitig aber auf arbeitsrechtlicher Ebene bewusst eine Festanstellung vermeiden.

---

[237] BFH 3.8.1980 - VI R 212/75 - BB 1979, 719.
[238] FG Hessen 8.12.1989 - 1 K 1799/88 - EFG 90, 310.
[239] Vgl. zum Ganzen die Verwaltungsvorschrift des BMF 5.10.1990 BStBl I 90, 638.
[240] BFH 14.10.1976 - V R 137/73 - BFHE 120, 301; FG RhPf 27.6.1988 - 5 K 532/87 - EFG 89, 22 (LS auch in juris)

Im Hinblick auf die nach Art. 5 Abs. 1 S. 2 GG gewährleistete Flexibilität beim Einsatz programmgestaltender Mitarbeiter ist umstritten, ob im Rundfunkbereich von einem eigenständigen Arbeitnehmerbegriff ausgegangen werden muss. Das BAG sieht keine Veranlassung aus Gründen der Rundfunkfreiheit von seinen Abgrenzungsgrundsätzen abzuweichen, erkennt aber unter Berücksichtigung der tatsächlichen Gegebenheiten im Medienbereich inzwischen vermehrt freie Mitarbeiterverhältnisse an.

Wesentliches Kriterium für die Abgrenzung ist, ob die Sendeanstalt innerhalb eines bestimmten zeitlichen Rahmens über die Arbeitsleistung des Mitarbeiters verfügen kann, indem sie ihn ohne Rücksprache in Dienstpläne einträgt. Steht fest, dass der Freie in Wirklichkeit Arbeitnehmer ist, wirkt sich die Rundfunkfreiheit im Rahmen der Befristungsmöglichkeiten aus, denn Art. 5 Abs. 1 S. 2 GG kann bei programmgestaltenden Tätigkeiten als sachlicher Grund die Befristung eines Arbeitsverhältnisses rechtfertigen.

BSG und BFH folgen bei Abgrenzungsfragen weitgehend der Linie des BAG und prüfen ebenfalls anhand der typologischen Methode, ob nach der tatsächlichen Vertragsdurchführung persönliche Weisungsgebundenheit und organisatorischen Eingliederung gegeben sind.

Drittes Kapitel: Der Statusprozess

A. Prozessuale Grundsätze

Häufig sind arbeitsrechtliche Streitigkeiten zwischen Anstalt und Mitarbeiter Auslöser eines Statusverfahrens. Lassen sich aus der Vertragsbeziehung resultierende Unstimmigkeiten nicht bereinigen, ist nachvollziehbar, dass der Betroffene den umfangreicheren Schutz eines Arbeitnehmers für sich in Anspruch nimmt[241].

Beabsichtigt die Rundfunkanstalt etwa die Häufigkeit der Einsätze einzuschränken, die Mitarbeit ganz zu beenden oder einen mehrfach befristeten Rahmenvertrag nicht zu verlängern[242] und sieht der Mitarbeiter keine anderen Verdienstmöglichkeiten, wird er sich an den Personalrat wenden und gegebenefalls Klage einreichen. Dementsprechend sind Statusklagen von besonders gefragten Mitarbeitern eher selten[243]. Die Spitzenverdiener profitieren von ihrer Selbstständigkeit, indem sie flexibel auf Angebote reagieren und sich die lukrativsten Aufträge heraussuchen können. Eine Festanstellung wäre eher hinderlich. Mit dem höheren Verdienst sie Rücklagen bilden und für Krankheit und Alter selbst Vorsorge treffen[244].

Umgekehrt wird im „Mittelfeld" eine Festanstellung oft mit einem beruflichen Aufstieg assoziiert. Und da inzwischen immer häufiger Programmbestandteile von Fremdfirmen produziert werden und dies naturgemäß zu Unsicherheit und Spekulationen in der Belegschaft führt, wird für die Garantie eines Arbeitsplatzes bei Krankheit oder im Alter ein vergleichsweise niedrigerer Verdienst deshalb gerne in Kauf genommen. Hinzu kommt, dass bei den öffentlich-rechtlichen Anstalten für langjährige Mitarbeiter noch bestehende Versorgungsverträge neben Rentenbezügen der Bundesversicherungsanstalt hohe Zusatzleistungen garantieren, die an die Betriebszugehörigkeit gekoppelt sind und im Ru-

---

[241] *Olbing* ZIP 1999, 226.
[242] Ausführlich zur Beendigungsmitteilung in öffentlich-rechtlichen und privaten Rundfunk- und Fernsehanstalten *v. Olenhusen* ZUM 2002, 621, 625.
[243] *Bitter* RdA 1978, 24, 25.
[244] *Rüthers* DB 1982, 1869.

hestand dynamisch ansteigen. Wer schon über mehrere Jahre hinweg mit ein und derselben Anstalt zusammen gearbeitet hat oder es wie ein Festangestellter zu einem eigenen Türschild, Visitenkarten mit dem Logo des Senders und einem Internetzugang gebracht hat, sieht dann oftmals gute Chancen, einen Statusprozess zu gewinnen[245].

Eher uninteressant wird eine Statusklage allerdings durch im Voraus festgelegte finanzielle oder zeitliche Höchstgrenzen für den jährlichen Beschäftigungsumfang. Wer in der Vergangenheit aufgrund der Rahmenvereinbarung nur in geringem Umfang zu Tätigkeiten herangezogen wurde, kann damit allein auch bei einer Festanstellung nicht der Lebensunterhalt verdienen[246].

I. Erhebung der Statusklage

Möchte der Beschäftigte seinen Arbeitnehmerstatus gerichtlich feststellen lassen, kann er eine so genannte Statusklage erheben[247]. Dabei handelt es sich um eine allgemeine Feststellungsklage nach § 256 Abs. 1 ZPO, die gegenwartsbezogen (Klage auf Feststellung, dass zwischen den Parteien ein Arbeitsverhältnis besteht, das nicht aufgrund der Befristungsregelung gemäß Rahmenvereinbarung vom ... mit Wirkung zum ... beendet worden ist[248]) oder auch für die Vergangenheit (Klage auf Feststellung, dass zwischen den Parteien seit dem ... ein Arbeitsverhältnis besteht oder von ... bis ... bestanden hat) geltend gemacht werden kann[249]. Wie sich später noch zeigen wird, kann dem gewählten Feststellungszeitraum eine große Bedeutung zukommen.

Bei einem Klageantrag ohne Datumsangabe ist durch Auslegung zu ermitteln, ab welchem Zeitpunkt der Betreffende eine Klärung seiner Arbeitnehmereigen-

---

[245] Nach der Rechtsprechung hingegen sind die Dauer der Zusammenarbeit (BAG 13.5.1992 – 5 AZR 434791 – AfP 1992, 398, 400), ein eigenes Arbeitszimmer (BAG 16.2.1994 – 5 AZR 402/93 – NZA 1995, 21, 22) oder das Aufgeführtsein in einem Telefonverzeichnis des Senders (BAG 16.2.1994 – 5 AZR 402/93 - NZA 1995, 21, 22) gerade keine Indizien für eine Arbeitnehmerschaft.
[246] Zur Problematik des geschuldeten Beschäftigungsumfangs ausführlich S. 135 ff.
[247] Guter Überblick über die prozessualen Probleme bei *Reinecke* DB 1998, 1282 ff.
[248] Um eine Präklusion zu vermeiden muss eine sog. Entfristungsklage den inhaltlichen Vorgaben des § 17 TzBfG entsprechen.
[249] Zur Formulierung des Klageantrags *Reinecke* DB 1998, 1282

schaft begehrt. Neben dem Beginn[250] oder Ende des Beschäftigungsverhältnisses[251] kommen auch der Tag der Klageeinreichung[252], der der Klageerhebung[253] oder der Tag der letzten mündlichen Verhandlung in der Tatsacheninstanz[254] sowie Zeiträume während des Beschäftigungsverhältnisses als Feststellungszeitpunkt in Betracht[255]. Beispielsweise verstand das BAG in einer Entscheidung vom 19.1.2000 den Antrag des Klägers so, dass seine Arbeitnehmereigenschaft ab dem Zeitpunkt, zu dem er nicht mehr eingesetzt worden war, festgestellt werden sollte[256]. Fehlen nähere Anhaltspunkte, ist ein allgemein gehaltener Klageantrag regelmäßig dahin auszulegen, dass der Arbeitnehmerstatus seit Einreichung der Klage festgestellt werden soll. Mit Anhängigkeit der Klage bringt der Betroffene erstmalig prozessual sein Feststellungsbegehren zum Ausdruck, während eine in die Vergangenheit zurückreichende Statusfeststellung zumindest durch einen entsprechenden Antrag kenntlich gemacht werden müsste[257].

II. Zuständigkeit der Arbeitsgerichte

Die Zuständigkeit der Arbeitsgerichte ergibt sich für Statusklagen aus § 2 Abs. 1 Nr. 3b ArbGG. Die bloße Behauptung des Klägers, er sei Arbeitnehmer, genügt hier zur Bejahung des Rechtswegs, da die Arbeitnehmereigenschaft zugleich Voraussetzung für die Begründetheit ist (doppelt-relevante Tatsache). In einem solchen sic-non-Fall, bei dem das Klagebegehren nur dann Erfolg haben kann, wenn das die Parteien verbindende Rechtsverhältnis ein Arbeitsverhältnis ist, bedarf es nach der Rechtsprechung im Rahmen der Zulässigkeit keiner vertieften Erörterung des Arbeitnehmerstatus[258].

---

[250] BAG 12.9.1996 – 5 AZR 1066/94 - AP Nr. 1 zu § 611 BGB Freier Mitarbeiter [I der Gründe].
[251] Zum Erfordernis des sechsmonatigen Bestehens im Rahmen einer Kündigungsschutzklage vgl. APS/*Dörner* (2004) § 1 KSchG Rn. 22 ff.
[252] So *Niepalla* ZUM 1999, 353, 363.
[253] *Reinecke* RdA 2001, 357, 359 und Kasseler Handb./*Worzalla* (2000) 1.1. Rn. 388.
[254] BAG 12.9.1996 - 5 AZR 104/95 - NZA 1997, 600, 601.
[255] Vgl. hierzu *Reinecke*, DB 1998, 1282 1283.
[256] BAG 19.1.2000 - 5 AZR 644/98 - RdA 2000, 360, 361.
[257] In diesem Sinne *Niepalla/Dütemeyer* NZA 2002, 712; für eine Feststellung ab Rechtshängigkeit *Reinecke* RdA 2001, 357, 359 und Kasseler Handb./*Worzalla* (2000) 1.1. Rn. 388.
[258] St. Rspr. seit BAG 24.4.1996 - 5 AZB 25/95 – NZA 1996, 1005, 1006 f.

Das gleiche gilt, wenn der Mitarbeiter gegen eine vermeintliche Kündigung seines Arbeitsverhältnisses vorgeht, während die Rundfunkanstalt der Auffassung ist, es handele sich um eine zulässige Beendigung der freien Mitarbeit. Erst im Rahmen der Begründetheit ist dann zu prüfen, ob das Rechtsverhältnis tatsächlich ein Arbeitsverhältnis ist und die Klage ist gegebenenfalls als unbegründet und nicht als unzulässig abzuweisen[259].

Wenn der Kläger „zumindest" arbeitnehmerähnliche Person ist oder war, ergibt sich die Zuständigkeit der Arbeitsgerichte aus § 5 Abs. 1 S. 2 ArbGG. Nach ständiger Rechtsprechung des BAG handelt es sich dann, wenn der Betreffende entweder Arbeitnehmer oder Arbeitnehmerähnlicher ist, um eine auch bei der Zuständigkeitsfrage zulässige Wahlfeststellung[260].

III. Feststellungsinteresse

a) Grundsätze

Nach § 256 Abs. 1 ZPO kann Klage auf Feststellung des Bestehens eines Rechtsverhältnisses erhoben werden, wenn der Kläger ein rechtliches Interesse daran hat, dass das Rechtsverhältnis durch gerichtliche Entscheidung alsbald festgestellt wird. Es ist Sache des Betroffenen, die erforderlichen Tatsachen darzulegen und gegebenenfalls zu beweisen, da das Gericht den Sachverhalt nicht selbstständig zu untersuchen hat[261]. Bei gegenwartsbezogenen Feststellungsklagen sind dazu in der Klageschrift keine besonderen Ausführungen erforderlich, denn nach der Rechtsprechung hat der Beschäftigte im bestehenden Vertragsverhältnis jederzeit ein rechtliches Interesse daran, dass seine Rechtsstellung als Arbeitnehmer alsbald festgestellt wird[262]. Das BAG begründet dies mit der

---

[259] BAG 20.9.2000 - 5 AZR 271/99 - NZA 2001, 210, 211; BAG 25.4.2001 - 5 AZR 360/99 - AP Nr. 14 zu § 242 BGB Kündigung [II 1 der Gründe]; HWK/*Thüsing* (2006) vor § 611 BGB Rn.53; Stahlhacke/*Vossen* (2002) Rn. 1722.
[260] Vgl. nur BAG 25.7.1996 - 5 AZB 5/96 - AP Nr. 28 zu § 5 ArbGG 1979 [II 2 der Gründe]; *Griebeling* ZUM Sonderheft 2000, 646, 650.
[261] Vgl. nur BAG 21.6.2000 – 5 AZR 782/98 - AP Nr. 60 zu § 256 ZPO 1977 [III 1 der Gründe].
[262] BAG 15.12.1999 - 5 AZR 3/99 - NZA 2000, 534, 535.

zwingenden Geltung arbeitsrechtlicher Bestimmungen, die auf das Arbeitsverhältnis sofort und nicht erst in der Zukunft einwirken[263].

Schwieriger wird es, wenn zwischen den Parteien zusätzlich Streit über den Inhalt des Arbeitsverhältnisses besteht und sich ein weiterer Prozess bereits abzeichnet, etwa weil der Kläger von einem anderen Beschäftigungsumfang ausgeht als die Rundfunkanstalt[264]. In einem solchen Fall ist zweifelhaft, ob der Mitarbeiter für ein Feststellungsinteresse nicht gleich alle strittigen Punkte in einem Verfahren klären lassen muss, um weitere Folgeprozesse von Anfang an zu vermeiden.

Das BAG macht an dieser Stelle von dem sonst im Rahmen des § 256 Abs. 1 ZPO anerkannten Grundsatz, dass ein Kläger unter mehreren möglichen Feststellungsklagen die jeweils weitestgehende wählen muss[265], nachvollziehbar eine Ausnahme und beruft sich auf Gründe der Prozessökonomie. Es sei nämlich wenig sinnvoll, den Statusprozess von Anfang an mit anderen Streitpunkten zu belasten[266]. Offene Streitpunkte könnten bei positivem Ausgang in der Regel in privaten Verhandlungen geklärt werden. Außerdem erübrige sich ein weiterer Rechtsstreit, wenn die Statusfrage zuungunsten des Mitarbeiters entschieden werde[267]. Es sprechen somit tatsächlich in einem solchen Fall verschiedene prozessökonomische Gründe dafür, mit dem angestrebten Feststellungsurteil zunächst einmal eine Basis zu schaffen. Die Arbeitnehmereigenschaft muss dann nicht wieder in jedem Einzelfall inzident und ohne Rechtskraft für den folgenden Prozess geklärt werden[268].

---

[263] BAG 3.3.1993 – 5 AZR 275/98 - AP Nr. 53 zu § 256 ZPO 1977 [1 der Gründe].
[264] Ein solcher Sachverhalt lag der Entscheidung des BAG vom 20.7.1994 - 5 AZR 169/93 - NZA 1995, 190 ff zugrunde; vgl. auch zur Zulässigkeit einer Feststellungsklage über einzelne Rechte und Pflichten im Arbeitsverhältnis BAG 29.6.1988 - 5 AZR 425/87 – n. v. (juris).
[265] BAG 20.7.1994 - 5 AZR 169/93 - NZA 1995, 190, 192; *Grunsky* Anm. zu BAG 10.5.1974 - 3 AZR 523/73 - AP Nr. 48 zu § 256 ZPO.
[266] BAG 20.7.1994 - 5 AZR 169/93 - NZA 1995, 190, 192; aA LAG Stuttgart 23.12.1992 – 3 Sa 81/92 – n. v.
[267] BAG 22.6.1977 - 5 AZR 753/75 – AP Nr. 22 zu § 611 BGB Abhängigkeit [I 2 der Gründe].
[268] Siehe dazu auch LAG Köln 30.6.1995 - 4 Sa 63/95 - AP Nr. 80 zu § 611 BGB Abhängigkeit [I 4 der Gründe]; *Griebling* ZUM Sonderheft 2000, 646, 650.

b) Rückwirkende Geltendmachung

Anders hingegen beurteilt das BAG die Rechtslage bei vergangenheitsbezogenen Feststellungsklagen. Während nach früherer Auffassung großzügig ein Feststellungsinteresse bereits dann bejaht wurde, wenn die Möglichkeit bestand, dass sich die Sozialversicherungsträger und Steuerbehörden bei ihrer Entscheidung über die Abführung von Sozialversicherungsbeiträgen und Lohnsteuer an das arbeitsgerichtliche Feststellungsurteil gebunden fühlen[269], ist es nach neuerer Rechtsprechung nur dann gegeben, wenn sich gerade aus der Statusfeststellung arbeitsrechtliche Rechtsfolgen für Gegenwart oder Zukunft ergeben[270]. Die bloße Möglichkeit des Eintritts solcher Folgen reiche dazu nicht aus[271]. Gestützt wird diese Ansicht ebenfalls auf die Prozessökonomie. Isolierte Klagen auf Feststellung eines beendeten Arbeitsverhältnisses sind daher nach neuer Rechtsprechung unzulässig[272].

Auch wenn dem BAG im Ergebnis darin zuzustimmen ist, dass eine Feststellungsklage in derartigen Fällen scheitern muss, ist es nicht überzeugend, dass letztlich materielle Erfolgsaussichten über die Zulässigkeit der Klage entscheiden. So verneinte das BAG in einer Entscheidung vom 3.3.1999 das Feststellungsinteresse, weil Anhaltspunkte dafür sprachen, dass Ansprüche auf betriebliche Altersversorgung auch dann nicht bestünden, wenn die Klägerin im Streitzeitraum Arbeitnehmerin war[273]. Mit dieser Überlegung wird ein berechtigtes Interesse an der Feststellung des Rechtsverhältnisses als Sachurteilsvoraussetzung verlangt, obwohl nach § 256 Abs. 1 ZPO nur ein rechtliches Interesse an baldiger Feststellung bestehen muss[274]. Geht es dem Beschäftigten lediglich darum, aus seiner vermeintlichen Arbeitnehmereigenschaft Ansprüche in der Vergangenheit abzuleiten, folgt die Unzulässigkeit der Feststellungsklage bereits aus ihrer Subsidiarität. Nach dem Grundsatz vom Vorrang der Leistungsklage müsste der Betroffene primär eine entsprechende Leistungsklage erheben, da nur

---

[269] BAG 10.5.1974 - 3 AZR 523/73 - AP Nr. 48 zu § 256 ZPO [II 2a der Gründe].

[270] BAG 23.4.1997 - 5 AZR 727/95 - AP Nr. 40 zu § 256 ZPO 1977[2 der Gründe]; BAG 24.9.1997 - 4 AZR 429/95 - NZA 1998, 330, 331; BAG 3.3.1999 - 5 AZR 275/98 - AP Nr. 53 zu § 256 ZPO 1977 [2 der Gründe]; BAG 15.12.1999 - 5 AZR 457/98 - AP Nr. 59 zu § 256 ZPO 1977 [I 2 der Gründe].

[271] BAG 3.3.1999 - 5 AZR 275/98 - AP Nr. 53 zu § 256 ZPO 1977 [2b der Gründe].

[272] Vgl. nur BAG 21.6. 2000 - 5 AZR 782/98 - AP Nr. 60 zu § 256 ZPO 1977 [III der Gründe].

[273] BAG 3.3.1999 - 5 AZR 275/98 - AP Nr. 53 zu § 256 ZPO 1977 [2b der Gründe].

[274] *Hochrathner* NZA 2000, 1083, 1084.

diese zu einem Vollstreckungstitel führt. Beziffern muss der Betreffende seinen Anspruch früher oder später sowieso. Ansonsten fehlt das von § 256 Abs. 1 ZPO geforderte rechtliche Interesse an der begehrten Feststellung. Daneben bietet sich für den Bereich des öffentlich-rechtlichen Rundfunks auch eine auf das Bestehen der Leistungspflicht gerichtete Feststellungsklage an[275].

Davon zu unterscheiden sind schließlich Konstellationen, in denen eine gegenwärtige Statusklage jedenfalls auch in die Vergangenheit zurückreicht. Nicht selten sind Fälle, in denen der vermeintlich freie Mitarbeiter anlässlich einer Beendigungsmitteilung Klage vor dem Arbeitsgericht erhebt. Beantragt er festzustellen, dass seit einem bestimmten Zeitpunkt ein Arbeitsverhältnis zur Rundfunkanstalt besteht, ist das Klagebegehren auch gegenwartsbezogen. Die Klage bezieht sich ebenfalls auf einen noch nicht abgeschlossenen Zeitraum und damit besteht ein Feststellungsinteresse.

Unsicher ist, ob und inwieweit die inzwischen zurückhaltender gewordene Rechtsprechung einer rückwirkenden Feststellung zeitliche Grenzen setzen wird, wenn vergangenheitsbezogene und gegenwärtige Klage miteinander verknüpft sind[276]. Denn rein theoretisch könnten Zeiträume von bis zu 30 oder 40 Jahren Gegenstand der gerichtlichen Feststellung sein, während es für ein Feststellungsinteresse schon genügt, dass der Mitarbeiter konkret angibt, welche Ansprüche er aus dem vergangenen Rechtsverhältnis noch gegen den Arbeitgeber ableitet. Das BAG formulierte in seiner Entscheidung vom 15.12.1999 vorsichtig: *„Jedenfalls dann, wenn sich die tatsächlichen Umstände nach Vertragsbeginn nicht geändert haben, bedarf es auch keines gesonderten Feststellungsinteresses für einen bis dahin zurückreichenden Klageantrag"*[277].

Nach Auffassung Hochrathners sind rückwirkende Statusklagen mangels Feststellungsinteresses stets unzulässig[278]. Wer in der Vergangenheit seinen Status als freier Mitarbeiter und die Abwicklung des Beschäftigungsverhältnisses auf dieser Grundlage akzeptiert habe, könne nicht Jahre später nach dem Motto dul-

---

[275] Bei einem öffentlich-rechtlichen Arbeitgeber ist davon auszugehen, dass er auch auf ein nicht vollstreckbares Feststellungsurteil hin zahlen wird, siehe BAG 23.9.1981 - 4 AZR 569/79 - AP Nr. 19 zu § 611 BGB Lehrer, Dozenten; allg. MünchArbR/*Hanau* (2000) § 72 Rn. 27.
[276] Zur Diskussion im 5. Senat des BAG *Griebeling* ZUM Sonderheft 2000, 646, 650.
[277] BAG 15.12.1999 - 5 AZR 3/99 - NZA 2000, 534, 535; bestätigt BAG 6.11.2002 – 5 AZR 364/01 - AP Nr. 78 zu § 256 ZPO 1977 [1b der Gründe].
[278] *Hochrathner* NZA 2000, 1085.

de und liquidiere vorgehen. Dies sei der klassische Anwendungsfall des § 242 BGB in Gestalt des venire contra factum proprium.

Dagegen wird zu Recht eingewandt, man könne die gesetzgeberische Entscheidung, zu welchem Zeitpunkt Ansprüche aus dem Arbeitsverhältnis verjähren, nicht unter Berufung auf § 242 BGB unterlaufen[279], denn genau dazu würde der Weg Hochrathners im Ergebnis führen. Möglich erscheint dagegen eine Beschränkung insbesondere für weit zurückliegende Zeiträume unter dem Gesichtspunkt von Treu und Glauben (§ 242 BGB), die sich an Verjährungsvorschriften des BGB oder an § 25 SGB IV orientiert. Hochrathner übersieht nämlich, dass sich Arbeitgeber und Mitarbeiter in den meisten Fällen nicht als gleichberechtigte Vertragspartner gegenüberstehen werden. Der Mitarbeiter wird vor die Wahl eines freien Mitarbeiterverhältnisses oder gar keiner Beschäftigung gestellt. Unter diesen tatsächlichen Voraussetzungen kann kaum von einem schutzwürdigen Vertrauen des Arbeitgebers auf Beibehaltung der gegenwärtigen Rechtsform gesprochen werden und umgekehrt verhält sich der Arbeitnehmer, der erst nach längerer Zeit seinen Arbeitnehmerstatus geltend macht, nicht zwingend widersprüchlich. Streng genommen müsste ansonsten auch einer zukunftsgerichteten Statusklage der Arglisteinwand entgegenstehen, wenn der Mitarbeiter nicht beim ersten Zweifel an seiner Selbstständigkeit Klage einreicht. Hinzu kommt, dass auch eine gegenwärtige Feststellungsklage Vergangenheitsbezug aufweisen kann, etwa wenn es um die Anwendbarkeit des Kündigungsschutzgesetzes geht (§ 1 Abs.1 KSchG). Deshalb erscheint es sachgerechter, die Frage, ob der Mitarbeiter Ansprüche für die Vergangenheit geltend machen kann beziehungsweise ob sich dadurch eine Rosinentheorie verwirkliche, in die Begründetheit zu verlagern und im Rahmen der Zulässigkeit vor allem auf die Subsidiarität der Feststellungsklage abzustellen. Letztlich sollte der Streitgegenstand darüber entscheiden, ob der Arbeitnehmerstatus rückwirkend geltend gemacht werden kann[280].

Eine Einschränkung weit in die Vergangenheit zurückreichender Feststellungsklagen dürfte sich in den meisten Fällen aus prozesstaktischen Gründen schon von selbst ergeben, ohne dass auf § 242 BGB zurückgegriffen werden muss. Es ist Sache des Klägers, die Umstände seiner persönlichen Abhängigkeit mög-

---

[279] *Reinecke* RdA 2001, 357, 360.
[280] Dazu auch *Niepalla* ZUM 1999, 364 mit Hinweis auf Reinecke in seinem Vortrag vom 13.3.1999.

lichst substantiiert vorzutragen. Sollte er sich entschließen, eine Zeitspanne von einigen Jahrzehnten[281] zum Gegenstand der gerichtlichen Feststellung zu machen, obliegt es ihm, die Voraussetzungen eines Arbeitsverhältnisses durch entsprechende Unterlagen oder mögliche Zeugen unter Beweis zustellen. Und die Anforderungen an seinen Vortrag steigen, je substantiierter die Rundfunkanstalt bestreitet. Hinzu kommt, dass nach der hier vertretenen Auffassung Rückzahlungsansprüche der Rundfunkanstalt bestehen können (S. 201 ff). Hat der Arbeitnehmer in der Vergangenheit mehr Honorar ausgezahlt bekommen als ihm nach den Tarifbestimmungen für Festangestellte zugestanden hat, ist ein bereicherungsrechtlicher Anspruch der Rundfunkanstalt auf den Differenzbetrag denkbar. Unter diesem Gesichtspunkt setzt sich der Mitarbeiter der Gefahr einer Rückforderung aus, die größer wird, je länger sein Feststellungsantrag in die Vergangenheit zurückreicht.

c) Einwand des Rechtsmissbrauchs

Nach der Rechtsprechung des BAG kann auch widersprüchliches Verhalten den Mitarbeiter daran hindern, sich auf ein Arbeitsverhältnis zu berufen: Wer nachträglich geltend macht, Arbeitnehmer gewesen zu sein, obwohl er den gesamten Zeitraum über als freier Mitarbeiter tätig sein wollte und sich dementsprechend jahrelang allen Versuchen des Auftraggebers widersetzt hat, zu ihm in ein Arbeitsverhältnis zu treten, handelt rechtsmissbräuchlich[282]. Auch wer sich mit der Rundfunkanstalt auf eine Abfindung nach einem Tarifvertrag für Arbeitnehmerähnliche einigt, riskiert, dass die Berufung auf den Arbeitnehmerstatus als verwirkt angesehen wird[283]. Umgekehrt genügt es regelmäßig nicht, dass der Arbeitnehmer einen Vertrag über freie Mitarbeit abgeschlossen und seiner Behandlung als freier Mitarbeiter nicht widersprochen, sondern deren Vorteile (z. B. im Hinblick auf die höhere Vergütung) entgegengenommen hat[284]. Denn allein aus diesem Verhalten kann die Anstalt noch nicht darauf schließen, der Mitarbeiter werde sich auch in Zukunft nicht auf seine Arbeitnehmerschaft berufen.

---

[281] In der Entscheidung des BAG 22.4.1998 - 5 AZR 191/97 - NZA 1998, 1275 waren es mehr als 30 Jahre.
[282] BAG 11.12.1996 - 5 AZR 708/95 - AP Nr. 36 zu § 242 BGB Unzulässige Rechtsausübung - Verwirkung [I 2 der Gründe].
[283] *Reinecke* NZA 1999, 729, 736 unter Hinweis auf LAG Köln 27.3.1997 – 6 Sa 1144/96 n. v.
[284] BAG 4.12.2002 - 5 AZR 556/01 - AP Nr. 1 zu § 333 ZPO [II 4c der Gründe].

Angesichts des eher ungewissen Ausgangs eines Statusprozesses kann man nicht von ihm verlangen, dass er seinen Standpunkt unmittelbar deutlich macht.

B. Feststellung der Arbeitnehmereigenschaft

Die Rechtsprechung nimmt im Rundfunkbereich bei der Statusklärung eine zweistufige Prüfung vor. In einem ersten Schritt geht es um die Frage, ob der Rundfunkmitarbeiter mit der Gestaltung von Medieninhalten betraut ist oder nicht. Handelt es sich nach Auffassung des Gerichts nicht um programmgestaltende, sondern um andere rundfunktypische Mitarbeit, ist grundsätzlich ein Arbeitsverhältnis zu bejahen, sofern nicht besondere Umstände ausnahmsweise gegen den Status als Arbeitnehmer sprechen[285]. Ist der Mitarbeiter programmgestaltend tätig, ist weiter zu klären, ob nach den von der Rechtsprechung herausgearbeiteten Kriterien dennoch ein Arbeitsverhältnis besteht[286]. Steht fest, dass der Mitarbeiter in Wirklichkeit Arbeitnehmer der Anstalt ist, prüft das BAG, ob es sich um ein befristetes Arbeitsverhältnis handelt[287].

I. Nicht programmgestaltende Tätigkeit

Bei der nicht programmgestaltenden, aber rundfunk- und fernsehtypischen Mitarbeit geht das BAG grundsätzlich davon aus, dass solcheTätigkeiten nur im Rahmen eines Arbeitsverhältnisses erbracht werden können[288]. Mitarbeiter, die technischen oder organisatorischen Aufgaben nachgehen, können aufgrund ihrer Eingliederung in den Sendebetrieb in der Regel als persönlich abhängig angese-

---

[285] Beispielhaft BAG 26.5.1999 - 5 AZR 469/98 - NZA 1999, 983; auch BAG 22.2.1995 - 5 AZR 234/94 n. v. (juris); BAG 20.7.1994 - 5 AZR 627/93 - AP Nr. 73 zu § 611 BGB Abhängigkeit [II der Gründe]; ein solcher Ausnahmefall lag z.B. dem Urteil des LAG Köln vom 22.4.1998 – 2 Sa 1813/97 – n. v. zugrunde. Das Gericht verneinte zwar für einen Programmassistenten die Eigenschaft als programmgestaltender Mitarbeiter, bejahte aber wegen der besonderen Umstände des Einzelfalls ein freies Mitarbeiterverhältnis, weil der Kläger in der Gestaltung seiner Arbeitszeit frei war.
[286] *Wrede* NZA 1999, 1019, 1020.
[287] BAG 20.7.1994 - 5 AZR 627/93 - AP Nr. 73 zu § 611 BGB Abhängigkeit [III 3 der Gründe]; BAG 20.7.1994 - 5 AZR 169/93 - AP Nr. 26 zu § 256 ZPO 1977 [IV der Gründe]; BAG 20.7.1994 - 5 AZR 170/93 - n. v. (juris).
[288] BAG 26.5.1999 - 5 AZR 469/98 - NZA 1999, 983; auch BAG 22.2.1995 – 5 AZR 234/94 n. v. (juris); BAG 20.7.1994 - 5 AZR 627/93 - AP Nr. 73 zu § 611 BGB Abhängigkeit [II der Gründe].

hen werden[289]. Das gilt auch für das Verwaltungspersonal[290]. Der so genannte Stab (z. B. Aufnahmeleiter, Bühnentechniker, Kostümschneider, Regieassisent) besteht regelmäßig ebenfalls aus Arbeitnehmern[291]. Nur in Ausnahmefällen kann rundfunkspezifische Tätigkeit im Rahmen einer freien Mitarbeit erbracht werden[292]. Entscheidend ist, ob der Betreffende seine Tätigkeit hinsichtlich Zeit, Ort und Arbeitsinhalt im Wesentlichen weisungsfrei gestalten kann. Dementsprechend sind beispielsweise Aufnahmeleiter, die von den Sendeanstalten als Arbeitnehmerähnliche eingestuft werden, in aller Regel Arbeitnehmer.

Ohne Bedeutung für den Arbeitnehmerstatus ist die tatsächliche Arbeitszeit. Wie oben ausgeführt, hat das BAG explizit festgestellt, regelmäßig eingesetzte (nicht programmgesaltende) Sprecher und Übersetzer von Nachrichten- und Kommentartexten im fremdsprachlichen Dienst von Rundfunkanstalten könnten auch dann Arbeitnehmer sein, wenn ihre wöchentliche Arbeitszeit nur vier Stunden beträgt[293].

II. Programmgestaltende Tätigkeit

Zu den programmgestaltenden Mitarbeitern gehören diejenigen Personen, die *„typischerweise ihre eigene Auffassung zu politischen, wirtschaftlichen, künstlerischen oder anderen Sachfragen, ihre Fachkenntnisse und Informationen, ihre individuelle künstlerische Befähigung und Aussagekraft in die Sendung einbringen, wie dies bei Regisseuren, Moderatoren, Kommentatoren, Wissenschaftlern und Künstlern der Fall ist"*[294]. Demgegenüber fallen routinemäßige Arbeiten als Sprecher, Übersetzer und Aufnahmeleiter nach ständiger Rechtsprechung nicht

---

[289] *Meiser/Theelen* NZA 1046; beispielsweise erhält ein MAZ-Techniker sowohl Weisungen von seinem Vorgesetzten als auch von Redakteuren und Regisseuren.
[290] BAG 30.11.1995 - 5 AZR 704/93 - AP Nr. 74 zu § 611 BGB Abhängigkeit [II 1 der Gründe].
[291] *Wrede* 1025.
[292] Im Urteil des LAG Köln vom 22.4.1998 – 2 Sa 1813/97 – n. v. verneinte das Gericht für einen Programmassistenten die Eigenschaft als programmgestaltender Mitarbeiter, bejahte aber wegen der besonderen Umstände des Einzelfalls ein freies Mitarbeiterverhältnis, weil der Kläger in der Gestaltung seiner Arbeitszeit frei war.
[293] BAG 11.3.1998 - 5 AZR 522/96 – NZA 1998, 705 ff; dazu oben S. 85
[294] BAG 22.4.1998 - 5 AZR 191/97 - NZA 1998, 1275, 1276 unter Hinweis auf BVerfG 13.1.1982 - 1 BvR 848/77 u. a.- BVerfGE 59, 231 ff und BVerfG 3.12.1992 - 1 BvR 1462/88 - NZA 1993, 741 ff.

in den Bereich der Programmgestaltung[295]. Obwohl sich im Laufe der Zeit Fallgruppen der Tätigkeiten herausgebildet haben, bei denen üblicherweise eine programmgestaltende Mitarbeit anzunehmen ist, handelt es sich letztlich um eine Entscheidung des konkreten Einzelfalls und die zu dieser Problematik ergangene Rechtsprechung kann lediglich einen Anhaltspunkt zur Einschätzung des Prozessrisikos liefern. Notfalls ist im Verfahren zu klären, ob und inwieweit der Mitarbeiter die Möglichkeit hatte, inhaltlich auf das Programm Einfluss zu nehmen.

Nach der Rechtsprechung ist inhaltliche Einflussnahme nicht gleichzusetzen mit Programmverantwortung[296]. Es genügt, wenn der Betreffende in irgendeiner Art und Weise den Inhalt der Sendungen mitprägt[297]. Unter Umständen kann etwa ein Redakteur bereits durch Auswahl seines Filmteams den Inhalt des Programms mitgestalten[298]. Niepalla weist in diesem Zusammenhang treffend auf die Unkalkulierbarkeit einer Beweisaufnahme hin[299]. Denn ist der gestalterische Einfluss des Mitarbeiters auf den Programminhalt zwischen den Parteien streitig, kann es sich für den betroffenen Mitarbeiter als äußerst schwierig gestalten, für vergangene Zeiträume substantiiert vorzutragen, welche Tätigkeiten er wie verrichtet haben will und welchen Einfluss er dabei auf das Programm hatte. Zeugen dürften naturgemäß nur selten bis ins Detail beschreiben können, wann der Kläger wo und unter welchen Voraussetzungen inhaltlichen Einfluss auf das Programm genommen hat.

Im Statusprozess eines programmgestaltenden Mitarbeiters ist in einem weiteren Schritt der Frage nachzugehen, ob die betreffende Person trotz ihres inhaltlichen Einflusses dennoch als Arbeitnehmer anzusehen ist. Denn programmgestaltende Tätigkeit ist sowohl im Rahmen eines Arbeitsverhältnisses als auch in freier Mitarbeit möglich[300]. Ausgehend von den ausführlich erörterten Kriterien zur

---

[295] Seit BAG 16.2.1994 - 5 AZR 402/93 - AP Nr. 15 zu § 611 BGB Rundfunk [B I der Gründe]; zuletzt BAG 11.3.1998 - 5 AZR 522/96 - AP Nr. 23 zu § 611 BGB Rundfunk [II der Gründe].
[296] BAG 11.12.1991 - 7 AZR 128/91 - AP Nr. 144 zu § 620 BGB Befristeter Arbeitsvertrag [III 1c der Gründe].
[297] BAG 24.4.1996 - 7 AZR 719/95 - NZA 1997, 196, 199.
[298] Vgl. dazu den Sachverhalt in BAG 11.12.1991 - 7 AZR 128/91 - AP Nr. 144 zu § 620 BGB Befristeter Arbeitsvertrag.
[299] ZUM 1999, 353, 356; dazu auch *Heilmann* AuA 1998, 190.
[300] St. Rspr., vgl. BAG 30.11.1994 - 5 AZR 704/93- AP Nr.74 zu § 611 BGB Abhängigkeit [II 2 der Gründe].

Bestimmung des Arbeitnehmerbegriffs kommt es darauf an, dass der Mitarbeiter seine Tätigkeit in persönlicher Abhängigkeit erbringt. „Das" rundfunkspezifische Kriterium zur Beurteilung einer persönlichen Abhängigkeit ist eine von der Rundfunkanstalt erwartete ständige Dienstbereitschaft des Mitarbeiters, die sich sowohl aus den ausdrücklich getroffenen Vereinbarungen der Parteien als auch aus der praktischen Durchführung der Vertragsbeziehungen ergeben kann (Dienstplanrechtsprechung)[301].

Dieses Merkmal ist nicht ganz unproblematisch, denn Rundfunkprogramme sind in den meisten Fällen das Ergebnis der Zusammenarbeit mehrerer Mitarbeiter in verschiedenen Funktionen. Der Selbstständige, der seine Leistung zusammen mit einem Team anderer Rundfunkmitarbeiter erbringt, ist automatisch auch an bestimmte zeitliche Vorgaben gebunden. Deshalb ist es gängige Praxis der Rundfunkanstalten, die Einsätze der freien Mitarbeiter zusammen mit denen der Festangestellten eines bestimmten Bereiches in Dienstplänen einzutragen. Daraus muss nicht zwingend eine zeitliche Weisungsabhängigkeit folgen, wie sie für ein Arbeitsverhältnis kennzeichnend ist. Etwaige „*Sachzwänge*" für die Aufstellung von Dienstplänen sollen daran nichts ändern[302].

III. Befristetes oder unbefristetes Arbeitsverhältnis

Ein Arbeitsverhältnis, das wirksam befristet wurde, endet mit Zeitablauf bzw. Zweckerreichung (§ 15 Abs.1 und Abs. 2 TzBfG). Die Zulässigkeit befristeter Arbeitsverträge ist seit dem 1. Januar 2001 im Teilzeit- und Befristungsgesetz (TzBfG) ausdrücklich geregelt (vgl. § 620 Abs. 3 BGB). Auch schon vor Inkrafttreten des Gesetzes war in Literatur und Rechtsprechung der Abschluss von Zeitverträgen weitgehend anerkannt[303]. Die in der Vergangenheit von der Rechtsprechung entwickelten Kriterien sind jetzt im Wesentlichen in § 14 TzBfG ko-

---

[301] BAG 16.2.1994 - 5 AZR 402/93 - AP Nr. 15 zu § 611 BGB Rundfunk [II der Gründe]; BAG 20.7.1994 - 5 AZR 627/93 - AP Nr. 73 zu § 611 BGB Abhängigkeit [II der Gründe] und 30.11.1994 - 5 AZR 704/93 - AP Nr. 74 zu § 611 BGB Abhängigkeit [II 2b der Gründe]; BAG 11.3.1998 - 5 AZR 522/96 - AP Nr. 23 zu § 611 BGB Rundfunk [II der Gründe]; auch bei den nicht programmgestaltenden Tätigkeiten berücksichtigt die Rechtsprechung die Aufstellung von Dienstplänen, wertet sie hier allerdings nur als ein zusätzliches Indiz von geringerer Bedeutung: BAG 22.4.1998 - 5 AZR 2/97 - NZA 1998, 1277, 1278.

[302] BAG 22.4.1998 - 5 AZR 342/97 - AP Nr. 26 zu § 611 BGB Rundfunk [III der Gründe].

[303] Ausführlich zur früheren Rechtslage *Bezani/Müller* Rn. 157 ff.

difiziert[304]. Wie bereits dargestellt (S. 30) regeln die öffentlich-rechtlichen Rundfunkanstalten die Dauerrechtsbeziehungen der arbeitnehmerähnlichen Personen häufig durch Rahmenvereinbarungen, die die Beschäftigung für einen bestimmten Zeitraum festlegen. Ergeben sich aus der bisherigen Vertragsgestaltung Anhaltspunkte für eine zeitliche Begrenzung des Vertrages, unterzieht das Gericht das Arbeitsverhältnis einer Befristungskontrolle[305].

1. Nicht programmgestaltende Mitarbeit

Bei Arbeitnehmern, die nicht programmgestaltend tätig sind, kommt zunächst eine erleichterte Befristung nach § 14 Abs. 2 bis Abs. 3 TzBfG in Betracht. Unter anderem ist danach die kalendermäßige Befristung eines Arbeitsvertrages ohne Vorliegen eines sachlichen Grundes bis zur Dauer von zwei Jahren zulässig. Da § 14 TzBfG ein Schriftform-, aber kein Zitiergebot enthält, ist nicht erforderlich, dass die Parteien die Befristungsabrede ausdrücklich auf einen der dort genannten Gründe stützen[306]. Maßgeblich ist allein, dass die Voraussetzungen des § 14 Abs. 2 oder Abs. 3 TzBfG objektiv bei Vertragsschluss gegeben sind und die normierten Ausnahmen nicht eingreifen. Sind die Anforderungen an eine erleichterte Befristung nicht erfüllt, ist nach der Gesetzessystematik gemäß § 14 Abs. 1 TzBfG zu untersuchen, ob ein sachlicher Grund die Befristung trägt. Zu denken ist im Rundfunkbereich insbesondere an § 14 Abs. 1 Nr. 4 TzBfG („Eigenart der Arbeitsleistung")[307]. Nach der Gesetzesbegründung soll mit diesem Befristungsgrund das von der Rechtsprechung aus Art. 5 Abs. 1 S. 2 GG abgeleitete Recht der Rundfunkanstalten, programmgestaltende Mitarbeiter aus Gründen der Programmplanung nicht auf Dauer einstellen zu müssen, festgeschrieben werden[308]. Wie an anderer Stelle ausführlich erörtert wurde, umfasst der Schutzbereich der Rundfunkfreiheit auch die Entscheidung der Anstalt darüber, ob sie einen programmgestaltenden Mitarbeiter fest oder nur befristet einstellt. Dies gilt jedoch nur für Vertragsverhältnisse mit programmgestaltenden

---

[304] *Hromadka* BB 2001, 621; Stahlhacke/*Preis* (2002) Rn. 53.
[305] Nach ständiger Rechtsprechung des BAG ist bei mehreren aufeinander folgenden Befristungen nur der letzte befristete Vertrag einer Befristungskontrolle zu unterziehen, vgl. BAG 10.3.2004 - 7 AZR 397/03 – AP Nr. 257 zu § 620 BGB Befristeter Arbeitsvertrag [I der Gründe] m. w. N.
[306] BAG 5.6.2002 - 7 AZR 241/01 - NZA 2003, 149, 152; ErfK/*Müller-Glöge* (2006) § 14 TzBfG Rn. 109.
[307] Zusammenfassend BAG 11.12.1991 - 7 AZR 128/91 - NZA 1993, 354, 356.
[308] BT-Drs. 14/4374, S. 19.

Mitarbeitern, sonstige rundfunktypische Mitarbeit unterliegt nicht dem Schutz des Art. 5 Abs. 1 S. 2 GG[309]. Auf Mitarbeiter, die nicht unmittelbar den Inhalt der Sendungen mitgestalten, sind die allgemeinen Befristungsgrundsätze anzuwenden[310].

2. Programmgestaltende Mitarbeit

Auch bei einem programmschaffenden Mitarbeiter prüft das Gericht, ob das Arbeitsverhältnis wirksam befristet wurde. Regelmäßig wird hier der gerade erwähnte § 14 Abs. 1 Nr. 4 TzBfG einschlägig sein. In einer aktuelleren Entscheidung bestätigte das BVerfG ausdrücklich, dass bei programmgestaltender Tätigkeit die Rundfunkfreiheit als solche die Befristung eines Arbeitsverhältnisses rechtfertigen kann, ohne dass weitere Gründe hinzutreten müssen[311].

Entsprechend den verfassungsgerichtlichen Vorgaben zur freien Mitarbeit im Rundfunkbereich sind bei Beurteilung der Frage, ob die Eigenart der Beschäftigung die Befristung erfordert, die besondere Bedeutung der Rundfunkfreiheit einerseits und das Bedürfnis des Arbeitnehmers nach arbeitsrechtlichem Bestandsschutz andererseits gegeneinander abzuwägen[312]. Dabei ist insbesondere zu berücksichtigen, in welcher Intensität der betroffene Mitarbeiter auf das Programm Einfluss nehmen kann und wie groß bei Bejahung eines unbefristeten Arbeitsverhältnisses die Gefahr ist, dass die Rundfunkanstalt nicht mehr den Erfordernissen eines vielfältigen Programms gerecht werden kann[313].

Umgekehrt kann nach der Rechtsprechung des BAG die Beschäftigung eines Mitarbeiters über einen langen Zeitraum und in einem nicht unerheblichen Umfang ein Indiz dafür sein, dass bei der Anstalt kein Bedürfnis nach einem personellen Wechsel und Flexibilität besteht[314]. Und es wächst auch das Interesse des

---

[309] BVErfG 3.12.1992 - 1 BvR 1462/88 - NZA 1993, 741.
[310] Dazu BAG 16. 2. 1994 - 5 AZR 402/93 - AP Nr. 15 zu § 611 BGB Rundfunk [III 4 der Gründe]; Annuß/Thüsing/*Hromadka* § 14 Rn. 42.
[311] BVerfG 18. 2. 2000 - 1 BvR 491/93, 1 BvR 562/93, 1 BvR 624/98 - NZA 2000, 653, 656.
[312] BAG 11.12.1991 - 7 AZR 128/91 - AP Nr. 144 zu § 620 BGB Befristeter Arbeitsvertrag [III 1b der Gründe]; BAG 22.4.1998 - 5 AZR 342/97 - AP Nr. 26 zu § 611 BGB Rundfunk [2 der Gründe].
[313] BAG 24.4.1996 - 7 AZR 719/95 - NZA 1997, 196, 198.
[314] In BAG 22.4.1998 – 5 AZR 342/97 – AP Nr. 26 zu § 611 BGB Rundfunk [IV 2b der Gründe]sah der Senat eine Befristung von 4 Jahren und 9 Monaten als wirksam an; anders BAG 13.1.1983 – 5 AZR 151/82 – n. v. (juris); hier bejahte das Gericht ein unbefristetes Arbeitsverhältnis eines seit 10 Jahren beschäftigten Regisseurs.

Arbeitnehmers am Bestand seines Arbeitsverhältnisses, je länger sein befristetes Arbeitsverhältnis andauert[315].

Noch nicht höchstrichterlich entschieden ist die Frage, wie oft und wie lange solche Befristungsketten zulässig sind. Nach den genannten Erwägungen des BAG in der Entscheidung vom 22.4.1998 dürfte es entscheidend darauf ankommen, dass das von den Anstalten betonte Bedürfnis nach Abwechslung und Flexibilität auch im Einsatz des Mitarbeiters tatsächlich zum Ausdruck kommt. Umgekehrt sollte der Sender, um den Eindruck einer nur vorgeschobenen Befristung zu vermeiden, den Mitarbeiter nach einer gewissen Zeitspanne mit anderweitigen Aufgaben betrauen. Andernfalls kann das Abwechslungsbedürfnis nur mit neuen, bisher nicht zur Rechtfertigung angeführten Umständen begründet werden[316]. In der Literatur wird eine zehnjährige Dauer des Arbeitsverhältnisses als Regelgrenze befürwortet[317]. Dafür spricht, dass bei einer sehr lang andauernden Beschäftigung der über Art. 12 Abs. 1 GG gewährleistete Bestandsschutz regelmäßig überwiegen wird. Die Anforderungen an den Befristungsgrund werden höher. Dennoch ist es nicht möglich, eine genaue Zeitgrenze festzulegen, da eine Abwägung wegen der besonderen Bedeutung der Rundfunkfreiheit zu Lasten des Mitarbeiters ausgehen dürfte, solange sich die Befristung des Arbeitsverhältnisses wegen der inhaltlichen Einflussnahme als nachvollziehbares Vorgehen der Anstalt darstellt. Entscheidend sind die Umstände des Einzelfalls. Während dessen kommt es auch nicht zu dem von Hochrathner angesprochenen „*Verblassen*" der Rundfunkfreiheit als Befristungsgrund[318].

Wird lediglich ein befristetes Arbeitsverhältnis festgestellt, endet die Vertragsbeziehung zum vereinbarten Zeitpunkt. Ist die Befristung hingegen unwirksam, gilt der Arbeitsvertrag nach § 16 S. 1 TzBfG als auf unbestimmte Zeit geschlossen.

3. Schriftformerfordernis des § 14 Abs. 4 TzBfG

Auf § 14 Abs. 4 TzBfG, wonach die Befristung von Arbeitsverhältnissen zu ihrer Wirksamkeit der Schriftform (§ 126 BGB) bedarf, musste das BAG bislang nicht eingehen. Die Nichteinhaltung der Schriftform führt zur Unwirksamkeit

---

[315] *Beuthien/Wehler* RdA 1978, 2 ff, 6.
[316] *Beuthien/Wehler* RdA 1978, 2, 8.
[317] Annuß/Thüsing/*Hromadka* § 14 Rn. 41; Otto, RdA 1994, 272.
[318] Kritisch *Hochrathner* NZA-RR 2001, 561, 563.

der Befristung, nicht aber zur Unwirksamkeit des Arbeitsverhältnisses. Das unwirksam befristete Arbeitsverhältnis endet nicht mit Zeitablauf; sondern es liegt ein unbefristetes Arbeitsverhältnis vor, das auch bereits vor dem vereinbarten Ende ordentlich gekündigt werden könnte, § 16 S. 2 TzBfG[319].

Zu klären ist, ob der Formzwang auch für Verträge gilt, die vor dem 1.1.2001 abgeschlossen wurden. Da das TzBfG keine Übergangsregelung enthält, ist das Gesetz seit dem Inkrafttreten anzuwenden. Eine Befristung, die ab diesem Zeitpunkt vereinbart wird, müsste also dem Schriftformerfordernis des § 14 Abs. 4 TzBfG genügen.

Im Regelfall dürfte der freien Mitarbeit im Rundfunkbereich ein schriftlicher, befristeter Rahmenvertrag zugrunde liegen[320], so dass sich keine weiteren Probleme ergeben. In den übrigen Fällen, in denen eine schriftliche Befristungsabrede fehlt, wird die Anstalt im Rahmen eines Statusprozesses hilfsweise die für eine Befristung sprechenden Argumente einführen[321]. Das muss sie auch, denn die Rechtsprechung geht vom Bestehen eines unbefristeten Arbeitsverhältnisses aus, wenn die Rundfunkanstalt keine Tatsachen für den Abschluss eines befristeten Vertrages vorträgt[322].

Nach dem Tatbestandsprinzip findet auf Arbeitsverhältnisse, die vor Inkrafttreten des TzBfG geschlossen wurden, das zu diesem Zeitpunkt geltende Recht Anwendung[323]. Eine vereinbarte Befristung wird somit nicht allein dadurch unwirksam, dass die Voraussetzungen des § 14 Abs. 4 TzBfG nicht vorlagen. Maßgeblich ist die zum Zeitpunkt des Vertragsschlusses geltende Rechtslage[324].

---

[319] *Kliemt* NZA 2001, 296, 302; Annuß/Thüsing/*Hromadka* § 14 Rn. 89.
[320] Dazu auszugsweise eine beispielhafte Rahmenvereinbarung: „Die Wiederholung des Abschlusses von befristeten Honorarverträgen entsprechend Nr. 1 begründet kein Dauerrechtsverhältnis. Wegen des in Nr. 1 genannten sachlichen Grundes entsteht insbesondere kein unbefristetes Arbeitsverhältnis im Sinne des SWF-Mantelltarifvertrages... Diese Vereinbarung endet am ..., ohne dass es einer besonderen Mitteilung bedarf. Auch diese Befristung hat ihren Grund in der Sicherung des programmlich bedingten Abwechslungsbedürfnisses gemäß der in Nr. 1 genannten Entscheidung des BVerfG vom 13.01.82. Der SWF teilt dem VP spätestens 3 Monate vor Fristablauf mit, ob beabsichtigt ist, ihm eine weitere befristete Vereinbarung anzubieten".
[321] Ory/Schmittmann Rn. 171.
[322] BAG 20.7.1994 - 5 AZR 627/93 - AP Nr. 73 zu § 611 BGB Abhängigkeit [B III der Gründe]; BAG 30.11.1994 - 5 AZR 704/93 - AP Nr. 74 zu § 611 BGB Abhängigkeit [B III 5der Gründe].
[323] *Hopfner* BB 2001, 200, 201; *Kliemt* NZA 2001, 296, 306.
[324] Vgl. bereits BAG 12.10.1960 - GS 1/59 - DB 1961, 409; MünchArbRErg/*Wank* § 116 Rn. 199.

Dass das Befristungsende auf einen Zeitpunkt nach dem 31.12.2000 fällt, ist dabei ohne Belang[325].

C. Zusammenfassung des dritten Kapitels

Bei einer Klage auf Feststellung der Arbeitnehmereigenschaft kann der Beschäftigte durch Formulierung seines Klageantrags den Zeitpunkt für den Beginn der Arbeitnehmereigenschaft festlegen. Dabei sollte er in eigenem Interesse die Linie der Rechtsprechung zur Zulässigkeit vergangenheitsbezogener Feststellungsklagen beachten. Danach sind ausschließlich vergangenheitsbezogene Statusklagen aus Gründen der Prozessökonomie unzulässig. Feststellungsklagen hingegen, die auch rückwirkende Zeiträume mit einbeziehen, sind regelmäßig zulässig, da der Betreffende ein berechtigtes Interesse an der Feststellung seines Arbeitsverhältnisses darlegen kann.

Zudem sollte es der Mitarbeiter vermeiden, den Eindruck widersprüchlichen Verhaltens entstehen zu lassen. Widersetzt er sich beispielsweise jahrelang dem Wunsch der Anstalt, den Vertrag auf einen Arbeitsvertrag umzustellen und geht jetzt klageweise vor, kann eine Berufung auf den Arbeitnehmerstatus rechtsmissbräuchlich sein. Umgekehrt kann man dem Mitarbeiter aber nicht vorwerfen, dass er jahrelang die höheren Honorare entgegengenommen hat, denn dies entsprach der vertraglichen Vereinbarung[326].

Bei Rundfunkmitarbeitern, die nicht programmgestaltend tätig sind, geht die Rechtsprechung grundsätzlich vom Bestehen eines Arbeitsverhältnisses aus. Insbesondere Mitarbeiter, die in technischen Bereichen oder der Verwaltung eingesetzt sind, werden in aller Regel als Arbeitnehmer angesehen, weil sie von der Rundfunkanstalt persönlich abhängig sind.

Bei den programmgestaltenden Mitarbeitern prüft das BAG, ob die betreffende Person trotz ihres inhaltlichen Einflusses dennoch Arbeitnehmer des Senders ist. Dabei kommt es ganz entscheidend darauf an, ob der Mitarbeiter ohne vorherige Absprache in Dienstpläne eingetragen wurde. Zur zeitlichen Weisungsgebundenheit aufgrund von Dienstplänen gibt es im Rundfunkbereich eine umfassende Rechtsprechung. Auch bei der nicht programmgestaltenden, aber rundfunk- und

---

[325] Ebenso *Preis/Gotthardt* DB 2001, 145, 152; *Hopfner* BB 2001, 200.
[326] Ausdrücklich BAG 8.11.2006 - 5 AZR 706/05 - (juris).

fernsehtypischen Mitarbeit an Sendungen prüft das BAG die Einteilung in Dienstpläne, wertet sie hier aber nur als zusätzliches Indiz für die Arbeitnehmereigenschaft von geringerer Bedeutung.

Für den Mitarbeiter hinderlich auf dem Weg zur dauerhaften Festanstellung sind die in den Honorarverträgen der Rundfunkanstalten üblichen Rahmenvereinbarungen. Ist der bisher als freier Mitarbeiter Behandelte in Wirklichkeit Arbeitnehmer der Rundfunkanstalt, überprüft das Gericht insbesondere anhand einer solchen Vereinbarung, ob das Arbeitsverhältnis befristet oder unbefristet zustande gekommen ist.

Eine Besonderheit für Medienmitarbeiter besteht darin, dass das BAG den durch Art. 5 Abs. 1 S. 2 GG gewährleisteten Schutz der Rundfunkfreiheit als einen weiteren Befristungsgrund für das Arbeitsverhältnisses anerkennt. Ist der Schutzbereich der Rundfunkfreiheit berührt, sind die Belange der Anstalt und des betroffenen Arbeitnehmers im Einzelfall abzuwägen[327]. Sofern die Anstalt allerdings im Prozess keine für eine Befristung sprechenden Argumente vorträgt, bejaht die Rechtsprechung ein unbefristetes Arbeitsverhältnis.

---

[327] BAG 22.4.1998 - 5 AZR 342/97 – AP Nr. 26 zu § 611 BGB Rundfunk [II 2 der Gründe]; BAG 11.12.1991 - 7 AZR 128/91 - AP Nr. 144 zu § 620 BGB Befristeter Arbeitsvertrag [III 1b der Gründe] im Anschluss an den Beschluß des BVerfG vom 13.1.1982 - 1 BvR 848/77 ua - BVerfGE 59, 231 ff.

Viertes Kapitel: Das Arbeitsverhältnis nach Statusfeststellung

Hat sich der Beschäftigte erfolgreich bei einer Rundfunkanstalt „eingeklagt", steht zivilrechtlich verbindlich fest, dass sich der Mitarbeiter zur Anstalt in einem Arbeitsverhältnis befindet. Nach Verkündung des Urteils erfolgt die Überführung in ein Arbeitsverhältnis im Wege des Normenvollzugs, ohne dass dafür eine Entscheidung der Anstalt erforderlich wäre[328]. Damit ist aber noch keine Aussage über dessen Inhalt getroffen. Für die Vertragsparteien stellt sich daher die Frage, welche konkreten Rechte und Pflichten im Arbeitsverhältnis zu beachten sind.

Nach § 2 Abs. 1 S. 1 NachwG sind spätestens einen Monat nach Beginn des Arbeitsverhältnisses die wesentlichen Vertragsbedingungen schriftlich festzuhalten, sofern nicht dem Arbeitnehmer ein Arbeitsvertrag ausgehändigt worden ist, der die nach § 2 Abs. 1 S. 2 NachwG erforderlichen Mindestangaben enthält[329]. Auch nach entsprechenden Regelungen in den Manteltarifverträgen der Rundfunkanstalten sind im Arbeitsvertrag üblicherweise die vereinbarte Tätigkeit und ihre Bezeichnung, der Beschäftigungsort sowie die Eingruppierung festzulegen[330]. Nachfolgend werden die wichtigsten Fragen besprochen, die sich in diesem Kontext nach einer Statusklage ergeben können.

A. Festlegung des Vertragsinhalts durch die Parteien

Die gegenseitigen Rechte und Pflichten der Vertragsparteien richten sich nach allgemeinen Regeln zunächst nach dem Beschäftigungsvertrag. Unabhängig davon, ob die Parteien ihrer Zusammenarbeit Dienst-, Werk- oder sonstiges Ver-

---

[328] So ausdrücklich LAG Köln 5.6.1998 - 11 Sa 1513/97 – PersV 1999, 421, 422 (LS).
[329] Hierbei handelt es sich nicht um ein konstitutives Formerfordernis, so dass die Nichtbeachtung der Aufzeichnungspflichten des Nachweisgesetzes für das Zustandekommen und die Wirksamkeit des Vertrages unerheblich ist, vgl. dazu ErfK/*Preis* (2006) Einf. NachwG Rn. 6 f; § 4 NachwG regelt die Nachweispflicht für solche Arbeitsverhältnisse, die bei Inkrafttreten des NachwG bereits bestanden haben.
[330] Vgl. dazu exemplarisch den Manteltarifvertrag des SWR unter Ziff. 212.1.

tragsrecht zugrunde legen wollten, haben sie im Normalfall Vereinbarungen über Art, Ort und Dauer der Tätigkeit sowie über die Höhe des Honorars getroffen. Daneben ist es im Rundfunkbereich gängige Praxis, auf die Rechtsverhältnisse der Beschäftigten tarifliche Regelungen anzuwenden. Für Nichtorganisierte wird eine Geltung der Tarifnormen durch einzelvertragliche Bezugnahme im Arbeits- beziehungsweise Honorarvertrag erreicht. Die Bezugnahme dient regelmäßig einer vereinfachenden Darstellung der vertraglichen Konditionen und sorgt dafür, dass auf individualrechtlicher Ebene grundsätzlich die gleichen Rechte und Pflichten bestehen wie zwischen tarifgebundenen Vertragsparteien[331]. Nach einem erfolgreichen Statusprozess bereitet die Bestimmung des Vertragsinhalts vor allem deshalb Schwierigkeiten, weil die Parteien bei Festlegung der Vertragsbedingungen und gegebenenfalls bei Einbeziehung eines Tarifvertrages von einer Tätigkeit in freier Mitarbeit ausgegangen sind. Erst durch gerichtliche Feststellung wird das Beschäftigungsverhältnis der Parteien als verdecktes Arbeitsverhältnis „enttarnt". Zwar gilt auch im Arbeitsrecht der Grundsatz, dass die Parteien frei in der Wahl der Vertragsform sind[332]. Sofern aber Bezeichnung im Vertrag und objektives Erscheinungsbild voneinander abweichen, ist für die rechtliche Einordnung des Beschäftigungsverhältnisses die tatsächliche Ausgestaltung und Durchführung maßgeblich[333]. Liegen die Merkmale eines Arbeitsverhältnisses vor, ist sein Entstehen unmittelbare und zwingende Folge[334]. Die arbeitsrechtlichen Gestaltungsgrenzen können nicht durch eine Falschbezeichnung des Beschäftigungsverhältnisses umgangen werden.

In diesem Zusammenhang bietet sich zunächst an, die Bedeutung der Rechtsformwahl durch die Parteien näher zu untersuchen. Dann wird in einem weiteren Schritt der Frage nachzugehen sein, welche Konsequenzen die Annahme eines Rechtsformzwangs für die Wirksamkeit des Arbeitsverhältnisses haben kann, wenn die Parteien ihr Rechtsverhältnis abweichend von der Wirklichkeit als freies Dienstverhältnis bezeichnen. Schließlich gilt es zu klären, inwieweit sich der Rechtsformzwang auf die ursprünglich verabredeten Vertragsbedingungen auswirkt.

---

[331] Kempen/Zachert/*Stein* (2006) § 3 Rn.143 ff.
[332] Schaub/*Schaub* (2005) § 31 Rn. 2; näher zu einzelnen Beschränkungen Rn. 3 f.
[333] BAG 17.5.1978 - 5 AZR 580/77 - AP Nr. 28 zu § 611 BGB Abhängigkeit [1 der Gründe].
[334] Vgl. nur BAG 28.4.1998 - 9 AZR 297/96 - NZA 1998, 1126; ErfK/*Preis* (2006) § 611 Rn. 12; Kasseler Handb./*Worzalla* (2000) 1.1. Rn. 66.

1. Arbeitsrechtlicher Rechtsformzwang

Ob ein Arbeitsverhältnis besteht, hängt in erster Linie von der Vertragsgestaltung ab. Der in diesem Zusammenhang in der arbeitsrechtlichen Literatur genannte Begriff des Rechtsformzwangs ist insoweit missverständlich[335]. Dadurch soll nicht zum Ausdruck gebracht werden, dass die Vertragsparteien gezwungen sind, statt eines Dienst- oder Werkvertrages einen Arbeitsvertrag abzuschließen. Insoweit gilt das Prinzip der Vertragsfreiheit, wonach es den Parteien grundsätzlich freisteht, die rechtliche Gestaltung des Beschäftigungsverhältnisses zu wählen[336]. Die Vertragsfreiheit gestattet ihnen aber nicht, ein Beschäftigungsverhältnis, das bei objektiver Würdigung der Einzelumstände als Arbeitsverhältnis einzustufen ist, als Dienstverhältnis eines freien Mitarbeiters zu vereinbaren. Dahinter steckt der Gedanke, dass sich die Parteien eines Rechtsverhältnisses auf bestimmten privatrechtlichen Gebieten auch nur der vom Gesetz bereitgestellten Vertragstypen bedienen dürfen[337]. Die Frage, wie die von den Vertragsparteien getroffenen Abreden rechtlich zu qualifizieren sind, entzieht sich nach ganz herrschender Meinung dem jeweiligen Parteiwillen, da diese allein durch rechtliche Wertung zu erfolgen habe[338]. Die Bezeichnung des Vertragsverhältnisses kann dabei lediglich als Indiz für den Parteiwillen herangezogen werden; maßgebend sind in erster Linie die Umstände, wie das Beschäftigungsverhältnis tatsächlich durchgeführt wird[339].

Wie oben dargestellt wurde, ist nach Ansicht der Rechtsprechung die persönliche Abhängigkeit das maßgebliche Abgrenzungskriterium (S. 40 ff). Daher sind die zwischen den Parteien getroffenen Vereinbarungen daraufhin zu überprüfen, ob der Rundfunkanstalt ein entsprechendes Weisungsrecht eingeräumt wurde.

---

[335] Vgl. nur BAG 20.9.2000 - 5 AZR 61/99 - NZA 2001, 551, 553; *Griebeling* ZUM 2000, 646, 649; *Buchner* NZA 1998, 1144; kritisch zum Begriff des Rechtsformzwangs ErfK/*Preis* (2006) § 611 Rn. 48 ff.
[336] *Boemke* ZfA 1998, 285, 296; *Jahnke* ZHR 146 (1982), 595 ff; s.a. *Stoffels* NZA 2000, 690, 693.
[337] *Konzen* ZfA 1982, 259, 292; s. auch *Kreuder* ArbuR 1996, 386, 388; kritisch *Lieb* RdA 1975, 49 ff; siehe auch die Überlegungen von *Stoffels* NZA 2000, 690.
[338] Staudinger/*Richardi* (2005) vor § 611 Rn. 179 ff; *Konzen* ZfA 1982, 259, 293; *Jahnke* ZHR 146 (1982), 595, 598.
[339] Statt vieler BAG 8.6.1967 - 5 AZR 461/66 - AP Nr. 6 zu § 611 BGB Abhängigkeit [1 der Gründe]; BAG 14.2.1974 - 5 AZR 298/73 - AP Nr. 12 zu § 611 BGB Abhängigkeit [II 1 der Gründe].

Dagegen wird eingewandt, dass die Unbeachtlichkeit der Vertragsbezeichnung zu einer Art Kontrahierungszwang führe[340]. Der Parteiwille sei auf Begründung eines freien Mitarbeiterverhältnisses gerichtet, so dass es für ein Arbeitsverhältnis an einem zugrunde liegenden Vertragsschluss fehle.

Diese Auffassung kann jedoch nicht überzeugen, da nach ganz herrschender Meinung der Geschäftswille nicht konstitutiver Teil der Willenserklärung ist, sondern sich dieser nur auf die tatsächlichen Umstände bezieht, aus denen sich die Rechtsfolge ergibt[341]. Andernfalls wären die Anfechtungsvorschriften der §§ 119 ff BGB überflüssig. Der Geschäftswille muss in der Vertragsbezeichnung nicht ausdrücklich erklärt werden; es genügt, wenn der Vertragsinhalt aus einem äußerlich erkennbaren Verhalten der Parteien bestimmt werden kann. So können etwa aus der tatsächlichen Handhabung Rückschlüsse auf den von den Parteien gewollten Geschäftsinhalt gezogen werden[342]. Haben die Erklärenden zum Ausdruck gebracht, dass abhängige Beschäftigung gegen Entgelt gewollt war, liegt ein rechtsgeschäftlicher Entstehungstatbestand für das Arbeitsverhältnis vor[343].

Zutreffend ist aber, dass sobald die Parteien eine Form der Zusammenarbeit gewählt haben, die den Definitionskriterien eines Arbeitsverhältnisses entspricht, die Rechtsfolgen des Arbeitsrechts gelten, ohne dass dies zur Disposition der Parteien stünde. Das gesetzliche Arbeitsrecht schränkt die individuelle Vertragsfreiheit stark ein, denn seine Funktion als Schutzrecht für die abhängig Beschäftigten macht es erforderlich, seine Anwendbarkeit der Parteidisposition zu entziehen und notfalls auch gegen den erklärten Willen der Beteiligten durchzusetzen[344]. Seine soziale Schutzfunktion kann das Arbeitsrecht nämlich nur erfüllen, wenn sein Eingreifen nicht in das Belieben der Vertragsparteien gestellt ist. Andernfalls wäre es für die Parteien leicht möglich den arbeitsrechtlichen Schutz zu umgehen, indem sie ein tatsächlich abhängiges Beschäftigungsverhältnis mit-

---

[340] *Lieb* Anm. zu BAG 14.2.1974 - 5 AZR 298/73 - AP Nr.12 zu § 611 BGB Abhängigkeit; ders. RdA 1975, 49, 50; *Fenn* FS für Bosch S. 171, 184 f; ausdrücklich gegen die Annahme eines Kontrahierungszwangs BAG 23.4.1980 - 5 AZR 426/79 - AP Nr.34 zu § 611 BGB Abhängigkeit [I 3 der Gründe].
[341] *Flume* AT BGB (1979) § 23 4d.
[342] St. Rspr. des BAG; statt vieler nur BAG 27.3.1991 - 5 AZR 194/90 – AP Nr. 53 zu § 611 BGB Abhängigkeit [I 2 der Gründe] und BAG 30.10.1991 - 7 ABR 19/91 - AP Nr. 59 zu § 611 BGB Abhängigkeit [II 1 der Gründe].
[343] *Beuthien/Wehler* gem. Anm. zu AP Nr. 15 – 21 zu § 611 BGB Abschnitt II; *Kirsten* S. 45.
[344] *Rüthers* DB 1982, 1869, 1871.

tels Falschbezeichnung zu einem freien Mitarbeiterverhältnis machen[345]. Die von Griebeling angesprochene Frage, ob man somit auch Arbeitnehmer wider Willen sein könne[346], ist zu bejahen.

Auch über die Existenz eines arbeitsrechtlichen Rechtsformzwangs besteht nach überwiegender Meinung Einigkeit. Lediglich hinsichtlich der dogmatischen Begründung für dieses Rechtsinstitut gibt es verschiedene Ansätze: Zum Teil wird der arbeitsrechtliche Rechtsformzwang als Folge einer unzulässigen Umgehung des Arbeitsrechts[347] oder einer unbeachtlichen protestatio facto contraria betrachtet[348]; andere stellen auf den Missbrauch der Vertragsfreiheit ab[349].

Dazu ist anzumerken, dass der arbeitsrechtliche Rechtsformzwang rechtsdogmatisch nicht auf einem Umgehungsgeschäft beruht. Bei einem Umgehungsgeschäft führen die Parteien unter Ausnutzung der rechtsgeschäftlichen Gestaltungsfreiheit einen wirtschaftlichen Erfolgt herbei, der mit dem an sich gebotenen Rechtsgeschäft nicht zu erreichen wäre[350]. Maßgeblich für ein Umgehungsgeschäft ist, dass die gewählte Vertragskonstruktion rechtswirksam sein muss. Dies ist im Arbeitsverhältnis nicht der Fall, da eine tatbestandliche Arbeitsleistung nicht ohne zwingende arbeitsrechtliche Rechtsfolgen vereinbart werden kann[351]. Deshalb handelt es sich auch nicht um einen Missbrauch der Vertragsfreiheit, da die Subsumtion unter die Merkmale eines Dienst- oder Werkvertrages nicht disponibel ist. Vertragsfreiheit ist nicht mit Benennungsfreiheit gleichzusetzen. Vielmehr geht es um eine unbeachtliche protestatio facto contraria, wenn die Parteien objektiv ein Arbeitsverhältnis vereinbaren, zwingende arbeitsrechtlichen Normen dadurch aber nicht vermeiden können.

2. Konsequenzen für die Wirksamkeit

Die Folgen einer Rechtsformverfehlung im Falle eines Arbeitsverhältnisses ergeben sich unabhängig davon, wie die Parteien ihre Rechtsbeziehung eingeschätzt haben. Zu klären ist, ob die falsche Wahl der Vertragsform Auswirkun-

---

[345] *Fenn* FS für Bosch S. 171, 178; *Rüthers* DB 1982, 1869, 1871.
[346] *Griebeling* ZUM Sonderheft 2000, 646, 647; überzeugend *Plöger* S. 201.
[347] *Konzen* ZfA 1982, 259, 294 f; *Lieb* RdA 1975, 49, 52.
[348] *Matthießen* ZIP 1988, 1089, *Rosenfelder* S. 146 ff.
[349] BAG 14.2.1974 - 5 AZR 298/73 - AP Nr. 12 zu § 611 Abhängigkeit [III 3 der Gründe]; BAG 21.9.1977 - 5 AZR 373/76 - AP Nr. 24 zu § 611 Abhängigkeit [4 der Gründe].
[350] MüKo/*Kramer* (2006) § 117 Rn. 19.
[351] Ebenso *Holling* S. 28; *Rosenfelder* S. 146.

gen auf die Wirksamkeit des Vertrages hat. Zu unterscheiden sind dabei drei denkbare Fallkonstellationen[352]: Möglich ist, dass sich Auftraggeber und freier Mitarbeiter in einem gemeinsamen Irrtum über die Vertragszuordnung befunden haben. Nicht unüblich sind auch Sachverhalte, in denen beide Arbeitsvertragparteien ihre Geschäftsbeziehung bewusst falsch bezeichnen, um die mit einem Arbeitsverhältnis verbundenen sozialversicherungs- und/ oder lohnsteuerrechtlichen Folgen zu vermeiden. Schließlich ist auch denkbar, dass sich nur eine Partei über die zutreffende Rechtsform geirrt hat

a) Rechtsfolgen bei beiderseitigem Rechtsirrtum

Zunächst können sich beide Parteien hinsichtlich der Statusbestimmung von Anfang an in einem gemeinsamen Rechtsirrtum befunden haben: Sie haben einen Vertrag abgeschlossen und dies mit der Annahme verbunden, in einem freien Mitarbeiterverhältnis zueinander zu stehen, während ihr Beschäftigungsverhältnis nach objektiven Maßstäben dem Arbeitsrecht unterfiel[353]. Oder die Parteien haben zunächst ihr Vertragsverhältnis tatsächlich in freier Mitarbeit durchgeführt, wobei jedoch im Laufe der Zeit die Zusammenarbeit immer enger und der Mitarbeiter immer mehr den Weisungen der Sendeanstalt unterworfen oder stärker in den Betriebsablauf eingegliedert wurde. Letzteres ist denkbar, wenn mehrere Beschäftigungsverhältnisse aufeinander folgen und es dadurch zu einer immer intensiveren zeitlichen Inanspruchnahme des Mitarbeiters kommt. In der Praxis dürfte es sich dabei etwa um solche Vertragsverhältnisse handeln, die zunächst in freier Mitarbeit auf Produktionsdauer befristet durchgeführt werden, dann aber aufgrund guter Zusammenarbeit im Anschluss jeweils wieder für eine weitere Produktion verlängert werden, so dass sich im Laufe der Zeit viele solcher Beschäftigungsverhältnisse aneinanderreihen. Während die zeitliche Inanspruchnahme am Anfang noch schwankt, verfügt die Rundfunkanstalt schließlich vollständig über die Arbeitskraft des Mitarbeiters und dieser kann seine Arbeitszeit nicht mehr frei gestalten. Häufig wird in diesem Zusammenhang von einem Hineinwachsen in ein Arbeitsverhältnis gesprochen[354]. In einem Statusprozess wäre dann festzustellen, ob der zunächst problemlos als freies Dienst-

---

[352] Vgl. die Systematisierung bei *Lampe* RdA 2002, 18.
[353] So in BAG 9.3.1977 - 5 AZR 110/76 - AP Nr.21 zu § 611 Abhängigkeit [1b der Gründe].
[354] *Wank* S. 111, 229 f; ders. auch gem. Anm. zu AP Nr.34 – 36 zu § 611 BGB Abhängigkeit Abschnitt II 1 b; *Hilger* RdA 1981, 265, 269.

verhältnis geschlossene Vertrag sich irgendwann durch Änderung der Tätigkeitsbedingungen in ein Arbeitsverhältnis gewandelt hat. Denn die einverständliche Änderung der tatsächlichen Abwicklung kann den konkludenten Abschluss eines Änderungsvertrages bedeuten[355].

In diesem Zusammenhang können sich vor allem Probleme ergeben, wenn der Unternehmer einwendet, zwar den Vertrag über die freie Mitarbeit begründet, aber nicht geändert zu haben. Nach der Rechtsprechung des BAG sind dann die Grundsätze der Duldungs- und Anscheinsvollmacht maßgeblich[356]. Da es sich dabei nicht um ein typisches Problem bei der Behandlung freier Mitarbeiter handelt, soll die Frage, unter welchen Voraussetzungen der Rundfunkanstalt das Verhalten der handelnden Personen zugerechnet werden kann, an dieser Stelle nicht näher vertieft werden.

(1) Dissens

Der Wirksamkeit des Rechtsverhältnisses könnte zunächst ein Einigungsmangel mit den Folgen der §§ 154, 155 BGB entgegenstehen. Von einem Dissens ist auszugehen, wenn sich gemeinsamer Wille und Erklärung der Vertragspartner nicht decken[357].

Gegen einen offenen Dissens spricht hier, dass sich die Parteien üblicherweise über die essentialia negotii des Arbeitsvertrages[358], das heißt über die Parteien des Vertragsverhältnisses und den Gegenstand der geschuldeten Leistungen sowie die ihrer Meinung nach relevanten Nebenpunkte geeinigt haben dürften und dass sie daher von der Vollständigkeit ihrer Regelung ausgegangen sind.

Auch ein versteckter Einigungsmangel scheidet aus, da die Erklärungen der Parteien in dem, was sie wirklich vereinbaren wollten, nämlich den Status als freier Mitarbeiter, übereinstimmen[359]. Zwischen Arbeitsverhältnis und Dienstverhältnis ergeben sich außerdem in Bezug auf den Vertragsinhalt keine Unterschiede,

---

[355] Zutreffend *Jahnke* ZHR 146 (1982), 595, 622; wohl auch BAG 9.3.1977 - 5 AZR 110/76 - AP Nr. 21 zu § 611 BGB Abhängigkeit [1b der Gründe]; *Schnorr v. Carolsfeld* Anm. zu BAG 3.10.1975 - 5 AZR 445/74 - SAE 1977, 118, 122; vgl. auch *Ory/Schmittmann* Rn. 42; zur Möglichkeit einer konkludenten Willenserklärung statt aller Larenz/Wolf BGB AT (2004) § 24 Rn. 17.

[356] BAG 20.7.1994 - 5 AZR 627/93 - NZA 1995, 161, 164; ausführliche Darstellung bei *Kaiser* ZfA 1996, 115, 121.

[357] *Larenz/Wolf* BGB AT (2004) § 29 Rn. 74.

[358] Dazu Schaub/*Schaub* (2005) § 32 Rn. 16.

[359] Zutr. *Lampe* RdA 2002, 18, 19.

denn in beiden Fällen müssen dieselben Strukturmerkmale festgelegt werden[360]. Nichts anderes gilt, wenn die Beschäftigung laut Vertragsbezeichnung auf Werkvertragsbasis erfolgen sollte. Zwar ist im Rahmen des § 631 BGB nicht ein Tätigwerden als solches, sondern ein konkreter Erfolg geschuldet[361]. Zur Herbeiführung des Erfolges muss aber denknotwendig ebenfalls Arbeit geleistet werden, so dass der Werkvertrag auch eine entgeltliche Arbeitsleistung zum Inhalt hat (§ 631 Abs. 2 BGB)[362]. Daraus folgt, dass sich auch hier beide Seiten über die wesentlichen Vertragselemente geeinigt hatten. Lediglich nicht vom Willen gedeckt war die rechtliche Qualifizierung als Arbeitsverhältnis. Dies aber lässt den sonstigen Vertragsinhalt unberührt. Der Rechtsfolgenirrtum hat keinen Einfluss auf die Wirksamkeit der Einigung. Selbst dann, wenn sich herausstellen sollte, dass die von den Parteien verabredete Honorarvereinbarung im Arbeitsverhältnis unbedeutend ist, führt dies nicht zu einem verdeckten Einigungsmangel, weil im Gegensatz zu anderen Austauschverträgen Dienst- und Arbeitsverträge auch ohne eindeutige Vergütungsabrede wirksam sind[363].

(2) Falsa demonstratio

In anderen Fällen wird im Zusammenhang mit einer Falschbezeichnung der Grundsatz der falsa demonstratio non nocet herangezogen. Danach schadet eine Unrichtigkeit einer Bezeichnung dann nicht, wenn der Empfänger sie in der vom Erklärenden gemeinten Bedeutung verstanden und gewollt hat[364]. Klassisches Beispiel ist die Entscheidung des Reichsgerichts im Fall „Haakjöringsköd"[365]. Die Parteien verwechselten den norwegischen Ausdruck für Haifischfleisch und glaubten, einen Vertrag über Walfischfleisch geschlossen zu haben; der Vertrag kam über Walfischfleisch zustande. Seitdem ist in Schrifttum und Rechtsprechung anerkannt, dass übereinstimmenden Falschbezeichnungen unschädlich sind.

---

[360] MüKo/*Müller-Glöge* (2005) § 611 Rn. 7.
[361] BGH 10.3.1983 - VII ZR 302/82 - NJW 1983, 1489.
[362] Palandt/*Thomas* (2007) vor § 631 BGB Rn. 1, 8; Schaub/*Schaub* (2005) § 36 Rn. 17f.
[363] BAG 21.1.1998 - 5 AZR 50/97 - NZA 1998, 594, 595; *Lampe* RdA 2002, 18, 19.
[364] *Larenz/Wolf* BGB AT (2004) § 28 Rn. 29f.
[365] RG 8.6.1920 - II 549/19 - RGZ 99, 147, 148.

Einige Autoren[366] vertreten die Auffassung, es gehe bei der irrtümlichen Vereinbarung eines freien Mitarbeiterverhältnisses nicht um eine fehlerhafte Bezeichnung von Verträgen, da im Gegensatz zum Grundfall der falsa demonstratio Gewolltes und Bezeichnung übereinstimmen: die Parteien wollten einen Vertrag über freie Mitarbeit und bezeichneten diesen auch so. Der Parteiwille sei gerade nicht auf ein Arbeitsverhältnis und den damit verknüpften Arbeitnehmerschutz gerichtet gewesen, so dass es auch nicht um die Auslegung von Willenserklärungen gehe.

Zutreffend ist zwar, dass die Parteien ihr Beschäftigungsverhältnis als freies Mitarbeiterverhältnis bezeichnen, die Parteierklärungen sind tatsächlich auf Abschluss eines freien Mitarbeiterverhältnisses gerichtet[367]. Aus der Ausgestaltung und der praktischen Durchführung des Vertrages lässt sich aber entnehmen, dass sich die Parteien auf eine Beschäftigung in persönlicher Abhängigkeit und somit auf ein Arbeitsverhältnis geeinigt haben. Nicht erforderlich ist, dass sich das Geschäftsbewusstsein der Parteien auch auf die mit einem Arbeitsverhältnis verbundenen Rechtsfolgen bezieht[368]. Liegt ein Arbeitsverhältnis vor, so ist die Anwendung der arbeitsrechtlichen Regeln zwingend, die Rechtsfolgen treten kraft Gesetzes ein und nicht kraft Parteiwillens. Die Parteien hatten ein Arbeitsverhältnis verabredet und lediglich irrtümlich eine falsche Bezeichnung dafür gewählt, so dass die Voraussetzungen der falsa demonstratio erfüllt sind. Nichts anderes gilt, wenn ein Geschäft unbewusst juristisch falsch qualifiziert wird, also etwa Miete statt Kauf, Darlehen statt Leihe vereinbart wird; dies hat keine Auswirkungen auf die Wirksamkeit des Vertrages[369]. Denn *„die Einordnung der Rechtsgeschäfte unter die gesetzlichen Vertragstypen ist eine Sache rechtlicher Wertung aufgrund der Rechtsordnung und deshalb die unrichtige Einordnung durch die Geschäftspartner ohne Belang[370].*" Die Falschbezeichnung ist unschädlich.

---

[366] *Konzen/Rupp* Anm. zu BVerfG EzA Art. 5 GG Nr. 9; vgl. auch bei *Lampe* RdA 2002 18, 19.
[367] Ebenso *Kirsten* S. 49.
[368] *Flume* AT BGB (1979) § 4 2; *Beuthien/Wehler* gem. Anm. zu BAG AP Nr. 15 – 21 zu § 611 BGB Abhängigkeit.
[369] MüKo/*Kramer* (2006) § 117 Rn. 18.
[370] *Flume* AT BGB (1979) § 20 2a.

(3) Anfechtung

Grundsätzlich kann auch ein Arbeitsverhältnis angefochten werden, wenn der zum Vertragsschluss führenden Willenserklärung des Arbeitnehmers oder des Arbeitgebers ein Irrtum im Sinne des § 119 BGB zugrunde lag. Bei den Rechtsfolgen der Anfechtung muss dann danach unterschieden werden, ob das Arbeitsverhältnis bereits in Vollzug gesetzt war oder nicht und insbesondere, ob bereits ein Leistungsaustausch stattgefunden hat. In diesem Fall kann die Nichtigkeit nach herrschender Ansicht erst mit Wirkung für die Zukunft eintreten[371].

Ein Inhaltsirrtum nach § 119 Abs.1 1. Alt BGB scheidet aus, denn der Vertrag wurde von den Parteien inhaltlich so gewollt, wie er abgeschlossen wurde. Der Irrtum bezieht sich vielmehr auf eine falsche Vorstellung davon, welche Rechtsfolgen die Rechtsordnung an eine bestimmte rechtsgeschäftliche Erklärung knüpft[372]. Nach zutreffender allgemeiner Meinung ist ein solcher Rechtsfolgenirrtum unbeachtlich, wenn die Rechtsfolge unabhängig vom Willen des Erklärenden kraft Gesetzes eintritt[373]. Der Erklärende kann beispielsweise einen Vertrag nicht mit der Begründung anfechten, er habe nicht gewusst, dass er für Sachmängel hafte[374]; die Vorschriften über die Sachmängelhaftung treten unabhängig davon ein, welche Vorstellungen sich die Parteien des Kaufvertrages diesbezüglich gemacht haben. Es handelt sich um einen reinen Motivirrtum, der grundsätzlich unbeachtlich ist[375]. Daher ist auch bei einem Rechtsformzwang der Rechtsfolgenirrtum unbeachtlich[376].

(4) Gesetzliches Verbot

Lieb problematisiert auch die Nichtigkeit des Vertrages nach § 134 BGB[377]. Er geht davon aus, dass im Hinblick auf einen verneinten oder missverstandenen Rechtsformzwang der rechtlich relevante Wille „*auf einen juristisch quasi unmöglichen beziehungsweise genauer auf einen Rechtserfolg gerichtet sei, dessen*

---

[371] BAG 16.9.1982 - 2 AZR 228/80 - AP Nr. 24 zu § 123 BGB [IV der Gründe]; ErfK/*Preis* (2006) § 611 Rn. 62 ff; kritisch Strick NZA 2000, 695 ff.
[372] *Fenn* in FS für Bosch S. 171, 175; MünchArbR/*Richardi* (2000) § 24 Rn. 64.
[373] *Flume* AT BGB (1979) § 23 4 d.
[374] Rüthers/Stadler § 25 Rn. 37.
[375] Staudinger/Singer (2004) § 119 Rn. 67.
[376] So auch *Fenn* FS Bosch S. 171, 175; *Jahnke* ZHR 146 (1982), 595, 611.
[377] *Lieb* RdA 1975, 49, 50.

Erreichung eben durch diesen Rechtsformzwang im Sinne und mit der Rechtsfolge des § 134 BGB verboten ist"[378]. Er knüpft damit an Thesen an, die er zu einer Rechtsformverfehlung im Gesellschaftsrecht entwickelt hat. Der Vertrag soll dann für die Vergangenheit nach den Grundsätzen des fehlerhaften beziehungsweise faktischen Vertrages zu behandeln sein. Eine Umdeutung des insoweit verbotenen gewollten Rechtsgeschäfts gemäß § 140 BGB sei nicht möglich, denn dieses sei von den Parteien nicht gewollt. Im Ergebnis handelt es sich damit um eine doppelte Nichtigkeit des gewollten (freies Mitarbeiterverhältnis) und des tatsächlich durchgeführten Rechtsverhältnisses (Arbeitsverhältnis)[379].

Diese Ansicht verkennt jedoch, dass die fehlerhafte Wahl eines bestimmten Vertragstyps keinen Gesetzesverstoß im Sinne des § 134 BGB darstellt. Richtig ist, dass die Rechtsformwahl der Parteien gegen zwingendes Arbeitsrecht verstößt und dass die Rechtsformwahl daher unwirksam ist[380]. Die Schranken der rechtsgeschäftlichen Gestaltungsmacht sind aber keine Verbotsgesetze im Sinne des § 134 BGB[381], so dass der Rechtsformzwang auch nicht die Folgen des § 134 BGB auslöst. Wenn Lieb zudem eine Umdeutung nach § 140 BGB am entgegenstehenden Parteiwillen scheitern lässt, muss dem entgegengehalten werden, dass sich der Parteiwille nicht bloß in der Wahl einer bestimmten Vertragsform erschöpft, sondern sich vielmehr auch in der tatsächlichen Ausgestaltung und Durchführung des Vertragsverhältnisses ausdrücken kann. Der Arbeitgeber kann also nicht behaupten, er habe bis zuletzt keine arbeitsrechtlichen Beziehungen gewollt[382]. Diese Auffassung ist aber vor allem nicht mit Sinn und Zweck des arbeitsrechtlichen Rechtsformzwangs vereinbar[383]. Dieser soll gerade verhindern, dass der Arbeitnehmer durch eine privatautonome Rechtsformwahl den vom Arbeitsrecht vorgesehenen Schutz verliert. Mit der Nichtigkeitsfolge würde man dem Beschäftigten genau den Schutz nehmen, den er mit der Statusklage erreichen wollte und den ihm die Rechtsordnung wegen seiner Stellung als Arbeitnehmer gerade zukommen lässt.

---

[378] *Lieb* RdA 1975, 49, 50.
[379] Kritisch dazu *Wank* S. 111, 112.
[380] *Beuthien/Wehler* gem. Anm. zu AP Nr.15 – 21 zu § 611 Abhängigkeit.
[381] MüKo/*Mayer-Maly/Armbrüster* (2006) § 134 BGB Rn. 11 ff.
[382] BAG 3.10.1975 - 5 AZR 162/74 - AP Nr. 15 zu § 611 Abhängigkeit [II 1 der Gründe]; *Konzen* ZfA 1982, 259, 294.
[383] Wie hier *Konzen* ZfA 1982, 259, 294f.

(5) Zwischenergebnis

Damit kann als Zwischenergebnis festgehalten werden, dass trotz der irrtumsbedingten Falschbezeichnung ein wirksamer Vertrag geschlossen wurde. Anstatt der im Vertrag genannten Rechtsform ist das Rechtsverhältnis aber als Arbeitsvertrag zu behandeln und zwar für Vergangenheit und Zukunft[384].

b) Rechtsfolgen bei bewusster Falschbezeichnung

Unter dem Schlagwort „*Scheinselbstständigkeit*"[385] werden solche Fälle problematisiert, in denen Auftraggeber und freier Mitarbeiter ganz bewusst die mit einem Arbeitsverhältnis zusammenhängenden sozialversicherungs- und lohnsteuerrechtlichen Folgen vermeiden wollen und durch die falsche Deklaration ihres Vertragsverhältnisses eine in Wahrheit nicht vorhandene Selbstständigkeit vorspiegeln. Da die Rundfunkanstalten ihren ständigen Freien aus sozial- und steuerrechtlicher Sicht wie abhängig Beschäftigte behandeln, dürften es hier nicht um wirtschaftliche Interessen, sondern um arbeitsrechtliche Interessen, nämlich darum gehen, keine dauerhafte Bindung durch eine Festanstellung eintreten zu lassen.

(1) Scheingeschäft § 117 BGB

Nach einer zum Teil vertretenen Ansicht ist von einem Scheingeschäft im Sinne von § 117 BGB auszugehen, wenn die Parteien „*sehenden Auges*" ihr Vertragsverhältnis als Nichtarbeitsverhältnis begründet und durchgeführt haben[386]. Nach § 117 Abs. 1 BGB sind Willenserklärungen, die nur zum Schein abgegeben werden, nichtig. Dies führe bei einem kollusiven Zusammenwirken zwischen Arbeitgeber und Arbeitnehmer zu einem vertragslosen Zustand, der aber wegen des dauerschuldrechtlichen Charakters des Dienstverhältnisses zumindest in den Fällen, in denen es bereits in Vollzug gesetzt wurde, zu unpraktikablen Ergebnissen führen müsse[387]. Über die Figur des faktischen Arbeitsverhältnisses sei von einer „*geltungserhaltenden Reduktion*" des Scheindienstvertrages als Ar-

---

[384] *Wank* S. 113 f; dazu ausführlich im vierten Kapitel.
[385] Da der Mitarbeiter seine Einkünfte selbst versteuern und, sofern er nicht ohnehin wie ein abhängig Beschäftigter behandelt wird, selbst für seine Sozialvorsorge aufkommen soll, handelt es sich auch nicht um Schwarzarbeit.
[386] *Hohmeister* NZA 1999, 1009, 1010; allg. *Rieble* ZfA 1998, 327, 328; vgl. auch die ausführliche Darstellung bei *Lampe* RdA 2002, 18, 19.
[387] *Hohmeister* NZA 1999, 1009 f.

beitsvertrag für die Vergangenheit auszugehen. Die Parteien könnten dann durch eine schlichte Loslösungserklärung Abstand von ihrem faktischen Arbeitsverhältnis nehmen oder die Vertragsbeziehung an die wahre Rechtslage angepasst als Arbeitsverhältnis fortsetzen. Während Hohmeister/Goretzki[388] ursprünglich noch die Auffassung vertraten, ein Arbeitsverhältnis könne in entsprechender Anwendung des § 10 Abs. 1 S. 4 AÜG fingiert werden[389], wird diese Lösung zuletzt nicht mehr erwähnt.

Die Annahme, es handele sich um ein Scheingeschäft im Sinne des § 117 Abs. 1 BGB, ist abzulehnen[390]. Von einem Scheingeschäft ist auszugehen, wenn die Parteien einvernehmlich nur den äußeren Schein eines Rechtsgeschäfts hervorrufen, die mit dem Rechtsgeschäft verbundenen Rechtsfolgen aber nicht eintreten lassen wollen[391]. Ihnen fehlt der Rechtsbindungswille. Im Gegensatz dazu liegt in den Fällen, in denen beide Vertragsparteien zum Schein ein Nichtarbeitsverhältnis vereinbart haben (Begründung eines freien Mitarbeiterverhältnisses), kein Scheingeschäft im Sinne des § 117 Abs. 1 BGB vor, da es den Parteien gerade darum ging, die mit dem Abschluss des Nichtarbeitsverhältnisses verbundenen Rechtsfolgen (Dienst- beziehungsweise Werkleistung gegen Vergütung) zu erreichen. Nicht die Rechtsfolgen des verdeckten Rechtsgeschäfts, des Arbeitsverhältnisses, sollten eintreten, sondern vielmehr sollte der Arbeitnehmer freier Mitarbeiter sein. Hinzukommt, dass § 117 BGB regelmäßig sowohl das Bestehen eines Schein- als auch eines verdeckten Rechtsgeschäfts voraussetzt. Maßgeblich für die rechtliche Einordnung eines Dienstverhältnisses ist, sofern die Bezeichnung im Vertrag und die praktische Handhabung nicht übereinstimmen, die tatsächliche Ausgestaltung und Durchführung des Vertrages. Schließen die Parteien entgegen der beabsichtigten Durchführung ein freies Mitarbeiterverhältnis, hat diese falsche Bezeichnung auf die Wirksamkeit des Vertrages keine Auswirkungen. Es existieren nicht ein echtes und ein unechtes Vertragsverhältnis.

Inzwischen hat auch Hohmeister seinen Ansatz modifiziert und verneint einen Fall des § 117 Abs. 1 BGB. Über eine Auslegung der Einigung über eine freie

---

[388] BB 1999, 635, 641.
[389] *Lampe* RdA 2002, 18, 19.
[390] So auch *Keller* NZA 1999, 1311, 1312; *Lampe* RdA 2002, 18, 26f.
[391] BGH 24.1.1980 - III ZR 169/78 - NJW 1980, 1572, 1573; BAG 22.9.1992 - 9 AZR 385/91 - NZA 1993, 837.

Mitarbeit gemäß §§ 133, 157 BGB kommt er aber dennoch zur Unwirksamkeit des Rechtsgeschäftes[392]. Im Hinblick darauf, dass die Parteien wissentlich etwas vereinbaren, was sie aber im Endeffekt gar nicht praktizieren, und dass die scheinbare Selbstständigkeit des Mitarbeiters von der Rechtsordnung nicht toleriert werde, sei von der Unwirksamkeit des gesamten Vertrags auszugehen. Hohmeister übersieht dabei, dass den Parteien gerade nicht gegen ihren erklärten Willen ein Arbeitsverhältnis auferlegt wird. Wie sich in der praktischen Handhabung des Vertragsverhältnisses zeigt, führen sie tatsächlich ein Arbeitsverhältnis durch. Auf eine Auslegung der Parteierklärungen kommt es dann nicht mehr an, der Arbeitgeber kann sich angesichts seines tatsächlichen Verhaltens nicht darauf berufen, er habe bis zum Schluss keine arbeitsrechtlichen Beziehungen gewollt[393].

(2) Zwischenergebnis

Damit steht fest, dass ebenso wie in der ersten Fallgruppe die Falschbezeichnung des Beschäftigungsverhältnisses keine Auswirkungen auf die Wirksamkeit des Vertrages hat.

c) Rechtsfolgen bei Irrtum nur einer Vertragspartei

Offen bleiben somit noch solche Fälle, in denen die Diskrepanz zwischen Vertragsbezeichnung und objektiver Durchführung des Beschäftigungsverhältnisses nur oder fast ausschließlich auf einen der Vertragspartner zurückzuführen ist. Häufig ist es der Arbeitgeber, der den Vertragstext und damit auch den von ihm gewünschten Status vorgibt. Selbst wenn der Mitarbeiter ein Arbeitsverhältnis für wahrscheinlich hält, wird er normalerweise dennoch zunächst eine freie Mitarbeit akzeptieren[394]. Denkbar sind aber auch Sachverhalte, in denen der Mitarbeiter ganz bewusst auf den Abschluss eines freien Dienstvertrages besteht[395].

(1) Falsa demonstratio

Es wurde oben bereits festgestellt, dass die irrtumsbedingte Verkennung des Arbeitnehmerstatus am Bestehen eines Arbeitsvertrages nichts ändert (S. 100 ff).

---

[392] *Hohmeister* NZA 2000, 408.
[393] BAG 3.10.1975 - 5 AZR 427/74 – AP Nr. 16 zu § 611 Abhängigkeit [II 1 der Gründe].
[394] *Reinecke* RdA 2001, 357, 358.
[395] So die Fallgestaltung BAG 11.12.1996 – 5 AZR 708/95 – NZA 1997, 818.

Aus der praktischen Handhabung des Rechtsverhältnisses lässt sich schließen, dass sich die Parteien auf eine Beschäftigung in persönlicher Abhängigkeit und somit auf ein Arbeitsverhältnis geeinigt haben. Die Parteien hatten ein Arbeitsverhältnis verabredet und lediglich irrtümlich einen falschen Namen dafür gewählt, so dass von einer bloßen Falschbezeichnung gesprochen werden kann. Auch der Umstand, dass nur eine Partei einem Irrtum unterlag, ändert daran nichts, da beide übereinstimmend das Gleiche gewollt haben[396].

(2) Anfechtung

Da die fehlerhafte Rechtsformenwahl nur selten auf eine arglistige Täuschung durch die andere Vertragspartei zurückzuführen sein dürfte, wird in der Regel eine Anfechtung nach § 123 BGB ausscheiden. Und auch die Möglichkeit einer Anfechtung nach § 119 BGB muss nicht näher vertieft werden, weil der Irrtum über das Entstehen eines Arbeitsverhältnisses einen unbeachtlichen Rechtsfolgenirrtum darstellt, der nicht zur Anfechtung berechtigt. Auf diese Problematik wurde an anderer Stelle bereits ausführlich eingegangen (S. 104).

d) Zusammenfassung

Haben Rundfunkanstalt und freier Mitarbeiter eine Form der Zusammenarbeit gewählt, die den Merkmalen eines Arbeitsverhältnisses entspricht, gelten die Rechtsfolgen des Arbeitsrechts, ohne dass dies zur Disposition der Parteien stünde. Diese Rechtsformverfehlung, unabhängig davon, ob sie irrtümlich oder bewusst erfolgt ist, hat jedoch keine Auswirkungen auf die Wirksamkeit des Vertrages. Anstatt der im Vertrag genannten Rechtsform ist das Rechtsverhältnis aber als Arbeitsvertrag zu behandeln. Eine Anfechtung des Vertragsverhältnisses kommt allenfalls unter den Voraussetzungen des § 123 BGB in Betracht.

3. Konsequenzen für den Vertragsinhalt

a) Grundsatz

In Rechtsprechung und Literatur wird angenommen, die Rechtsformverfehlung habe zur Folge, dass das freie Mitarbeiterverhältnis in vollem Umfang als Ar-

---

[396] Zutreffend *Lampe* RdA 2002, 18, 25.

beitsverhältnis behandelt wird[397]. Das bedeutet, der Status des Beschäftigten wird der objektiv zutreffenden Rechtsform angeglichen und der Beschäftigte je nach Vertragsdurchführung vom Beginn der Tätigkeit oder erst ab dem Zeitpunkt des Hineinwachsens in ein Arbeitsverhältnis an rechtlich als Arbeitnehmer eingestuft. Das ist richtig, denn die Parteien müssen sich an dem objektiv Erklärten festhalten lassen.

b) Auswirkungen auf den Vertragsinhalt

Unklar ist, ob durch die Statuskorrektur auch die ausgehandelten Vertragsbedingungen an die neue Rechtsform angeglichen werden oder möglicherweise ganz wegfallen. Insbesondere bei einem freien Mitarbeiter, der nicht auf Dienst-, sondern Werkvertragsbasis für die Rundfunkanstalt tätig werden sollte, ist fraglich, ob frühere Bestimmungen mit einem Arbeitsverhältnis vereinbar sind und bestehen bleiben können.

Gegen eine Veränderung der individuell ausgehandelten Arbeitsbedingungen spricht, dass der Rechtsformzwang nicht dazu führen kann, dass durch die Statusfeststellung der Vertragsinhalt berührt wird. Dass der Vertrag als Arbeitsverhältnis erkannt wird, bedeutet nicht, dass ein völlig neues Rechtsverhältnis geschaffen wird, sondern der vorgefundene Vertragsinhalt wird lediglich der richtigen Rechtsform unterstellt. Nur die von den arbeitsrechtlichen Vorgaben abweichende Vereinbarung über die Rechtsnatur des Vertragsverhältnisses ist unwirksam[398]. Eine völlige Neugestaltung der Rechtsbeziehung ohne Berücksichtigung der verabredeten Beschäftigungsbedingungen wäre mit der Vertragsfreiheit nicht vereinbar[399]. Die Gestaltungsfreiheit der Parteien muss in diesem Zusammenhang nur in Bezug auf die Zuordnung des Beschäftigungsverhältnisses zu einem bestimmten Vertragstypus eingeschränkt werden und nicht weiter. Im Übrigen bleibt nach dem Grundsatz der Privatautonomie mit gewissen Einschränkungen der Parteiwille für die inhaltliche Ausgestaltung des Arbeitsver-

---

[397] BAG 15.3.1978 - 5 AZR 819/76 - AP Nr. 26 zu § 611 BGB Abhängigkeit [B I 4 der Gründe] m. w. N.; *Beuthien/Wehler* RdA 1978, 2; *Fenn* FS für Bosch S. 171; *Hochrathner*; NZA 2000, 1083 f; *Jahnke* ZHR 146 (1982), 595, 604; *Kirsten* S. 47; *Konzen* ZfA 1982, 259, 293; *Konzen/Rupp*, Anm. zu BVerfG 13.1.1982 EzA Art. 5 GG Nr. 9 Abschnitt A II 2; *Kunz/Kunz* DB 1993, 326, 328; *Meiser/Theelen* NZA 1998, 1041, 1045; *Niepalla* ZUM 1999, 353; Kasseler Handb./*Worzalla* (2000) 1.1 Rn. 66; *Berger-Delhey/Alfmeier* NZA 1991, 257, 259.
[398] HWK/*Thüsing* (2006) vor § 611 Rn. 25.
[399] Vgl. *Kirsten* S. 100.

hältnisses maßgeblich[400]. Dass auch die Rechtsprechung von der Weitergeltung des vereinbarten Vertragsinhalts ausgeht, lässt sich den Ausführungen zum Arbeitnehmerbegriff entnehmen[401]. Denn das BAG untersucht zur Feststellung der Arbeitnehmereigenschaft den Inhalt des Rechtsverhältnisses darauf, wie er objektiv in der tatsächlichen Durchführung zum Ausdruck kommt. Das Ergebnis der Statusbestimmung hängt an dieser Stelle davon ab, was die Parteien wirklich gewollt haben. Die praktische Handhabung lässt nach Auffassung des BAG Rückschlüsse darauf zu, von welchen Rechten und Pflichten die Parteien in Wirklichkeit ausgegangen sind[402]. Somit ist die Gültigkeit der verabredeten Beschäftigungsbedingungen trotz Verkennung des Arbeitnehmerstatus gerade Voraussetzung der Rechtsprechung zum Arbeitnehmerbegriff. Dementsprechend gleicht die Rechtsprechung auch nur die Rechtsform des Vertrages an, belässt es aber im Grundsatz bei den vereinbarten Beschäftigungsbedingungen[403]. Selbst die gerichtliche Feststellung, ein auf Produktionsdauer beschäftigter Mitarbeiter stehe in Wirklichkeit in einer Dauerrechtsbeziehung zur Anstalt[404], bedeutet keine inhaltliche Umgestaltung des Rechtsverhältnisses, sondern nur eine Beurteilung des zum Ausdruck gekommenen Parteiwillens.

Davon zu unterscheiden ist jedoch die Frage, inwieweit zwingende arbeitsrechtliche Normen auf den Inhalt des Vertrages einwirken. Steht fest, dass der Mitarbeiter in Wirklichkeit Arbeitnehmer ist, beansprucht das Arbeitsrecht in vollem Umfang Geltung. Zwar gilt auch hier der Grundsatz der Vertragsfreiheit. Die Besonderheit im Arbeitsrecht besteht aber darin, dass zum Schutz des typischerweise schwächeren Arbeitnehmers dispositive Regelungen im Vergleich zu zwingendem Gesetzesrecht zahlenmäßig deutlich seltener sind[405]. Der Arbeitnehmer wird im Hinblick auf die zwingenden Bestimmungen des Arbeitsrechts so gestellt, wie er bei einem offensichtlichen Arbeitsverhältnis stünde. An dieser

---

[400] Ebenso *G. Hueck* Anm. zu BAG 3.10.1975 AP Nr. 10 zu § 611 BGB Abhängigkeit; *Küchenhoff* Anm. zu BAG 23.4.1980 AP Nr. 34 zu § 611 BGB Abhängigkeit.
[401] Zutr. *Kirsten* S.100.
[402] BAG 27.3.1991 - 5 AZR 194/90 AP Nr.53 [I 2 der Gründe] und 30.10.1991 - 7 ABR 19/91 - Nr.59 zu § 611 Abhängigkeit [II 1 der Gründe].
[403] BAG 3.10.1975 AP Nr. 15 zu § 611 BGB Abhängigkeit [I der Gründe]; BAG 2.6.1976 - 5 AZR 131/75 - AP Nr. 20 zu § 611 BGB Abhängigkeit [I 1 a der Gründe]; *Kirsten* S. 100; vgl. in diesem Zusammenhang auch *Wank* ZfA 1987, 355, 406f.
[404] Vgl. BAG 13.1.1983 - 5 AZR 149/82 – AP Nr. 42 zu § 611 BGB Abhängigkeit.
[405] ErfK/*Preis* (2006) § 611 Rn. 246.

Stelle bringt der Rechtsformzwang auch einen Vertragsinhaltszwang mit sich[406]. Die gegenseitigen Rechte und Pflichten ergeben sich dabei unmittelbar aus den gesetzlichen, tarifvertraglichen oder in einer Betriebs- beziehungsweise Dienstvereinbarung festgelegten Bestimmungen. Für den Beschäftigten günstigere individuelle Regelungen gelten fort[407].

Im Bereich dispositiver Normen bleiben die vereinbarten Vertragsabreden aber bestehen, soweit sie ihrem Sinn nach mit einem Arbeitsverhältnis vereinbar sind. Insbesondere darf nicht übersehen werden, dass die Parteien durch die vermeintliche Wahl eines freiberuflichen Beschäftigungsverhältnisses zum Ausdruck gebracht haben, dass sie ihr Rechtsverhältnis so weit wie möglich dem Selbstständigenrecht unterstellen möchten[408]. Deshalb kann davon ausgegangen werden, dass sie sich im Bereich des dispositiven Gesetzesrechts nicht an den arbeitsrechtlichen Regelungen orientieren wollten, sondern an denen eines freien Dienstverpflichteten.

4. Zusammenfassung

Erfüllt ein Mitarbeiter die Merkmale des Arbeitnehmerbegriffs, gelangen sämtliche arbeitsrechtlichen Bestimmungen zur Anwendung, selbst wenn die Zusammenarbeit als freie Mitarbeit deklariert war. Da das Arbeitsrecht den besonderen Schutz des Arbeitnehmers nur gewährleisten kann, wenn das Eingreifen arbeitsrechtlicher Bestimmungen nicht zur Disposition der Vertragsparteien steht, sind die Rechtsfolgen eines Arbeitsverhältnisses unabdingbar. Andernfalls wäre es denkbar, dass die Parteien den arbeitsrechtlichen Schutz umgehen, indem sie ein tatsächlich abhängiges Beschäftigungsverhältnis mittels Falschbezeichnung zu einem freien Mitarbeiterverhältnis machen. Der arbeitsrechtliche Rechtsformzwang beschränkt die Parteien aber nicht in der inhaltlichen Ausgestaltung ihrer Zusammenarbeit. Vielmehr entscheidet der Vertragsinhalt über die Frage, ob zwischen den Parteien ein Arbeits-, Dienst- oder Werkvertrag besteht. Entscheiden sie sich für eine Vertragsgestaltung und praktische Durchführung des Beschäftigungsverhältnisses, die der eines Arbeitsverhältnisses entspricht, legen sie dadurch auch den Vertragstyp Arbeitsvertrag fest.

---

[406] *Kirsten* S. 47.
[407] Wiedemann/*Wank* (1999) § 4 TVG Rn. 381 ff; Däubler/*Deinert* (2006) § 4 TVG Rn. 574.
[408] Rosenfelder S. 135.

Neben der bewussten Umgehung arbeitsrechtlicher Vorschriften durch nur eine oder beide Arbeitsvertragsparteien sind auch Sachverhalte denkbar, in denen die Vertragspartner irrtümlich vom Vorliegen eines freien Beschäftigungsverhältnisses ausgehen, obwohl in Wirklichkeit ein Arbeitsverhältnis vorliegt. Es handelt sich dann um den klassischen Fall der falsa demonstratio. Die Wahl der unzutreffenden Rechtsform lässt die Wirksamkeit des Vertrages jeweils unberührt.

Weiter ist festzuhalten, dass sich der Rechtsformzwang auf die ursprünglich verabredeten Vertragsbedingungen nur insoweit auswirkt, wie sie mit einem Arbeitsverhältnis unvereinbar sind. Über die inhaltliche Vertragsgestaltung entscheiden grundsätzlich die Vertragspartner. Da für Arbeitsverhältnisse viele gesetzliche Schutzvorschriften gelten, die zwingend und überwiegend von den Parteien nicht abänderbar sind, wird der Arbeitnehmer nur im Hinblick auf diese zwingenden Bestimmungen so gestellt, wie er bei einem offensichtlichen Arbeitsverhältnis stünde.

B. Ermittlung des Inhalts des Arbeitsverhältnisses

Die einzelnen Arbeitsbedingungen ergeben sich auch nach der Statusfeststellung in erster Linie aus dem Individualvertrag, da grundsätzlich kein Anlass besteht, von den getroffenen Vereinbarungen abzuweichen. Daneben können auch höherrangige Rechtsquellen wie Gesetz oder Tarifvertrag sowie Betriebs- beziehungsweise Dienstvereinbarung den Inhalt des Arbeitsverhältnisses zwingend gestalten oder Abreden zum Schutz des Arbeitnehmers verbieten. Da insoweit eine allgemeine Aussage für alle Arbeitsbedingungen nicht möglich ist, wird eine nähere Überprüfung an geeigneter Stelle für den jeweils betroffenen Bereich erfolgen.

I. Vergütung und Vergütungshöhe

Der Arbeitgeber schuldet gemäß § 611 Abs. 1 HS. 2 BGB i. V. m. dem Arbeitsvertrag die vereinbarte Vergütung; nach § 2 Abs. 1 Nr. 6 NachwG sind Zusammensetzung und Höhe des Arbeitsentgelts schriftlich festzuhalten. In der Praxis werden sich die Vorstellungen der Parteien vor allem bei der Entlohnung des „neuen" Arbeitnehmers stark unterscheiden, da freie Mitarbeiter anders vergütet werden als fest angestellte Arbeitnehmer. Das Honorar eines Freiberuflers kann den Lohn eines Festangestellten mit vergleichbarer Tätigkeit um 30 % bis 50 % übersteigen[409], weil zumindest von den so genannten freien Freien erwartet wird, dass sie selbst von ihrem Bruttohonorar für Gesundheitsversorgung und Rente aufkommen und es in der Regel einheitliche Vergütungssätze für die Personengruppe der Freien gibt. Zudem ist eine Art „Risikozuschlag"[410] im Honorar berücksichtigt, durch den der fehlende Bestandsschutz bei einer selbstständigen Tätigkeit ausgeglichen werden soll. Das „Ob" der Vergütung bereitet hier keine Schwierigkeiten, sondern die Frage nach der Vergütungshöhe.

Bei beiderseitiger Tarifbindung (§ 3 Abs. 1 TVG) gilt der Tariflohn für Festangestellte normativ (§ 4 Abs. 1 S. 1 TVG) und zugleich als Mindestvergütung im Arbeitsverhältnis, da das vereinbarte Entgelt nicht geringer sein darf als das tarifliche (§ 4 Abs. 3 TVG). Verbessert hingegen die vertragliche Vereinbarung die Position des Arbeitnehmers, dann geht diese gemäß § 4 Abs. 3 TVG dem Tariflohn vor (Günstigkeitsprinzip). Da im Rundfunkbereich das Honorar des Freien regelmäßig höher als der einschlägige Tariflohn ausfallen wird, muss festgestellt werden, ob der Arbeitnehmer den Anspruch auf das höhere einzelvertraglich geschuldete Entgelt auch im Arbeitsverhältnis behält.

Sofern tarifliche Regelungen keine Anwendung finden, kommt als Anspruchsgrundlage § 611 Abs. 1 HS. 2 BGB i. V. m. dem Arbeitsvertrag in Betracht.

1. Die frühere Position der Rechtsprechung

In einer Entscheidung des 5. Senats vom 9.7.1986[411] ging es um die grundsätzliche Frage, ob der Arbeitgeber vom Arbeitnehmer einen Teil der Vergütungen, die dieser als vermeintlich freier Mitarbeiter erhalten hat, zurückverlangen kann. Die beklagte Fahrlehrerin hatte in einem vorangegangenen Verfahren erfolgreich auf Feststellung eines Arbeitsverhältnisses geklagt.

Das Gericht vertrat die Auffassung, dass bei beiderseitigem Irrtum über die Einordnung eines Dienstverhältnisses die Grundsätze über das Fehlen der Ge-

---

[409] So *Niepalla* ZUM 1999, 353, 361; insoweit unterscheidet sich die Ausgangslage im Rundfunkbereich zum Teil von anderen Branchen. Im Dienstleistungsgewerbe ist es nicht unüblich, dass Festangestellte mehr als freie Mitarbeiter verdienen, vgl. dazu den Sachverhalt in BAG 12.6.1996 - 5 AZR 960/94 - BB 1997, 262.
[410] *Niepalla* ZUM 1999, 353, 361.
[411] 5 AZR 44/85 - NJW 1987, 918, 919.

schäftsgrundlage anzuwenden seien, verneinte den Rückzahlungsanspruch aber mit einer zweifachen Begründung: Der beiderseitige Rechtsirrtum der Parteien hinsichtlich der Qualifikation ihres Rechtsverhältnisses sei zwar als Geschäftsgrundlage anzusehen. Der Wegfall dieser subjektiven Geschäftsgrundlage führe aber nur dann zur Abänderung des Vertrages, wenn dem Schuldner ein Festhalten am Vertrag auf der bisherigen Grundlage nicht mehr zugemutet werden könne. Diese Voraussetzung sah das BAG nicht gegeben. Der Sachverhalt unterschied sich von den hier behandelten Fallkonstellationen vor allem dadurch, dass die Fahrlehrerin eigenes Kapital in Gestalt eines Fahrschulwagens einsetzen musste und dessen Kosten zu tragen hatte. Deshalb war es dem Arbeitgeber nicht unzumutbar, es bei dem bisherigen Leistungsaustausch zu belassen.

In einem weiteren Schritt stellte das BAG darauf ab, dass eine Vertragsanpassung zudem regelmäßig nur im laufenden Arbeitsverhältnis und für die Zukunft in Betracht komme. In einem beendeten Vertragsverhältnis scheide eine Anpassung von vornherein aus. In einem Dauerschuldverhältnis wie dem Arbeitsverhältnis würden außerdem bei einem Wegfall der Geschäftsgrundlage zugleich Gründe für eine Kündigung nach § 626 BGB vorliegen, wodurch das Recht der Geschäftsgrundlage in zahlreichen Fallgestaltungen verdrängt werde.

Diesen Ausführungen lässt sich entnehmen, dass der Senat von der Fortgeltung der Vergütungsabrede ausgegangen ist. Er scheint angenommen zu haben, eine Differenz zwischen geschuldeter Vergütung und geleistetem Lohn könne nicht während der bisherigen Vertragsdurchführung entstanden sein, sondern erst durch eine rückwirkende Anwendung der Grundsätze des Wegfalls der Geschäftsgrundlage eintreten[412]. Auf die Vergütungabrede als solche ging das Gericht nicht näher ein.

Bestätigt wurde die Geschäftsgrundlagenrechtsprechung durch das Urteil vom 14.1.1988[413]. Dabei ging es um den Fall, dass der Kläger (derselbe Fahrschulinhaber wie in der oben genannten Entscheidung) gegenüber dem beklagten Fahrlehrer Erstattung von Arbeitnehmeranteilen zur Sozialversicherung geltend machte.

---

[412] Davon scheint auch *Blomeyer* AR-Blattei - Wegfall der Geschäftsgrundlage Nr. 1 – auszugehen.
[413] 8 AZR 238/85 - AP Nr. 7 zu §§ 394, 395 RVO.

Das Gericht wies erneut darauf hin, dass in der fehlerhaften Qualifikation des Arbeitsverhältnisses als Gesellschaftsverhältnis ein beiderseitiger Rechtsirrtum zu sehen sei. Dies führe grundsätzlich zur Vertragsanpassung nach den Grundsätzen über den Wegfall der subjektiven Geschäftsgrundlage. Im konkreten Fall lehnte der 8. Senat eine Anpassung des Vertrages jedoch ab, da die Erstattung rückständiger Arbeitnehmeranteile zur gesetzlichen Renten- und Arbeitslosenversicherung speziell gesetzlich geregelt sei.

2. Die heutige Position der Rechtsprechung

Eine besondere Argumentation lieferte 1993 das LAG Berlin[414]. In der Entscheidung ging es um die Frage, ob der Arbeitgeber die mit einer Arbeitnehmerin als Honorar für freie Mitarbeit vereinbarte Vergütung einseitig auf die tarifliche Vergütung zurückführen durfte, nachdem sich die Betreffende in einem Vorprozess in ein Arbeitsverhältnis eingeklagt hatte. Das Gericht gelangte zu dem Ergebnis, dass der Arbeitnehmerin die bisher geleistete vertragliche Vergütung im Arbeitsverhältnis als Bruttoarbeitsvergütung zustehe. Die Vergütungsabrede zwischen den Parteien sei unter Berücksichtigung zwingender gesetzlicher Bestimmungen (§§ 14, 28d, 28g SGB IV, §§ 2 Abs. 1 Nr. 4, 19, 38 EStG) dahin auszulegen, dass die vereinbarte Vergütung Bruttovergütung ist.

Das BAG schloss sich dieser Auffassung nicht an, sondern bejaht überwiegend nur einen Entgeltanspruch in Höhe der für Arbeitnehmer üblichen Vergütung, § 612 Abs. 2 BGB. Nach der Rechtsprechung des 5. Senats ist die für ein Dienstverhältnis getroffene Vergütungsvereinbarung zwar nicht allein deshalb unwirksam oder aus anderen Gründen unbeachtlich, weil entgegen der ursprünglichen Beurteilung durch die Parteien kein freies Mitarbeiterverhältnis, sondern ein Arbeitsverhältnis vorliegt[415]. Der Arbeitnehmer soll grundsätzlich gemäß § 611 BGB weiterhin die Zahlung der Vergütung in der vereinbarten Höhe verlangen können. Davon abweichend beurteilt das BAG die Rechtslage aber im Bereich des öffentlichen Dienstes, weil es dort unterschiedliche Vergütungsordnungen gibt, die zwischen dem Status als Arbeitnehmer oder freier Mitarbeiter

---

[414] LAG Berlin 08.6.1993 - 15 Sa 31/92 - NZA 1994, 512; dagegen LAG Köln 17.10.1996 – 5 Sa 58/96 – n. v. (juris).
[415] BAG 12.1.2005 – 5 AZR 144/04 - AP Nr. 69 zu § 612 BGB [I 2 der Gründe]; BAG 12.12.2001 - 5 AZR 257/00 - AP Nr. 65 zu § 612 BGB [I 3 der Gründe] in Abgrenzung zu BAG 21.11.2001 - 5 AZR 87/00 - AP Nr. 63 zu § 612 BGB [II 1 der Gründe].

unterscheiden[416]. Immer dann, wenn die Parteien ihrer Vergütungsvereinbarung eine unrichtige rechtliche Beurteilung darüber zugrunde gelegt haben, ob die Dienste abhängig oder selbstständig erbracht werden, bedürfe es einer ergänzenden Auslegung. Die vertragliche Regelung sei zu diesem Punkt lückenhaft, weil die Vergütung unabhängig von der rechtlichen Einordnung des bestehenden Vertrags gewollt oder gerade an diese geknüpft sein könne. Maßgebend sei der erklärte Parteiwille, wie er nach den Umständen des konkreten Falls aus der Sicht des Erklärungsempfängers zum Ausdruck kommt (§§ 133, 157 BGB). Für die Beurteilung, was die Parteien redlicherweise vereinbart hätten, sei, ebenso wie für die Feststellung des gewöhnlich nicht ausdrücklich geäußerten Willens, die spezifische Fallgestaltung entscheidend[417].

Weiter weist das BAG insbesondere für den Medienbereich darauf hin, dass Vergütungen bei den öffentlich-rechtlichen Rundfunkanstalten nicht frei ausgehandelt werden können. Vielmehr seien die Rundfunkanstalten bei Arbeitnehmern an die einschlägigen Tarifverträge und bei freien Mitarbeitern an die hierfür geltenden Schemata, eventuell auch an einschlägige Tarifwerke für Freiberufler gemäß § 12a TVG gebunden[418]. In diesen Fallkonstellationen ergebe eine ergänzende Auslegung, dass die Parteien die Vergütung der ihrer Auffassung nach zutreffenden Vergütungsordnung entnehmen wollten. Vereinbare ein Mitarbeiter ein Entgelt als vermeintlicher Freier nach der dafür maßgeblichen Vergütungsordnung, so könne er nicht davon ausgehen, dieses Entgelt sei auch dann vereinbart, wenn sich später herausstellt, dass das Vertragsverhältnis als Arbeitsverhältnis zu qualifizieren ist.

Folge dieser Rechtsprechung ist in den meisten Fällen, dass eine Vergütungsvereinbarung für das in Wirklichkeit vorliegende Rechtsverhältnis fehlt. Die Vergütung soll sich dann nach § 612 Abs. 2 BGB richten. Beschäftigte der öffentlich-rechtlichen Rundfunkanstalten könnten insgesamt nicht davon ausgehen, das Freiberufler-Honorar auch im Arbeitsverhältnis beanspruchen zu können.

Finden hingegen keine Tarifverträge Anwendung und trifft der Arbeitgeber individuelle Vereinbarungen, spreche dies dafür, dass eine Pauschalvergütung ge-

---

[416] BAG 21.11.2001 - 5 AZR 87/00 - AP Nr. 63 zu § 612 BGB [II 1b der Gründe].
[417] Siehe dazu auch BAG 13.11.2002 - 4 AZR 393/01 - BAGE 103, 364, 371.
[418] BAG 21.1.1998 5 AZR 50/97 - NZA 1998, 594, 595.

rade auf die konkrete Arbeitsleistung des Verpflichteten abstelle und im Hinblick auf den angenommenen Status nur (teilweise) die „Ersparnis" der Arbeitgeberanteile berücksichtige. Dementsprechend bejahte das BAG in einer Entscheidung vom 12.12.2001[419] die Fortgeltung der getroffenen Vergütungsvereinbarung über eine Tagespauschale in Höhe von 258,- DM, weil die vereinbarte Vergütung unabhängig von der rechtlichen Einordnung des bestehenden Vertrags gewollt gewesen sei. Es ging dort um einen Kraftfahrer, dessen Vergütung das beklagte Transportunternehmen eigenmächtig herabgesetzt hatte, nachdem die Arbeitnehmereigenschaft eines anderen bei ihr beschäftigten Kraftfahrers gerichtlich festgestellt worden war. Zur Begründung führte der Senat aus, dass die Beklagte ihre Autolotsen unabhängig von der rechtlichen Behandlung als Selbstständige oder Arbeitnehmer nach Tagespauschalen vergüte. Hierin unterscheide sich die Entlohnung insbesondere von der im öffentlichen Dienst.

Umgekehrt musste die klagende Volkshochschullehrerin im Urteil des 5. Senats vom 21.11.2001[420] davon ausgehen, dass eine Pauschalvergütung für Arbeitnehmer im öffentlichen Dienst unzulässig und völlig unüblich ist. Da in diesem Bereich für Arbeitnehmer regelmäßig Tarifverträge Anwendung fänden und der öffentliche Arbeitgeber grundsätzlich nicht zwischen Tarifgebundenen und Nichttarifgebundenen unterscheide, könne die Vereinbarung eines Pauschalhonorars nicht für ein Arbeitsverhältnis gelten. Die Lehrerin konnte deshalb nur annehmen (§§ 133, 157 BGB), dass die Stundensätze allein die Vergütung in einem bestehenden freien Mitarbeiterverhältnis betrafen, aber nicht für ein Arbeitsverhältnis gelten sollten. Für den Fall eines Arbeitsverhältnisses musste sie die Zahlung eines Bruttomonatsgehalts erwarten. Der Kläger im eingangs geschilderten Autolotsenfall hingegen durfte davon ausgehen, dass die getroffene Pauschalvergütung auf seine konkrete Arbeitsleistung bezogen und nicht an seinen Status gebunden war.

Haben die Parteien keine ausdrückliche Honorarvereinbarung getroffen, kann nach dem BAG allein aus der Zahlung eines Honorars in bestimmter Höhe nicht darauf geschlossen werden, dass die Parteien eine Entgeltabrede des Inhalts geschlossen hätten, der Beschäftigte solle die Vergütung für freie Mitarbeit selbst dann erhalten, wenn er die Tätigkeit nicht mehr als freier Mitarbeiter, sondern

---

[419] 5 AZR 257/00 - AP Nr. 65 zu § 612 BGB [I 3 der Gründe].
[420] 5 AZR 87/00 - AP Nr. 63 zu § 612 BGB [II 1b der Gründe].

als Angestellter und damit als Arbeitnehmer ausübe. In der Entscheidung vom 21.1.1998[421] ging es um eine Rundfunkmitarbeiterin, die die Fortzahlung ihres bisherigen Honorars als Brutto-Gehalt für einen Zeitraum nach Feststellung der Arbeitnehmereigenschaft verlangte. Nach deren Obsiegen im Statusprozess hatte die Rundfunkanstalt die Zahlung des tariflichen Honorars für freie Mitarbeiter in Höhe von rund 3.500,- DM eingestellt und nur noch den deutlich niedrigeren Tariflohn für Arbeitnehmer in Höhe von 1.440,-DM vergütet. Die Klägerin machte daraufhin die Differenz zwischen ihrem freien Mitarbeitergehalt (brutto) und dem seit Feststellung der Arbeitnehmereigenschaft an sie (netto) gezahlten niedrigeren Arbeitslohn gerichtlich geltend. Dabei war sie der Ansicht, dass ihr das bisherige Honorar auch in einem Arbeitsverhältnis als Brutto-Gehalt zustehe.

Im Ergebnis schloss sich der Senat der Auffassung der Sendeanstalt, die nur die für Arbeitnehmer übliche Vergütung (§ 612 Abs. 2 BGB) geleistet hatte, an. Das Gericht verneinte in einem ersten Schritt einen Anspruch der Klägerin aufgrund ausdrücklicher Parteivereinbarung. Die Besonderheit des Falles bestand darin, dass die Parteien keine Honorarvereinbarung getroffen hatten, sondern der Klägerin die übliche Vergütung für freie Mitarbeiter im Sinne von § 612 Abs. 2 BGB gezahlt worden war. Diese Feststellung der Vorinstanz war für das BAG gemäß § 561 Abs. 2 ZPO bindend. Weiter prüfte das Gericht einen Anspruch aus stillschweigender Vergütungsvereinbarung. Allein aus der Tatsache, dass die Klägerin Honorare als freie Mitarbeiterin erhielt, könne aber nicht gefolgert werden, dass sie das bisherige Honorar selbst dann erhalten sollte, wenn sie ihre Tätigkeit für die Beklagte nicht mehr als freie Mitarbeiterin, sondern als Arbeitnehmerin ausübte. Hierfür genüge auch die gerichtliche Feststellung des Vorliegens eines Arbeitsverhältnisses nicht[422], da die Festlegung der Vergütung nicht Voraussetzung für das Zustandekommen eines Arbeitsverhältnisses sei. Geschuldet sei daher die übliche Vergütung (§ 612 Abs. 2 BGB).

In diesem Zusammenhang wies der 5. Senat außerdem darauf hin, dass die Vergütungshöhe der Beschäftigten in öffentlich-rechtlichen Rundfunkanstalten gerade davon abhänge, ob die Tätigkeit in freier Mitarbeit oder im Rahmen eines Arbeitsverhältnisses geleistet werde. Für die Klägerin, die ihre Tätigkeit im frag-

---

[421] BAG 21.1.1998 - 5 AZR 50/97 - NZA 1998, 594.
[422] So aber LAG Berlin 8.6.1993 - 15 Sa 31/92 - NZA 1994, 512.

lichen Zeitraum als Arbeitnehmerin erbracht hatte, bedeutete das auch nur einen Anspruch auf den hierfür üblichen Lohn, so dass ein Nachzahlungsanspruch nicht bestand.

3. Ansichten in der Literatur

Aus der Literatur liegen bislang nur wenige Stellungnahmen zu den Auswirkungen einer erfolgreichen Statusklage auf die Vergütungshöhe vor[423]. Regelmäßig verweisen die Autoren unkritisch auf die Rechtsprechung des BAG, ohne sich inhaltlich mit der Problematik auseinanderzusetzen[424].

Für Fenn ist es selbstverständlich, dass die Vergütungsabrede ohne Rücksicht auf die gewählte Rechtsform zunächst maßgebend ist[425]. Zur Ermittlung des Vertragsinhalts seien zwingende vertragliche Vergütungsansprüche, Nachzahlungsansprüche auf Urlaubsgeld und auf Lohnfortzahlung im Krankheitsfall mit zu hohen Entgeltzusagen zu verrechnen. Ob und wie hier aufgerechnet und ein Saldo errechnet werden könne, sei vor allem wegen der Vermengung privatrechtlicher Entgeltansprüche mit öffentlich-rechtlichen Abgaben und Sozialversicherungsbeiträgen aber noch genauer zu untersuchen.

Auch Forster geht davon aus, dass die Vergütungsvereinbarung durch einen gewonnenen Statusprozess nicht betroffen wird[426]. Die mit dem vermeintlich freien Mitarbeiter vereinbarte Vergütung sei weiterhin die geschuldete. Das Feststellungsurteil habe keine gestaltende Wirkung. Das Gericht könne nur feststellen, ob Fisch oder Fleisch vorliegt, nicht aber die Kalorien verändern. Die Anerkennung des Vertrages als Arbeitsvertrag könne nicht dazu führen, dass in ihn inhaltlich eingegriffen wird. Ein einschließlich der Vergütungsregelung getroffener Vertrag werde also nicht dadurch zu einem solchen ohne Vergütungsregelung, dass sein arbeitsrechtlicher Charakter später zutreffend erkannt wird[427].

Hohmeister möchte über das Institut des Wegfalls der Geschäftsgrundlage die betroffene Entgeltabrede „*dogmatisch sauber*" an die wahre Rechtslage anpas-

---

[423] Goretzki/Hohmeister BB 1999, 640 f.
[424] So etwa *Niepalla* ZUM 1999, 353, 360f; Schaub/*Schaub* (2005) § 8 Rn. 30; Kasseler Handb./*Worzalla* (2000) 1.1. Rn. 386.
[425] In FS für Bosch S. 171, 182.
[426] *Forster* S. 3 ff.
[427] *Forster* S. 4.

sen[428]. Er geht ebenfalls von der Fortgeltung der ursprünglichen Vergütungsabrede aus. Die vereinbarte freie Mitarbeitervergütung stelle zumindest im Falle eines beiderseitigen Rechtsirrtums für die Vergangenheit die Bruttoarbeitsvergütung dar[429]. Für die Zukunft könne dann nur noch die übliche oder bei Einschlägigkeit eines Tarifvertrages die tarifliche Vergütung beansprucht werden.

Hochrathner bevorzugt eine Lösung über § 612 Abs. 2 BGB und kommt damit zum selben Ergebnis wie die Rechtsprechung[430]. Seiner Kritik an der früheren Geschäftsgrundlagenrechtsprechung des BAG lässt sich entnehmen, dass er in den Fällen der fehlerhaften Statuseinschätzung von der Unwirksamkeit der getroffenen Vergütungsabrede ausgeht[431]. Seiner Meinung nach sei es geboten, die Fälle einer individuell getroffenen Honorarvereinbarung von denen der Zahlung einer üblichen Vergütung gemäß § 612 Abs. 2 BGB zu unterscheiden. Dann werde nämlich deutlich, dass ein vertraglicher Anspruch auf die gezahlte höhere Vergütung als freier Mitarbeiter gerade nicht bestehe. Der Vergütungsanspruch des Arbeitnehmers richte sich vielmehr regelmäßig nach den entsprechenden tarifvertraglichen Regelungen.

4. Eigene Stellungnahme

Da Entgeltvereinbarungen nicht in den Bereich zwingender Bestimmungen des Arbeitsrechts fallen[432], gelten sie grundsätzlich auch nach der Statusfeststellung fort. Im Ergebnis zutreffend geht das BAG in seiner neueren Rechtsprechung deshalb davon aus, dass die Statusfeststellung die Vergütungsabrede zwar unberührt lässt, die Höhe der geschuldeten Vergütung aber mit den Mitteln der (ergänzenden) Vertragsauslegung zu ermitteln ist.

---

[428] *Hohmeister* NZA 1999, 1009, 1010.
[429] *Hohmeister* NZA 1999, 1009, 1011 geht für den Fall, dass die Parteien keinem Rechtsirrtum unterlagen, von einem faktischen Arbeitsverhältnis aus und bejaht dann konsequenterweise einen Anspruch in Höhe der üblichen Vergütung.
[430] *Hochrathner* NZA 2000, 1083, 1085.
[431] *Forster* S. 5.
[432] Das „Gesetz über die Festsetzung von Mindestarbeitsbedingungen" von 1952 wurde nie praktiziert.

a) Auslegung der Honorarvereinbarung

(1) Ausdrückliche Honorarabrede

Unproblematisch zu bestimmen ist die Vergütungshöhe, wenn die Parteien eine ausdrückliche Regelung für den Fall der Statuskorrektur getroffen haben. Zu denken wäre dabei etwa an eine Formulierung wie die folgende: *„Sollte rechtskräftig festgestellt werden, dass das Beschäftigungsverhältnis von Frau/Herr ... entgegen der von den Parteien gewählten Bezeichnung als Arbeitsverhältnis einzustufen ist, richtet sich die Vergütung abweichend von der Vereinbarung zu Ziffer ... nach dem einschlägigen Gehaltstarifvertrag"*[433]. Regelmäßig werden die Parteien den Fall einer nachträglichen Statuskorrektur aber nicht in ihrer Vertragsgestaltung berücksichtigt haben.

Typischerweise haben die Parteien im Honorarvertrag auch nicht explizit verabredet, dass die Vergütung nur für den Fall eines freien Dienstverhältnisses gültig sein soll beziehungsweise dass sie umgekehrt unabhängig vom Status des Mitarbeiters gewollt ist. Im Hinblick auf das nun abzuwickelnde Arbeitsverhältnis ist somit unklar, ob die getroffene Vereinbarung auch im Arbeitsverhältnis weiter gilt. Hinsichtlich dieser Frage besteht eine Vertragslücke, die durch ergänzende Vertragsauslegung gemäß §§ 133, 157 BGB zu schließen ist. Eine ergänzende Vertragsauslegung kommt immer dann in Betracht, wenn die Vertragspartner zu einem bestimmten Punkt von Anfang an keine Vereinbarung getroffen haben oder sich erst später im Laufe der Entwicklung der Rechtsbeziehungen eine Regelungslücke ergibt[434]. Zu ermitteln ist dann, was die Parteien in Anbetracht des Vertragszwecks redlicherweise gewollt und vereinbart hätten, wenn sie den offen gebliebenen Punkt geregelt hätten[435].

Bei der Auslegung von Willenserklärungen und Verträgen ist zunächst vom Wortlaut der Erklärung auszugehen[436]. Nach Ermittlung des Wortsinns sind auch das Gesamtverhalten der Erklärenden sowie außerhalb des Erklärungsaktes

---

[433] *Preis* S. 262.
[434] BGH 8.1.1958 - IV ZR 219/57 - BGHZ 26, 204, 211; BGH 23.11.1954 - I ZR 78/53 - BGHZ 15, 224, 228 f ; BGH 28.10.1953 - II ZR 78/53 - BGHZ 11, 16, 24; BAG 8.11.1972 - 4 AZR 15/72 - AP Nr. 3 zu § 157 BGB m. w. N.
[435] BGH 20.1.1994 - III ZR 143/92 - NJW 1994, 1008, 1011.
[436] Vgl. nur BGH 3.4.2000 - II ZR 194/98 - NJW 2000, 2099; BGH 9.10.2000 - II ZR 345/98 - NJW 2001, 144.

liegende Begleitumstände zu berücksichtigen[437]. Handelt es sich wie hier um empfangsbedürftige Willenserklärungen, sind die Erklärung so auszulegen, wie sie der Empfänger nach Treu und Glauben unter Berücksichtigung der Verkehrssitte verstehen musste (objektiver Empfängerhorizont)[438]. Einzubeziehen sind schließlich auch der mit einem Rechtsgeschäft verfolgte Zweck sowie die Interessenlage der Vertragsparteien. Allerdings darf die ergänzende Vertragsauslegung nicht zu einer Erweiterung des Vertragsgegenstandes führen[439], sondern muss sich der gewollten Regelung anpassen und in sie einfügen. Ziel ist nicht, den Parteien eigene Maßstäbe aufzudrängen, sondern lediglich, die von den Parteien zugrunde gelegten Wertungen zu Ende zu denken. Es geht um die Ermittlung des hypothetischen Parteiwillens, den die Parteien gehabt hätten, wenn sie den betreffenden Punkt geregelt hätten. Entscheidend ist, was dem Sinn des Vertrages entspricht und zu einer für beide Seiten interessengerechten Lösung führt[440].

Wenn Forster an dieser Stelle eine ergänzende Auslegung ausdrücklich ablehnt, ist das zwar konsequent, da seiner Ansicht nach der Vertrag nach der Statusfeststellung identisch bleibt. Eine Regelungslücke entsteht nicht[441]. Einer solchen Betrachtung ist jedoch entgegenzuhalten, dass der Vertragsinhalt zwar grundsätzlich von der Statuskorrektur unberührt bleibt. Wegen der Rechtsformunterschiede zwischen Arbeitsverhältnis und freiem Mitarbeiterverhältnis ist es aber unerlässlich festzustellen, inwieweit einzelne Vereinbarungen gerade im Hinblick auf eine selbstständige Tätigkeit getroffen wurden.

Regelmäßig werden die Parteien keine Aussage darüber getroffen haben, welche Vergütung im Falle einer Statusverfehlung maßgeblich sein soll. Forster übersieht, dass der Vertrag insofern lückenhaft ist und durch ergänzende Auslegung geschlossen werden muss.

Der Ansicht des LAG Berlin, wonach die Vergütungsabrede zwischen den Parteien unter Berücksichtigung zwingender gesetzlicher Bestimmungen (§§ 14,

---

[437] Erman/*Palm* § 133 BGB Rn. 23; *Wank* RdA 1998, 71, 76; Palandt/*Heinrichs* (2007) § 133 BGB Rn. 15 f.
[438] RG 17.9.1919 - V 131/19 - RGZ 96, 273, 276; RG 21. 11.1927 - VI 71/27 - RGZ 119, 21, 25; BGH 3.2.1967 - VI ZR 114/65 - NJW 1967, 673; Soergel/*Hefermehl* (1999) § 133 Rn. 20; MüKo/*Busche* (2006) § 133 BGB Rn. 12.
[439] BGH 25.6.1980 - VIII ZR 260/79 - BGHZ 77, 301, 304.
[440] *Larenz/Wolf* BGB AT (2004) § 28 Rn. 116.
[441] *Forster* S. 21.

28d, 28g SGB IV, §§ 2 I Nr. 4, 19, 38 EStG) dahin auszulegen sei, dass die vereinbarte Vergütung Bruttovergütung im Arbeitsverhältnis ist[442], kann so nicht gefolgt werden. Die zitierten Vorschriften besagen lediglich, dass der Arbeitgeber vom Arbeitsentgelt den Gesamtsozialversicherungsbeitrag abzuführen und die Lohnsteuer einzubehalten hat. Sie sagen aber nichts darüber aus, ob und gegebenenfalls in welcher Höhe die Vergütungsabrede auch für den Fall eines Arbeitsverhältnisses zugesagt war.

Vielmehr ist der Rechtsprechung des BAG, nach der die Vergütungshöhe nicht zwingend auch bei Bestehen eines Arbeitsverhältnisses gilt, zuzustimmen. In den meisten Fällen wird die Auslegung des Vertrages eine Abhängigkeit zwischen Entgeltvereinbarung und rechtlichem Status des Mitarbeiters ergeben. Bereits die gewählte Bezeichnung „Honorar" spricht dafür, dass die Entgeltvereinbarung aus Sicht beider Parteien im Hinblick auf eine freiberufliche Tätigkeit getroffen wurde. Zudem ist es im Medienbereich gängige Praxis, dass bei der Vergütungshöhe zwischen Festangestellten und Freien differenziert wird. Die im Vordergrund stehenden öffentlich-rechtlichen Rundfunkanstalten haben Tarifverträge für freie Mitarbeiter abgeschlossen (§ 12a TVG) oder bezahlen nach genau festgelegten Honorarsätzen. Zutreffend ist das BAG deshalb davon ausgegangen, dass die Vereinbarung eines bestimmten Honorars für beide Vertragsparteien nur den Sinngehalt haben konnte, dass nach der vom Status her passenden Regelung vergütet werden soll. Nicht unberücksichtigt bleiben darf außerdem, dass hier in vielen Fällen der Arbeitgeber eine öffentlich-rechtliche Anstalt ist. Wegen Rechtsform und öffentlich-rechtlicher Aufgabe dieser Medienunternehmen sind deren Beschäftigte als Angestellte des öffentlichen Dienstes anzusehen[443]. Dort gilt die Vermutungsregel, dass der öffentlich-rechtliche Arbeitgeber nur das zahlen möchte, wozu er tarifvertraglich verpflichtet ist, während übertarifliche Vergütungen aus haushaltsrechtlichen Gründen auf Ausnahmefälle beschränkt bleiben. Deshalb handeln die Hörfunk- und Fernsehanstalten Honorare üblicherweise nicht individuell aus, sondern vergüten freie Mitarbeiter nach tarifvertraglichen Sätzen für arbeitnehmerähnliche Personen. Wenn es also in der Anstalt für Festangestellte und Freie unterschiedliche Vergütungsrichtlinien gibt, kann man die Vergütungsvereinbarung der Parteien auch

---

[442] LAG Berlin 8.6.1993 - 15 Sa 31/92 - NZA 1994, 512.
[443] *Herrmann* (2004) § 12 Rn. 17.

nur so interpretieren, dass sie sich hinsichtlich der Vergütungshöhe nach der ihrer Auffassung nach zutreffenden Vergütungsordnung richten wollten. Ergänzend ist darauf hinzuweisen, dass auch außerhalb des öffentlichen Dienstes und außerhalb tariflicher Regelungen Beschäftigungsverhältnisse, in denen die Entgelthöhe unabhängig vom Status des Mitarbeiters festgelegt wird, selten sein dürften. Grundsätzlich kalkuliert der Auftraggeber, welche Kosten bei der einen oder anderen Beschäftigungsform auf ihn zukommen. Wenn er einen Mitarbeiter als Freiberufler beschäftigt und vergütet, wird er das Honorar höher ansetzen können, weil es bei diesem Kostenfaktor bleibt und der Mitarbeiter selbst seine Sozialvorsorge bestreiten muss; umgekehrt wird er bei der Höhe des Entgelts eines angestellten Arbeitnehmers auch die weiteren Kosten berücksichtigen, die ein Arbeitsverhältnis mit sich bringt (Entgeltfortzahlung bei Krankheit und an Feiertagen, bezahlte Freistellungen §§ 616, 629 BGB, evtl. Urlaubs- und Weihnachtsgeld[444]). Dass das Bruttogehalt im Rahmen eines Arbeitsverhältnisses geringer ausfallen muss als das Honorar eines freien Mitarbeiters bei vergleichbarer Tätigkeit, liegt auf der Hand[445]. Dem Arbeitnehmer muss dann konsequenterweise bewusst sein, dass er ein Honorar, welches den Lohn eines vergleichbaren Arbeitnehmers wesentlich übersteigt, gerade im Hinblick auf seinen Status gewährt bekommt. Hintergrund dieser Auslegung ist, dass die Höhe des Honorars gerade mit Rücksicht auf die Ersparnis gegenüber einer Tätigkeit im Arbeitsverhältnis vereinbart wird. Dies gilt zunächst auch dann, wenn der Arbeitgeber alle seine Beschäftigten nach Tagespauschalen vergütet. Dementsprechend hätte das BAG in einer Fallgestaltung, wie sie der Entscheidung vom 12.01.2005[446] zugrunde lag, weiter danach fragen müssen, ob der Arbeitnehmer annehmen durfte, dass er unabhängig von seinem Status übertariflich vergütet werden sollte. Eine höhere Vergütung kann etwa auf die besondere Kompetenz und Qualifikation des Beschäftigten oder die gesteigerten Anforderungen an seine Tätigkeit zurückzuführen sein. Ob der Betreffende versprochen hatte, eine Gewerbeanmeldung vorzulegen, war in der zitierten Entscheidung zwischen den Parteien streitig geblieben. Denn auch die Vertragsgestaltung kann darauf hinweisen, dass die rechtliche Qualifikation als freies Dienstverhältnis im Vorder-

---

[444] Vgl. § 32 MTV-AN beim ZDF.
[445] Überzeugend *Gravenhorst* jurisPR-ArbR 24/2005 Anm. 2.
[446] 5 AZR 144/04 - AP Nr. 69 zu § 612 BGB.

grund stand. Bestimmungen über Gewerbeanmeldung und Umsatzsteuer[447] können Indiz für eine Honorarvereinbarung ausschließlich im Hinblick auf eine selbstständige Tätigkeit sein.

Regelmäßig wird eine Auslegung daher ergeben, dass das Honorar an den Status des Mitarbeiters gebunden sein sollte. Umgekehrt können Umstände darauf hinweisen, dass es dem Arbeitgeber ausschließlich auf die Arbeitsleistung seines Mitarbeiters ankam und dass er ihn in jedem Fall überdurchschnittlich entlohnen wollte. In diesem Fall würde eine Auslegung zu einer statusunabhängige Entgeltabrede führen. Und geht das BAG in diesem Zusammenhang davon aus, in der freien Privatwirtschaft sei die höhere Bezahlung des Freiberuflers zwar auch auf die Ersparnis der Arbeitgeberanteile zurückzuführen, aber dennoch leistungsbezogen und daher statusunabhängig, dann berücksichtigt es nicht ausreichend, dass für die Höhe der Vergütung regelmäßig das Vorliegen eines freien Dienstverhältnisses ausschlaggebend ist. Richtigerweise kann bei Fehlen starker anderer Indizien die Entgeltabrede der Parteien nur so verstanden werden, dass das im Verhältnis höhere Honorar an den Status des Mitarbeiters geknüpft sein sollte. Folge ist, dass für den Fall eines Arbeitsverhältnisses die Vergütungshöhe nicht bestimmt ist[448].

(2) Stillschweigende Vereinbarung

Haben die Parteien ausnahmsweise keine ausdrückliche Honorarvereinbarung getroffen, kommt auch eine konkludente Entgeltabrede in Betracht. Die dafür erforderlichen Willenserklärungen durch schlüssiges Verhalten sind anzunehmen, wenn das Gewollte nicht unmittelbar in der Erklärung selbst zum Ausdruck kam, sondern Handlungen vorgenommen wurden, die mittelbar den Schluss auf einen bestimmten Rechtsfolgewillen zulassen[449]. Ob ein tatsächliches Verhalten eine Willenserklärung darstellt und welchen Inhalt sie gegebenenfalls aufweist, ist dann durch Auslegung gemäß den §§ 133, 157 BGB zu ermitteln[450].

---

[447] *Reinecke* RdA 2001, 357, 363.
[448] § 612 Abs. 1 BGB verdeutlicht, dass eine Vergütungsvereinbarung nicht Voraussetzung für die Wirksamkeit eines Arbeitsvertrags ist; dazu auch BAG 21.1.1998 - 5 AZR 50/97 - NZA 1998, 594, 595.
[449] *Larenz/Wolf* BGB AT (2004) § 24 Rn. 17; *Flume* AT BGB (1979) § 5 3; Palandt/*Heinrichs* (2007) vor § 116 BGB Rn. 6.
[450] BGH 22.6.1956 - 1 ZR 198/54 - NJW 1956, 1313.

Nach richtiger Rechtsprechung des BAG kann eine entsprechende stillschweigende Vergütungsvereinbarung auch in der tatsächlichen Zahlung eines Honorars gesehen werden[451]. Die Rundfunkanstalt bringt durch Vergütung eines freien Mitarbeiters entsprechend den bei ihr üblichen Sätzen zum Ausdruck, dass sie die Leistung mit dem dafür vorgesehenen Honorar entlohnen möchte. Durch Entgegennahme des Geldbetrages nimmt der Freie die Offerte der Rundfunkanstalt an. Deshalb wird ein Fall ganz ohne Honorarvereinbarung wie er der Entscheidung vom 21.1.1998 zugrunde lag, in der Praxis selten zu finden sein.

Aus den Ausführungen in der genannten Entscheidung wird außerdem deutlich, dass der Senat auch ohne ausdrückliche Vereinbarung und mit nur faktischem Bezug auf einen Tarifvertrag eine vom Status des Mitarbeiters unabhängige Vergütungsvereinbarung für möglich hält[452]. Diese Honorarabrede wäre folglich auch nach der Statuskorrektur für den Lohnanspruch im Arbeitsverhältnis maßgeblich und als vereinbarter Arbeitslohn zu qualifizieren. Es müssten allerdings weitere Umstände als bloß das Bestehen eines Arbeitsverhältnisses vorgetragen werden, um eine Vergütungsabrede unabhängig vom Status des Beschäftigten zu rechtfertigen[453]. Nur dann wäre dem Verhalten der Rundfunkanstalt ein entsprechender Erklärungswert zu entnehmen. Entsprechend den Ausführungen zur Auslegung einer Honorarvereinbarung dürfte bei einer stillschweigenden Vergütungsvereinbarung im Regelfall ebenfalls nicht anzunehmen sein, dass die Parteien das höhere Honorar für den Fall eines Arbeitsverhältnisses vereinbaren wollten. Konsequenz einer an den Status gebundenen stillschweigenden Honorarabrede wäre wiederum, dass die Vergütungshöhe im Arbeitsverhältnis nicht bestimmt ist.

(3) Keine Honorarvereinbarung im freien Mitarbeiterverhältnis

Der Vollständigkeit halber ist auch der Fall zu erörtern, dass weder eine ausdrückliche noch eine stillschweigende Vergütungsvereinbarung getroffen wurde. Die fehlende Entgeltabrede steht einem wirksamen Arbeitsvertrag nicht entgegen. Denn im Unterschied zu anderen Austauschverträgen, die im Zweifel solange nicht zustande gekommen sind, wie sich die Parteien nicht über alle wesentlichen Punkte geeinigt haben, ist die Wirksamkeit eines Dienst- oder Ar-

---

[451] Forster S. 10.
[452] Ebenso *Forster* S. 8 f.
[453] BAG 21.1.1998 -5 AZR 50/97- NZA 1998, 594, 595.

beitsvertrags nicht davon abhängig, dass Einigkeit über die Vergütung erzielt worden ist (vgl. § 612 Abs. 1 BGB)[454]. Richtigerweise entsteht der Vergütungsanspruch dann in Höhe der üblichen Vergütung, § 612 Abs. 2 BGB[455].

b) Störung der Geschäftsgrundlage

Ein Rückgriff auf das Geschäftsgrundlageninstitut wie in der Entscheidung des BAG vom 09.07.1986 ist zwar grundsätzlich auch im Arbeitsrecht denkbar[456]. § 313 BGB dient aber als Lückenausfüllung und spielt daher nur für solche Fälle eine Rolle, in denen der Vertrag oder das Gesetz nicht bereits eine spezielle Regelung bereithalten. Zunächst müssen bestimmte Umstände oder Vorstellungen zur Grundlage des Vertrages geworden sein. Das bedeutet, falls bereits der Arbeitsvertrag eine Regelung über das Fehlen oder die Veränderung bestehender Umstände enthält, kommt eine Anpassung nach § 313 BGB nicht in Betracht; was Vertragsinhalt ist, kann nicht gleichzeitig dessen Geschäftsgrundlage sein[457]. Wieweit die vertragliche Risikoübernahme geht, muss zunächst nach den §§ 133, 157 BGB durch notfalls auch ergänzende Vertragsauslegung ermittelt werden[458]. Erst wenn auf diese Weise keine angemessene Lösung erreicht werden kann, ist über eine Anpassung nach § 313 BGB nachzudenken[459]. eine Anpassung nach § 313 BGB nachzudenken[460].

(1) Vorrang des Arbeitsvertrages

Eine ausdrückliche Vereinbarung darüber, was bei einer Veränderung äußerer oder innerer Umstände rechtens sein soll, dürfte in den hier interessierenden Fällen selten vorliegen. Wie aber bereits dargestellt wurde, kann eine ergänzende Vertragsauslegung auch zeigen, dass bestimmte Vertragsbestimmungen nur für den Fall eines freien Dienstverhältnisses gelten sollen. Im Hinblick auf die Höhe der geschuldeten Vergütung wird eine Auslegung der Honorarvereinbarung üb-

---

[454] ArbR-BGB/*Schliemann* (2002) § 611 BGB Rn. 1233 m. w. N.
[455] So auch BAG 21.1.1998 -5 AZR 50/97- NZA 1998, 594, 595.
[456] BAG 12.3.1963 – 3 AZR 60/62 – AP § 242 BGB Geschäftsgrundlage Nr. 5; BAG 24.8.1995 – 8 AZR 134/94 – AP Nr. 17 zu § 242 BGB Geschäftsgrundlage [II der Gründe]; *Berkowsky* S. 48.
[457] Vgl. BGH 1.2.1984 - VIII ZR 54/83 – BGHZ 90, 69, 74; BGH 4.5.1983 - VIII ZR 94/82 - NJW 1983, 2034, 2036.
[458] *Emmerich* (2005) § 27 Rn. 28.
[459] Zutreffend *Reinecke* RdA 2001, 357, 363.
[460] Zutreffend *Reinecke* RdA 2001, 357, 363.

licherweise ergeben, dass die Vergütungshöhe gerade im Hinblick auf den rechtlichen Status des Mitarbeiters festgelegt wurde[461]. Sollte nach dem Parteiwillen die getroffene Entgeltabrede nicht auch im Falle eines Arbeitsverhältnisses maßgeblich sein, ist bezüglich der Vergütung eine Vertragslücke anzunehmen, die dann wiederum selbst durch ergänzende Vertragsauslegung oder § 612 Abs. 2 BGB geschlossen werden muss. Eine Anpassung nach § 313 BGB spielt dann keine Rolle mehr.

(2) Voraussetzungen des § 313 BGB

Die Anwendbarkeit der Geschäftsgrundlagenlehre unterstellt, kommt eine Vertragsanpassung nur dann in Betracht, wenn die Voraussetzungen des § 313 Abs. 1 und 2 BGB erfüllt sind.

Nach § 313 Abs. 1 BGB handelt es sich um eine Störung der Geschäftsgrundlage, wenn sich Umstände, die zur Grundlage des Vertrages geworden sind, nach Vertragsschluss schwerwiegend geändert haben (reales Element) und der Vertrag nicht oder mit anderem Inhalt zustande gekommen wäre, wenn die Parteien die Änderung vorausgesehen hätten (hypothetisches Element). Schließlich muss für die benachteiligte Partei ein Festhalten am unveränderten Vertrag unzumutbar sein (normatives Element). Liegen alle diese Merkmale kumulativ vor, besteht gemäß § 313 Abs. 1 BGB ein Anspruch der betroffenen Partei auf Vertragsanpassung[462].

§ 313 Abs. 2 BGB betrifft das Fehlen der subjektiven Geschäftsgrundlage. Gemeint sind Fallgestaltungen, in denen sich die Parteien bei Vertragsschluss in einem gemeinschaftlichen Motivirrtum befunden haben oder sich nur eine Partei falsche Vorstellungen gemacht und die andere diesen Irrtum ohne eigene Vorstellungen hingenommen hat[463].

Haben die Parteien wie in der Grundsatzentscheidung des BAG vom 09.07.1986[464] bei Abschluss des Vertrages die Rechtslage irrtümlich falsch beurteilt und sind von einem freien Mitarbeiterverhältnis ausgegangen, könnte diese

---

[461] Ausführlich S. 95 ff.
[462] Nach dem Willen des Gesetzgebers sollten mit dem neuen § 313 Abs. 1 BGB insbesondere die für die Fälle der Äquivalenzstörung, der Leistungserschwernis und der Zweckstörung entwickelten Regeln wiedergeben werden, vgl. BT-Drs. 14/6040 S. 176.
[463] BT-Drs. 14/6040 S. 176; *Brox/Walker* § 27 Rn. 9.
[464] NJW 1987, 918, 919.

Vorstellung die Geschäftsgrundlage gebildet haben. Und wäre der Vertrag ohne diese Fehleinschätzung nicht wie geschehen abgeschlossen worden, kommt eine Störung der Geschäftsgrundlage in Betracht. Allerdings geht das BAG bei einer Rechtsformverfehlung regelmäßig ohne nähere Tatsachenfeststellung von einem gemeinsamen Irrtum der Parteien aus. Gegen diese Vorgehensweise spricht aber, dass gerade in den Medienunternehmen die sog. Festanstellungsrechtsprechung[465] zu einer gewissen Sensibilisierung geführt hat, wenn es um die Beschäftigung freier Mitarbeiter geht. Aus der Sorge, dass man sich von Mitarbeitern nicht mehr ohne weiteres trennen kann, wenn sie erst unbefristet eingestellt sind, resultiert eine „durchdachte" Beschäftigungspraxis. Zum Teil werden mit freien Mitarbeitern befristete Verträge nur mit langen Unterbrechungszeiten abgeschlossen oder es wird ganz genau darauf geachtet, dass die jährlichen Einsätze einen gewissen Beschäftigungs- oder Verdienstumfang nicht überschreiten dürfen[466]. Insbesondere in den Fällen, in denen die Vertragspartner trotzdem eine Mitarbeit vereinbaren, die von Anfang an die Merkmale eines Arbeitsverhältnisses erfüllt, erscheint die Annahme eines gemeinsamen Irrtums über die richtige Rechtsform des Beschäftigungsverhältnisses eher unzutreffend. Dementsprechend nicht ausreichend berücksichtigt hat das BAG in der zitierten Entscheidung die Frage, inwieweit sich die Parteien über Zweifel einfach hinweggesetzt beziehungsweise bewusst das Beschäftigungsverhältnis falsch deklariert haben. Wenn dieselbe Tätigkeit wie dort zuvor in einem Arbeitsverhältnis erbracht worden war, sprechen schon die äußeren Umstände eher gegen einen Rechtsirrtum der Parteien[467]. Wollen sich die Beteiligten dem Arbeitsrecht bewusst dadurch entziehen, dass sie ihr Beschäftigungsverhältnis falsch bezeichnen[468], scheidet ein Fehlen der subjektiven Geschäftsgrundlage nach § 313 Abs. 2 BGB von vornherein aus. Von einem Irrtum kann in diesem Fall nicht gesprochen werden.

Zu denken wäre aber an § 313 Abs. 1 BGB, da die Feststellung der Arbeitnehmereigenschaft zu einer Äquivalenzstörung geführt haben könnte. Ist bei einem

---

[465] Zum Begriff *Bietmann* NJW 1983, 200, 201.
[466] Sehr gute Darstellung bei Uthoff/Deetz/Brandhof BB 1994, S. 1777 e/Nöh S.9, 169; Fohrbeck/Wiesand S. 114.
[467] In diesem Sinne *Kirsten* S. 78.
[468] Über die Konstellation, dass beide Vertragsparteien absichtlich ein Arbeitsverhältnis unzutreffend als freies Mitarbeiterverhältnis titulieren, hat die Rechtsprechung soweit ersichtlich noch nicht entschieden.

gegenseitigen Vertrag das Verhältnis zwischen Leistung und Gegenleistung durch nachträglich eintretende Veränderungen erheblich aus dem Gleichgewicht gebracht, kann, vorausgesetzt, dass im Einzelfall die Voraussetzungen des § 313 Abs. 1 BGB erfüllt sind, eine Anpassung des Vertrags verlangt werden. Die Vorstellung der Gleichwertigkeit von Leistung und Gegenleistung gehört bei solchen Verträgen auch dann zur Geschäftsgrundlage, wenn sie bei den Verhandlungen nicht besonders zum Ausdruck gekommen ist[469].

Aufgrund des Statusurteils steht fest, dass der Mitarbeiter wie ein Arbeitnehmer zu behandeln ist. Eine Äquivalenzstörung könnte darin zu sehen sein, dass der Arbeitgeber einer finanziellen Mehrbelastung ausgesetzt wird. Denn neben dem zu zahlenden Arbeitsentgelt hat er durch die Statusklärung auch die Kosten der Sozialversicherung zu tragen, während die als Gegenleistung zu erbringende Arbeitsleistung unverändert bleibt[470]. Allerdings kommt eine Vertragsanpassung in den Fällen der Äquivalenzstörung nur dann in Betracht, wenn es sich um eine ganz wesentliche Verschiebung des Äquivalenzinteresses handelt[471]. Durch die eintretende Verteuerung der Arbeitsleistung wird bei wirtschaftlicher Betrachtung die im Vertrag angenommene Gleichwertigkeit von Leistung und Gegenleistung betroffen. Anderseits stellen Sozial- und Bestandsschutz im Arbeitsverhältnis gerade die äquivalente Gegenleistung für die Arbeitsleistung des Arbeitnehmers dar[472] und sind für die Rundfunkanstalt als rechtliche Folge hinnehmbar. Solange die Schwelle zu einem groben Missverhältnis nicht ausnahmsweise überschritten ist, scheidet eine Anpassung nach § 313 BGB aus[473].

Aber auch dann, wenn man mit dem BAG in den Fällen der Rechtsformverfehlung einen gemeinsamen Rechtsirrtum der Parteien bejaht, ist eine Geschäftsgrundlagenstörung nur beachtlich, wenn der benachteiligten Partei ein Festhalten am unveränderten Vertrag nicht mehr zugemutet werden kann. Allein dann erscheint eine Lockerung der vertraglichen Vereinbarungen gerechtfertigt. Dass die Bestimmung der Zumutbarkeitsgrenze unter Berücksichtigung aller Umstände des Einzelfalls stattzufinden hat, wird dabei vom Gesetz ausdrücklich ange-

---

[469] Palandt/*Heinrichs* (2007) § 313 BGB Rn. 25.
[470] Ausführlich zu den finanziellen Konsequenzen *Lampe* RdA 2002, 18, 20.
[471] BGH 29.9.1961 - V ZR 136/60 - BB 1961, 1300.
[472] Dazu *Bittner* Anm. zu BAG 18.11.1988 - 8 AZR 12/86 - SAE 1990, 25, 30.
[473] *Kirsten* S. 83.

ordnet[474]. § 313 Abs. 1 BGB gibt weiter Kriterien vor, die in die Abwägung einzustellen sind: Entscheidend für die Unzumutbarkeit sind die Umstände des Einzelfalls und insbesondere die vertragliche oder gesetzliche Risikoverteilung.

In den hier zu untersuchenden Fällen darf insbesondere die vertragliche Risikoverteilung nicht unberücksichtigt bleiben. Im Verhältnis freie Mitarbeit zum Arbeitsverhältnis könnte sich nämlich im Falle einer Rechtsformverfehlung gerade das vertragliche Risiko des Arbeitgebers verwirklicht haben[475]. Die Abweichung zwischen Vorstellung und Wirklichkeit müsste dann unberücksichtigt bleiben. Der Arbeitnehmerbegriff entscheidet über die Anwendbarkeit arbeitsrechtlicher Regelungen. Damit das Arbeitsrecht seine Funktion als Schutzrecht für die abhängig Beschäftigten erfüllen kann, ist seine Geltung unmittelbare Folge, wenn nach den objektiven Gegebenheiten ein Arbeitsverhältnis vorliegt. Stellt sich heraus, dass ein Arbeitsverhältnis bestand, trifft den Arbeitgeber der gesamte arbeitsrechtliche Pflichtenkatalog. Der Arbeitnehmer soll dadurch auch bei einer Rechtsformverfehlung nicht der Gefahr ausgesetzt werden, den vom Arbeitsrecht vorgesehenen Schutz zu verlieren. Daran wird deutlich, dass die Gefahr einer Rechtsformverfehlung im Risikobereich des Arbeitgebers liegt. Könnte er sich dennoch auf einen Wegfall der Geschäftsgrundlage berufen, würde man diese Wertung unterlaufen[476].

Bedeutsam ist in diesem Zusammenhang schließlich auch das Merkmal der Unvorhersehbarkeit, da vorhersehbare Änderungen regelmäßig keine Rechte aus § 313 BGB begründen. Wer die Störung bei Vertragsschluss erkennen konnte, von dem kann erwartet werden, dass er im Vertrag Vorsorge trifft[477]. Einer Partei, die sich trotzdem ohne absichernde Regelung auf den Vertrag einlässt, ist bei einem solchen Risikogeschäft die Berufung auf eine Störung der Geschäftsgrundlage versagt oder zumindest das weitere Festhalten am unveränderten Vertrag nicht unzumutbar[478]. Im Bereich der freien Mitarbeit ist sehr fraglich, ob die Vertragspartner nicht damit rechnen mussten, dass aufgrund der tatsächlichen Durchführung ihres Beschäftigungsverhältnisses ein Arbeitsverhältnis entstehen

---

[474] Früher war zu prüfen, ob sich die andere Partei auf die Berücksichtigung des Umstandes hätte redlicherweise einlassen müssen. Dies ist nur eine andere Umschreibung der vorzunehmenden Interessenabwägung.
[475] So auch *Forster* S. 22.
[476] *Forster* S. 22 f.
[477] BGH 1.6.1979 - V ZR 80/77 - BGHZ 74, 370, 373 ff.
[478] Jauernig/*Stadler* (2004) § 313 Rn. 24.

kann. Die Rechtsprechung des BAG zum Arbeitnehmerbegriff kann als gefestigt bezeichnet werden und gerade im Rundfunkbereich bietet eine umfangreiche Kasuistik zumindest Anhaltspunkte für die Statuseinschätzung. Deshalb dürfte in dem meisten Fällen die Qualifikation des Beschäftigungsverhältnisses für die Beteiligten durchaus vorhersehbar sein. Auch Mayer-Maly hat überzeugend darauf hingewiesen, dass es keiner besonderen Rechtskenntnisse bedarf, um zu erfassen, dass ein Arbeitsverhältnis entstehen kann, wenn sich die Parteien auf eine organisatorische Eingliederung einlassen[479]. Letztlich ist es eine Frage des Einzelfalls, ob die Parteien vorhersehen konnten, dass die rechtliche Qualifikation ihres Beschäftigungsverhältnisses einer gerichtlichen Überprüfung nicht standhalten könnte.

Im Ergebnis dürfte ein Anspruch auf Vertragsanpassung somit nicht nur an der Subsidiarität der Geschäftsgrundlagenlehre, sondern auch an den Voraussetzungen des § 313 Abs. 1 und 2 BGB scheitern.

c) Vergütungshöhe im Arbeitsverhältnis

Die Bestimmung der Vergütungshöhe im Arbeitsverhältnis könnte sowohl durch ergänzende Vertragsauslegung als auch über § 612 Abs. 2 BGB erfolgen. § 612 Abs. 1 BGB hingegen ist außer in den Fällen, in denen überhaupt kein Honorar vereinbart wurde, nicht heranzuziehen. Die Vorschrift ist nur dann anwendbar, wenn sich die Parteien entweder keine Gedanken über die Entgeltlichkeit gemacht haben oder unerkannt unterschiedliche Vorstellungen über eine Entlohnung hatten[480]. Hier haben die Vertragspartner aber insbesondere durch die Honorarabrede zum Ausdruck gebracht, dass die Tätigkeit gegen Vergütung erfolgen sollte, so dass bereits die Umstände für Vereinbarung über eine Entgeltlichkeit sprechen.

(1) Übliche Vergütung nach § 612 Abs. 2 BGB

Nach einer in der Literatur vertretenen Ansicht sei eine richterliche Vertragsergänzung schon deshalb nicht möglich, weil der hier problematisierte Fall in § 612 Abs. 2 BGB explizit geregelt sei[481]. Für eine ergänzende Vertragsauslegung bestehe allenfalls dann Raum, wenn sich das Nichtvorliegen einer Vergütungs-

---
[479] Anm. zu BAG 9.7.1986 – 5 AZR 44/85 - AP Nr. 7 zu § 242 BGB Geschäftsgrundlage.
[480] HWK/*Thüsing* (2006) § 612 Rn. 27.
[481] *Forster* S. 21.

vereinbarung nachweisen ließe und § 612 Abs. 2 BGB zu keinem Ergebnis führe.

Auch das BAG wendet zur Bestimmung der Vergütungshöhe § 612 Abs. 2 BGB an und gelangt zu dem Ergebnis, dass die Rundfunkanstalt im Falle eines Arbeitsverhältnisses das tarifliche Arbeitsentgelt schuldet[482]. In diesem Zusammenhang kann der 5. Senat aber nicht so verstanden werden, dass § 612 Abs. 2 BGB ohne weiteres einschlägig ist. § 612 Abs. 2 BGB kommt nämlich nur in Betracht, wenn eine (auch stillschweigende) Vereinbarung über die Höhe der Vergütung nicht existiert[483]. Erst wenn feststeht, dass nach dem objektiv zum Ausdruck gebrachten Parteiwillen nicht eine besondere Lohnhöhe beabsichtigt war, ist die Auslegungsregel des § 612 Abs. 2 BGB subsidiär anwendbar. In einem ersten Schritt ist daher festzustellen, ob die Parteien für die Tätigkeit des Rundfunkmitarbeiters aufgrund seiner besonderen Kompetenz oder Qualifikation eine überdurchschnittliche Vergütung vereinbart hatten[484]. Wurde ein freier Mitarbeiter bisher im Vergleich zu anderen Freien besser entlohnt, ist in einem zweiten Schritt der Vertrag ergänzend dahin auszulegen, dass ein entsprechend höheres als das übliche Arbeitsentgelt als vereinbart gilt. Solche Fallkonstellationen dürften allerdings die Ausnahme bilden, so dass regelmäßig § 612 Abs. Abs. 2 BGB zu prüfen sein wird. Das BAG hatte in den oben skizzierten Entscheidungen keinen Anlass, auf eine ergänzende Vertragsauslegung einzugehen, da die freien Mitarbeiter nach Honorarrichtlinien bezahlt wurden und Anhaltspunkte für eine überdurchschnittliche Bezahlung nicht vorlagen. Falls eine Taxe nicht besteht[485], richtet sich der Vergütungsanspruch nach der Höhe der üblichen Vergütung, § 612 Abs. 2 BGB. Üblich ist nach verbreiteter Ansicht die Vergütung, die am gleichen Ort in ähnlichen Gewerben oder Berufen für entsprechende Arbeit und unter Berücksichtigung des Lebensalters, des Familienstandes oder der Kinderzahl bezahlt wird[486]. Nur dann, wenn keine Vergleichsgruppe besteht und eine übliche Vergütung nicht feststellbar ist, kann der Dienstverpflich-

---

[482] Vgl. BAG 21.1.1998 -5 AZR 50/97- NZA 1998, 594, 595.
[483] *Steinau-Steinrück* SAE 1999, 318, 320.
[484] Ebenso *Reinecke* RdA 2001, 357, 363.
[485] Dies betrifft nur noch Rechtsanwälte, Steuerberater, Ärzte und Architekten, vgl. Staudinger/*Richardi* (2005)§ 612 Rn. 39 ff.
[486] ErfK/*Preis* (2006) § 612 BGB Rn. 37; MüKo/*Müller-Glöge* (2005) § 612 BGB Rn. 29; Staudinger/*Richardi* (2005) § 612 Rn. 45.

tete nach § 316 BGB die Höhe der Vergütung bestimmen. Dies hat nach billigem Ermessen zu geschehen, § 315 Abs. 1 BGB.

(2) Tarifliche Vergütung

Noch einfacher lässt sich die Höhe der geschuldeten Vergütung festlegen, wenn sich übliche und tarifliche Vergütung für Arbeitnehmer entsprechen. Nach der Rechtsprechung sind Tariflohn und übliche Vergütung in vielen Fällen identisch[487]. Damit ist nicht gemeint, dass sie generell identisch sind, da der tarifvertraglich geschuldete Lohn je nach den Umständen höher, in besonderen Fällen auch niedriger liegen kann[488]. Hinzu kommt, dass für die Üblichkeit auf alle Arbeitnehmer einer Vergleichsgruppe abzustellen ist und dass in den seltensten Fällen alle Arbeitnehmer tarifgebunden sind und Tariflöhne erhalten. Anders verhält es sich allerdings im öffentlich-rechtlichen Rundfunk, da dort auch auf die nicht organisierten Arbeitnehmer Tarifverträge angewandt werden und meistens ausschließlich nach tariflichen Sätzen vergütet wird. Da die Anstalten bei der Entlohnung ihrer Beschäftigten nicht zwischen organisierten und nicht organisierten Mitarbeitern unterscheiden, ist eine Gleichsetzung hier gerechtfertigt[489]. Bestehen dementsprechend tarifvertragliche Regelungen für Angestellte und nach § 12a TVG auch für freie Mitarbeiter, ist für die Höhe auch bei gleicher oder vergleichbarer Tätigkeit weiter danach zu differenzieren, ob die Tätigkeit in freier Mitarbeit oder im Arbeitsverhältnis geleistet wird[490]. Folglich wird sich in den hier zu untersuchenden Fällen die im Arbeitsverhältnis geschuldete Vergütung nach dem jeweiligen Tarifvertrag für Festangestellte richten[491]. Die tariflichen Regelungswerke der öffentlich-rechtlichen Rundfunkanstalten sehen Vergütungsgruppen vor, denen die Beschäftigten nach bestimmten Tätigkeitsmerkmalen zugeordnet werden können. Hat sich der freie Mitarbeiter erfolgreich seinen Arbeitnehmerstatus erstritten, muss deshalb zur Bestimmung der Entgelthöhe im Einzelfall eine Eingruppierung in den jeweiligen Vergütungstarifvertrag

---

[487] BAG 26.5.1993 - 4 AZR 461/92 - AP Nr. 2 zu § 612 BGB Diskriminierung [III 2b der Gründe].
[488] ArbR-BGB/*Schliemann* (2002) § 612 BGB Rn. 36; HWK/*Thüsing* (2006) § 612 Rn. 40; BAG 21.01.1998 - 5 AZR 50/97 - NZA 1998, 594, 595.
[489] Staudinger/*Richardi* (2005) § 612 Rn. 47; HWK/*Thüsing* (2006) § 612 Rn. 40.
[490] BAG 21.1.1998 - 5 AZR 50/97 - NZA 1998, 594.
[491] So auch *Reinecke* RdA 2001, 357, 363; *Niepalla* ZUM 1999, 353, 361.

erfolgen[492], der Arbeitnehmer also entsprechend dem vertraglich vorgesehenen Tätigkeitsbereich in eine Lohngruppe des Tarifvertrages eingestuft werden. Die bisher überwiegend ausgeübte Tätigkeit ist Tatbestandsmerkmal der Vergütungsgruppe und maßgeblich für die Höhe des geschuldeten Entgelts. Denn nach den gängigen tarifvertraglichen Regelungen richtet sich die Frage, in welche Lohngruppe der Arbeitnehmer eingestuft ist, nach der überwiegend ausgeübten Tätigkeit[493]. Kommen für einen Arbeitnehmer mehrere Vergütungsgruppen in Betracht, ist die Tätigkeit maßgebend, die mehr als die Hälfte der Gesamtarbeitszeit des Arbeitnehmers in Anspruch nimmt[494] oder der geschuldeten Tätigkeit insgesamt das Gepräge gibt[495]. Dabei ist grundsätzlich ein Zeitraum von zwei bis drei Jahren vor Erhebung der Statusklage heranzuziehen, sofern das Gericht in seine Prüfung nicht ausdrücklich länger zurückliegende Tätigkeiten einbezogen hat[496]. Soweit ersichtlich, hatte die Rechtsprechung bisher nur bei Bestimmung des Beschäftigungsumfangs Anlass, sich mit dem Zeitraum auseinander zu setzen, der bei Bestimmung der überwiegend ausgeübten Tätigkeit als repräsentativ angesehen werden kann. Aber auch bei der Eingruppierungsproblematik geht es nur darum, eine Zeitspanne zu untersuchen, die einerseits lange genug ist, um auch saisonbedingte Abweichungen und zufällige Vorgänge objektiv zu erfassen und andererseits nicht zu lange, so dass eine Beweisaufnahme noch praktischen Erfolg verspricht. Da sich keine Unterschiede zum Referenzzeitraum bei Bestimmung des Beschäftigungsumfangs ergeben, kann auf die ausführliche Darstellung an späterer Stelle (S. 157 f) verwiesen werden. Der Mitarbeiter kann dann die seiner Vergütungsgruppe entsprechende Lohnhöhe als

---

[492] So auch *Niepalla* ZUM 1999, 353, 361; vgl. allg. BAG 27.7.1993 - 1 ABR 11/93 - AP Nr. 110 zu § 99 BetrVG 1972 [II 1 der Gründe].

[493] Vgl. exemplarisch § 20 Abs. 2 MTV-ZDF; siehe auch BAG 29.4.1981 - 4 AZR 1007/78 - AP Nr. 11 zu § 1 TVG Tarifverträge Rundfunk.

[494] BAG 25. 9. 91 - 4 AZR 87/91 - DB 1992, 530.

[495] BAG 9.7.1975 - 4 AZR 402/74 - AP Nr. 3 zu § 1 TVG Tarifverträge Rundfunk; BAG 4.10.1978 - 4 AZR 202/77 - AP Nr. 7 zu § 1 TVG Tarifverträge Rundfunk.

[496] Dieser Sachverhalt lag z.B. dem BAG-Urteil vom 14.3.2001 - 4 AZR 152/00 - AP Nr. 35 zu § 1 TVG Tarifverträge Rundfunk zugrunde. Dort ging es um eine Übersetzerin und Sprecherin, die unter anderem eine intensivere Beschäftigung bei der beklagten Rundfunkanstalt begehrte. Die Besonderheit des Falles bestand darin, dass die Klägerin in den letzten Jahren vor Erhebung der Statusklage aufgrund einer Anweisung des Redaktionsleiters nur noch im Umfang von zehn Stunden pro Woche für die Anstalt tätig war, obwohl sie in der Zeit von 1985 bis 1993 für 11,5 Wochenstunden eingesetzt worden war. Aufgrund der konkreten Fallgestaltung musste das Gericht hier einen längeren Referenzzeitraum zugrunde legen, da andernfalls die Frage, ob der Arbeitgeber den Beschäftigungsumfang einseitig wirksam reduzieren konnte, nicht hätte geklärt werden können..

üblichen Lohn verlangen. Ergibt eine Begutachtung des früheren Beschäftigungsumfangs nur eine Teilzeitbeschäftigung, entsteht der Anspruch anteilig gemessen an der tariflichen Wochenarbeitszeit[497].

d) Brutto- oder Nettolohnvereinbarung?

Ergibt eine Auslegung, dass die Vergütungsabrede unabhängig vom Status des Mitarbeiters getroffen wurde, ist fraglich, ob der Arbeitnehmer das bisherige Honorar jetzt als Netto-Lohn im Arbeitsverhältnis beanspruchen kann. Der Arbeitgeber hätte dann die vereinbarte Vergütung zu zahlen und zusätzlich für die Begleichung von Lohnsteuer, gegebenenfalls Kirchensteuer und Arbeitnehmer-Anteilen zur Sozialversicherung aufzukommen[498]. Bei einer Bruttovereinbarung wäre er dagegen berechtigt, nur den um die gesetzlichen Abzüge geschmälerten Lohn an den Arbeitnehmer auszuzahlen.

Zur Auslegung heranzuziehen ist § 38 Abs. 2 EStG. Danach ist der Arbeitnehmer der eigentliche Schuldner der Einkommenssteuer, so dass im Zweifel davon ausgegangen werden muss, dass der vereinbarte Arbeitslohn Bruttolohn ist und dass die Steuerlast auch im Verhältnis der Arbeitsvertragsparteien zueinander grundsätzlich den Arbeitnehmer trifft[499]. Soll der Arbeitnehmer ausnahmsweise einen Anspruch auf Auszahlung des gesamten Lohnes haben, bedarf es vor allem wegen der beachtlichen finanziellen Auswirkungen für den Arbeitgeber einer eindeutigen „Brutto für Netto-Abrede"[500]. Dem Rundfunkmitarbeiter dürfte es aber kaum gelingen, eine derartige Nettolohnvereinbarung darzulegen und zu beweisen. Gegen eine solche Vereinbarung spricht insbesondere, dass der Anstellungsvertrag des Scheinselbstständigen in den meisten Fällen auf die Tarifbedingungen für die auf Produktionsdauer Beschäftigten Bezug nehmen wird. Dort finden sich Regelungen darüber, dass die im Vertrag vereinbarten Vergü-

---

[497] Die Problematik der Eingruppierung tritt nicht nur auf, wenn es darum geht, den üblichen Tariflohn für die Tätigkeit des Betroffenen zu ermitteln, sondern auch dann, wenn der Tarifvertrag aufgrund beiderseitiger Tarifbindung unmittelbar zwingend auf das Arbeitsverhältnis einwirkt (§§ 3 I, 4 I TVG). In diesem Fall hat der Arbeitnehmer ohne irgendeine Eingruppierungsentscheidung des Arbeitgebers Anspruch auf das Tarifentgelt, dass seinen Tätigkeitsmerkmalen zugeordnet werden kann (sog. Tarifautomatik).
[498] BAG 24.6.2003 - 9 AZR 302/02 - NZA 2003, 1145; MünchArbR/*Hanau* § 64 Rn. 2.
[499] MünchArbR/*Hanau* § 64 Rn. 50.
[500] BAG 19.12.1963 - 5 AZR 174/63 – NJW 1964, 837.

tungen aller Art Bruttovergütungen sind[501]. Zudem sollte der Mitarbeiter auch bisher selbst für die Versteuerung seines Einkommens aufkommen, sei es im Lohnabzugsverfahren nach §§ 38 ff EStG oder durch Einkommenssteuervorauszahlungen an das Finanzamt nach § 37 EStG[502].

e) Unmittelbare Anwendbarkeit tarifvertraglicher Regelungen über die Entgelthöhe

Ist ein bei der Rundfunkanstalt bestehender Haustarifvertrag sachlich und persönlich auf das Arbeitsverhältnis anwendbar (§ 4 Abs. 1 TVG), bemisst sich die Höhe des Entgelts ebenfalls nach der zutreffenden Vergütungsgruppe des Tarifvertrages.

Zunächst ist daher die Frage der Eingruppierung zu klären. Maßgeblich ist nach den Tarifwerken die bisher im Rahmen des Beschäftigungsverhältnisses überwiegend ausgeübte Tätigkeit. Erfüllt der Arbeitnehmer die Tatbestandsmerkmale einer bestimmten Vergütungsgruppe, entsteht sein Anspruch auf das entsprechende Tarifentgelt von selbst, ohne dass es einer Entscheidung des Arbeitgebers bedarf[503]. Umgekehrt bedeutet das aber auch, dass eine Vergütung als freier Mitarbeiter, die auf einem Rechtsirrtum beruht, für die Zukunft eingestellt werden kann, so dass nur noch die tarifübliche Vergütung für Festangestellte gezahlt werden muss. Dabei ist aber zu beachten, dass die Entgelthöhe durch Einordnung in ein vorhandenes Tarifschema nicht zum Nachteil des Mitarbeiters herabgesetzt werden kann. Ist die verabredete statusunabhängige und damit weiterhin maßgebliche Vergütung höher als der einschlägige Tariflohn, setzt sich diese Vereinbarung gegenüber dem niedrigeren Tariflohn durch und der Arbeitnehmer behält den Anspruch auf das einzelvertraglich geschuldete Entgelt (sog. Günstigkeitsprinzip).

---

[501] Vgl. Tarifvertrag für die auf Produktionsdauer Beschäftigten des ZDF in der ab 1.10.2004 gültigen Fassung Abschnitt VI Nr. 32.
[502] Die nachträgliche Annahme eines Arbeitsverhältnis kann für die Rundfunkanstalt weitreichende steuerrechtliche Folgen haben, wenn der Arbeitnehmer seine Einkünfte in der Vergangenheit nicht versteuert hat; dazu ausführlich im sechsten Kapitel S. 165 ff.
[503] BAG 16.1.1991 - 4 AZR 301/90 - BB 1991, 1567.

f) Gleichbehandlungsgrundsatz

Schließlich könnte auch der arbeitsrechtliche Gleichbehandlungsgrundsatz Einfluss auf die Vergütungshöhe haben[504]. Ein allgemeiner Gleichbehandlungsanspruch des Arbeitnehmers besteht grundsätzlich auch im Bereich der Arbeitsvergütung, wenn auch nur mit Einschränkungen[505]. Folge einer sachwidrigen Differenzierung wäre aber bestenfalls, dass der schlechter gestellte Arbeitnehmer Anspruch auf Vergütung in derselben Höhe hätte wie ein vergleichbarer Arbeitskollege. Nach dem bisher Gesagten bemisst sich die Vergütung regelmäßig nach den tariflichen Bestimmungen für Festangestellte. Der „neue" Arbeitnehmer hat bereits Anspruch auf den Tariflohn. Ein darüber hinausgehender Verdienst ließe sich daher auch über den Gleichbehandlungsgrundsatz nicht erreichen. Zudem fehlt es ganz offensichtlich an einer Schlechterstellung.

5. Ergebnis

In der Regel haben die Vertragspartner in ihrer Honorarvereinbarung keine Regelung für den Fall eines Arbeitsverhältnisses getroffen. Der Vertrag ist zu diesem Punkt lückenhaft. Anhand ergänzender Vertragsauslegung ist dann zu ermitteln, ob die Vergütung auch für ein Arbeitsverhältnis vereinbart ist. Anhaltspunkte für eine statusabhängige Vergütung lassen sich insbesondere dem gewählten Vertragstext oder den tatsächlichen Gegebenheiten im Medienbereich entnehmen. Der Umstand, dass bei den öffentlich-rechtlichen Rundfunkanstalten unterschiedliche Sätze für die Bezahlung von Angestellten und Freien bestehen, spricht dafür, dass ein vereinbartes Honorar nur für den Fall einer tatsächlich gegebenen freien Mitarbeit vereinbart war. In der Regel wird eine Auslegung deshalb ergeben, dass das Honorar an den Status des Beschäftigten gebunden ist. Folglich kann nicht angenommen werden, dass die Vertragsparteien die Vergütung auch für den Fall eines Arbeitsverhältnisses vereinbaren wollten. Damit ist die Vergütungshöhe im Arbeitsverhältnis nicht bestimmt und diese Vertragslücke durch ergänzende Auslegung oder über § 612 Abs. 2 BGB zu schließen. Die Rundfunkanstalt schuldet dann regelmäßig nur die für Arbeitnehmer übliche Vergütung und kann deshalb die Zahlung der höheren Vergütung einstellen. Die frühere Auffassung der Rechtsprechung, zur Bestimmung der Vergütungshöhe

---

[504] Zu den Anwendungsvoraussetzungen vgl. die ausführliche Darstellung S. 152 ff.
[505] Schaub/*Schaub* (2005) § 112 Rn. 33.

seien die Grundsätze über den Wegfall der Geschäftsgrundlage heranzuziehen, ist aus Subsidiaritätsgründen abzulehnen.

Bei den öffentlich-rechtlichen Anstalten bestimmt sich die Entgelthöhe nach dem entsprechenden Vergütungstarifvertrag für Festangestellte. Zur Ermittlung der konkreten Vergütungsgruppe hat deshalb eine Eingruppierung des betroffenen Mitarbeiters in den jeweiligen Vergütungstarifvertrag zu erfolgen. Maßgeblich ist dabei die bisher in freier Mitarbeit überwiegend ausgeübte Tätigkeit. Im Ergebnis wirkt sich somit die Qualifizierung als Arbeitsvertrag zu Lasten des Arbeitnehmers aus. Treffend hat es Niepalla so formuliert: *„Der frühere Freie „erkauft" sich also per Statusklage einen relativ sicheren Arbeitplatz bei einer öffentlich-rechtlichen Rundfunkanstalt mit sozialer Sicherung gegen ein erheblich niedrigeres Netto-Einkommen"*[506].

Der arbeitsrechtliche Gleichbehandlungsgrundsatz führt ebenfalls nicht zu einer höheren Vergütung. Denn erreichen ließe sich allenfalls eine Vergütung in der Höhe, wie sie an vergleichbare Arbeitskollegen gezahlt wird. Der vermeintliche Freie hat aber bereits Anspruch auf den Tariflohn. Eine statusunabhängige Vergütungsregelung hat demgegenüber auch im Arbeitsverhältnis Bestand.

II. Arbeitspflicht

Der Vergütungspflicht des Arbeitgebers steht die Pflicht des Arbeitnehmers, die versprochenen Dienste zu leisten, gegenüber. Art und Inhalt der geschuldeten Leistung richten sich in erster Linie nach der vertraglichen Abrede. Sowohl für den Dienst- als auch für den Arbeitsvertrag ist charakteristisch, dass sich der Dienstnehmer verpflichtet, für einen anderen die Leistung von Diensten zu erbringen (§ 611 Abs. 1 BGB). Der Arbeitsvertrag bildet einen Spezialfall des Dienstvertrages. Die Beschreibung der Tätigkeit als solche kann daher auch weiterhin herangezogen werden. Es ergeben sich auch keine Unterschiede, falls die Tätigkeit des freien Mitarbeiters laut Vertragsbezeichnung im Rahmen eines Werkvertrages erfolgen sollte. Zwar besteht beim Werkvertrag die Leistungspflicht darin, für den Besteller das vereinbarte Werk zu schaffen, wobei allein

---

[506] *Niepalla* ZUM 1999, 361.

die Herbeiführung des Erfolges Gegenstand des Vertrages ist[507]. Zur Herbeiführung des Erfolges wird aber naturgemäß Arbeit geleistet, so dass auch der Werkvertrag eine entgeltliche Arbeitsleistung zum Inhalt hat[508].

Üblicherweise können im Vertrag aber nicht alle Einzelheiten abschließend geregelt werden. Die weitere inhaltliche Konkretisierung der Arbeitspflicht hinsichtlich Inhalt (was, wie), Ort (wo) und Arbeitszeit (wann, wie lange) erfolgt durch den Arbeitgeber im Rahmen seines Weisungs- oder Direktionsrechts. Dabei hängt insbesondere von der Fassung des Einzelvertrages ab, wie weit das Direktionsrecht des Arbeitgebers reicht[509]. Je weniger konkret die Arbeitsleistung nach Inhalt, Ort und Zeit darin festgelegt ist, desto größer ist der Spielraum des Arbeitgebers.

1. Art der Arbeitsleistung

Nach § 2 Abs. 1 S. 2 Nr. 5 NachwG gehört „*eine kurze Charakterisierung oder Beschreibung der vom Arbeitnehmer zu leistenden Tätigkeit*" zu den schriftlich niederzulegenden Arbeitsbedingungen. Unstimmigkeiten können sich bei Bestimmung des Aufgabengebietes vor allem deshalb ergeben, weil nach den Vergütungstarifverträgen die Funktions- und Tätigkeitsbezeichnung die Vergütungshöhe beeinflusst[510]. Der Mitarbeiter wird eine Funktionsbezeichnung anstreben, die mit der von ihm gewünschten Beschäftigung übereinstimmt und zu einer höheren Eingruppierung in den Vergütungstarifvertrag führt. Die Rundfunkanstalt wird dagegen versuchen, die Tätigkeitsbezeichnung pauschal zu halten („Redakteur", „Nachrichtensprecher", Regisseur"), um den Mitarbeiter auch in Zukunft flexibel und weitläufig einsetzen zu können[511].

a) Vertragliche Abrede

Ganz allgemein haben die Parteien eines Arbeitsverhältnisses nach § 611 Abs. 2 BGB die Möglichkeit, Dienste jeder Art zum Gegenstand ihres Vertrages zu machen. Beschränkungen ergeben sich dabei lediglich aus allgemeinen Rege-

---

[507] BGH 10.3.1983 - VII ZR 302/82 - NJW 1983, 1489.
[508] *Palandt/Thomas* (2007) vor § 631 BGB Rn. 1, 8; Schaub/*Schaub* (2005) § 36 Rn. 18.
[509] ArbR-BGB/*Schliemann* (2002) § 611 BGB Rn. 562; zu einzelnen Gestaltungsmöglichkeiten vgl. Schaub/*Schaub* (2005) § 45 Rn. 23.
[510] *Niepalla* ZUM 1999, 353, 360.
[511] *Niepalla* ZUM 1999, 353, 360; vgl. dazu auch *Rüthers/Buhl* ZfA 1986, 19 ff.

lungen wie den §§ 134, 138 und 242 BGB sowie aus einzelnen öffentlichrechtlichen Arbeitsschutzvorschriften, auf die an dieser Stelle nicht näher eingegangen werden soll[512]. Daneben müssen auch tarifvertragliche Bestimmungen beachtet werden, soweit diese die Art und Weise der geschuldeten Arbeitsleistung betreffen.

Wurde der freie Mitarbeiter auf Dienstvertragsbasis für eine bestimmte Aufgabe, etwa als Erster Aufnahmeleiter, Bildmischer oder Redakteur gebucht, dann ist diese ausdrückliche Vereinbarung über die zu verrichtenden Tätigkeiten grundsätzlich auch nach der Statuskorrektur maßgeblich. Entsprechendes gilt, wenn der Beschäftigte aufgrund eines Werkvertrages für die Rundfunkanstalt tätig werden sollte und der geschuldete Erfolg einem Aufgabengebiet im Arbeitsverhältnis zugeordnet werden kann. Voraussetzung ist in beiden Fällen allerdings, dass Vereinbarung und tatsächliche Handhabung nicht voneinander abweichen. Eine entgegen der ursprünglichen Vereinbarung praktizierte Abwicklung des Vertragsverhältnisses kann nämlich einerseits zu einer Bestimmungsänderung durch Vollzug und andererseits auch zu einer Konkretisierung der Arbeitspflicht auf bestimmte Arbeitsbereiche geführt haben[513].

Wie bereits festgestellt wurde, sehen die Vergütungstarifverträge der Rundfunkanstalten innerhalb der einzelnen Vergütungsgruppen bestimmte Tätigkeitsmerkmale vor. Bei Einstufung in eine bestimmte Vergütungsgruppe hat der Arbeitnehmer dann mangels gegenteiliger Vereinbarung in der Regel alle darin genannten Tätigkeiten zu übernehmen, sofern sie seinen Kräften und Fähigkeiten entsprechen und ihm die Tätigkeit auch im Übrigen billigerweise zugemutet werden kann[514]. Umgekehrt hat der Arbeitnehmer einen Anspruch darauf, dass ihm nur solche Arbeiten aufgetragen werden, die den Tarifmerkmalen der Vergütungsgruppe entsprechen[515]. Allerdings ist in den Tarifwerken der Rundfunkanstalten bestimmt, dass sich die Eingruppierung nach der bisher überwiegend ausgeübten Tätigkeit richtet. Für die erstmalige Bestimmung des Aufgabengebietes helfen die Vergütungsgruppen somit nicht weiter, sondern es muss zur

---

[512] HWK/*Thüsing* (2006) § 611 Rn. 287.
[513] Zu den Einschränkungen im Rundfunkbereich *Rüthers/Buhl* ZfA 1986, 19, 27 f.
[514] BAG 30.8.1995 - 1 AZR 47/95 - NZA 1996, 440.
[515] BAG 23.6.1993 - 5 AZR 337/92 - AP Nr. 42 zu § 611 BGB Direktionsrecht [I 4 der Gründe].

Feststellung seiner Tätigkeit erst die Vergütungsgruppe des Arbeitnehmers ermittelt werden.

Eine gegebenenfalls im Mitarbeitervertrag enthaltene Tätigkeitsbeschreibung kann entweder konkret („Redakteur der Vergütungsgruppe 10 in der Programmdirektion/HR Kultur Redaktion Aspekte"[516]; „Moderator der Sendung Filmtipp") oder auch nur sehr allgemein gestaltet sein („gehobener Redakteur")[517], so dass zur näheren Festlegung des Aufgabengebietes ergänzend die charakteristischen Merkmale des jeweiligen Berufsbildes herangezogen werden müssen[518]. Dem Arbeitnehmer können dann sämtliche Arbeiten zugewiesen werden, die dieser Berufsbezeichnung entsprechen[519]. Etwa schuldet ein Redakteur auch ohne ausdrückliche Bezeichnung als „Wort- und Bildredakteur" die Erbringung von Wort- und Bildbeiträgen[520]. Sofern vorhanden, können auch die Tätigkeitsmerkmale in den jeweiligen tariflichen Vergütungsgruppen Aufschluss über die Art der geschuldeten Arbeitsleistung geben. Auch wenn es im Medienbereich für viele Bereiche nicht möglich ist, von einer Bezeichnung auf eine abstrakte, allgemeingültige Tätigkeit mit genau festgelegtem Inhalt zu schließen, weil sich die Aufgabenbereiche und Zuständigkeiten der Mitarbeiter meist von Haus zu Haus unterscheiden[521], können dennoch die spezifischen Merkmale des Berufsbildes bei der konkreten Anstalt Aufschluss über das Aufgabengebiet des Mitarbeiters geben. Eine weitere Orientierungshilfe bilden Stellenausschreibungen.

b) Inhaltsbestimmung aufgrund der Umstände

Die einzelnen Arbeitsbedingungen können, wie jede andere Willenserklärung auch, stillschweigend durch schlüssiges Verhalten festgelegt werden. Nach allgemeinen Regeln ist zu fragen, ob die Vertragspartner Handlungen vorgenommen haben, die mittelbar den Schluss auf einen bestimmten Rechtsfolgewillen

---

[516] So in der Entscheidung des LAG Rheinland-Pfalz 13.4.1989 – 5 Sa 1031/88 - NZA 1990, 527 f.
[517] Vgl. ErfK/*Preis* (2006) § 611 BGB Rn. 799.
[518] ArbR-BGB/*Schliemann* (2002) § 611 BGB Rn. 570; MünchArbR/*Blomeyer* (2000) § 48 Rn. 5.
[519] LAG Hamm 13. 12. 1990 - 16 Sa 1297/90 - LAGE § 611 BGB Direktionsrecht Nr. 7.
[520] BAG 5.6.2003 - 6 AZR 237/02 – n. v. (juris); BAG 29.1.2003 - 5 AZR 703/01 - AP Nr. 66 zu § 612 BGB [I 2a der Gründe].
[521] BAG 11.12.1991 - 7 AZR 128/91 - NZA 1993, 354; *Wrede* NZA 1999, 1019, 1022 f.

zulassen[522]. Durch Auslegung ist in einem weiteren Schritt unter Berücksichtigung der tatsächlichen Vertragsausführung zu ermitteln, von welchem Geschäftsinhalt die Vertragspartner ausgegangen sind[523]. Weist beispielsweise der Arbeitgeber dem Arbeitnehmer faktisch einen Arbeitsplatz mit bestimmten Tätigkeitsmerkmalen zu und dieser befolgt die Anordnung, ist von einer stillschweigenden Aufgabenzuweisung auszugehen, die ebenso endgültig ist wie eine ausdrücklich vereinbarte[524]. Voraussetzung ist aber, dass nach den Umständen der Arbeitnehmer zumindest schlüssig sein Einverständnis erklärt hat[525]. Da nach den Tarifwerken der Rundfunkanstalten mündlich abgeschlossene Verträge[526] schriftlich zu bestätigen sind, dürfte in der Praxis die Art der geschuldeten Tätigkeit normalerweise der fixierten Vereinbarung entnommen werden können. Wurde der freie Mitarbeiter nicht aufgrund eines Dienstvertrages, sondern auf Werkvertragsbasis in der Rundfunkanstalt eingesetzt, muss aus der Natur des geschuldeten Werkes ermittelt werden, zu welchen Tätigkeiten der vermeintliche Freie vertraglich verpflichtet war.

Entsprechendes gilt, wenn die Parteien bei Vollzug des Arbeitsverhältnisses stillschweigend die Arbeitsbedingungen ändern. Erforderlich für eine solche konkludente Vereinbarung ist nach allgemeinen Grundsätzen, dass beide Seiten einen entsprechenden Vertragswillen geäußert haben. Bezieht sich das Änderungsangebot des Arbeitgebers auf die eigentliche Arbeitsleistung (Änderung der Vergütung, der Arbeitszeit etc.), bedeutet das widerspruchslose Weiterarbeiten des Arbeitnehmers in der Regel sein Einverständnis mit den neuen Arbeitsbedingungen. Vor allem eine längere unveränderte Vertragspraxis lässt auf einen entsprechenden Rechtsbindungswillen der Arbeitsvertragsparteien schließen. Dass auch das BAG eine einverständliche Änderung durchaus für möglich hält, zeigt sich, wenn es im Rahmen der Statusklage zur Bestimmung der Arbeitnehmereigenschaft auf den Vertragsinhalt abstellt, wie er nach dem (aktuellen) objektiven Erscheinungsbild zum Ausdruck kommt. Weichen ursprüngliche Vereinbarung und praktische Handhabung voneinander ab, entspricht nach der

---

[522] *Larenz/Wolf* BGB AT (2004) § 24 Rn. 16; *Flume* AT BGB (1979) § 5 3; Palandt/*Heinrichs* (2007) vor § 116 BGB Rn. 6.
[523] Allgemein BGH 22.6.1956 - I ZR 198/54 - BGHZ 21, 106 ff.
[524] HWK/*Thüsing* (2006) § 612 Rn. 290; MünchArbR/*Blomeyer* (2000) § 48 Rn. 25.
[525] HWK/*Thüsing* (2006) § 611 Rn. 290.
[526] Mündliche Verträge sind nicht unüblich, wenn etwa aus Aktualitätsgründen für eine schriftliche Vereinbarung keine Zeit bleibt.

Rechtsprechung die tatsächliche Durchführung dem Parteiwillen[527]. Aus der früher überwiegend ausgeübten Tätigkeit ergibt sich die Art der vom Arbeitnehmer geschuldeten Tätigkeit[528].

Im Rundfunkbereich darf allerdings nicht jede Erklärung des Arbeitgebers, die im Zusammenhang mit der Änderung von Arbeitsbedingungen ergeht, mehr oder weniger ungeprüft als Angebot eines Änderungsvertrages gesehen werden. Zum einen ist der Arbeitgeber bereits aufgrund seines Direktionsrechtes befugt, einen Wechsel in der Art der Beschäftigung des Arbeitnehmers herbeizuführen, solange die Tätigkeit den Merkmalen seiner Vergütungsgruppe entspricht. Zum anderen haben die Rundfunkanstalten aus verfassungsrechtlicher Sicht die Aufgabe, Programmvielfalt und umfassende Information zu bieten und dabei die Programme auf einem hohen Niveau zu halten[529]. Um den Programmbedürfnissen gerecht zu werden, besteht deshalb ein besonderes Interesse der Rundfunkanstalten, an der Programmgestaltung mitwirkende Mitarbeiter möglichst flexibel und vielfältig einsetzen zu können. Deshalb bedarf es jeweils einer genauen Prüfung, ob sich die Rundfunkanstalt durch Zuweisung einer konkreten Tätigkeit vertraglich binden wollte. Etwa kann ein als „Leitender Redakteur" angestellter Journalist auch aus der jahrelangen Alleinmoderation eines Fernsehmagazins nicht den Schluss ziehen, die Rundfunkanstalt wolle ihn auf Dauer und endgültig mit dieser Aufgabe arbeitsvertraglich betrauen[530].

c) Schriftformklauseln

Probleme können auftreten, wenn Rundfunkanstalt und Mitarbeiter im Honorarvertrag verabredet haben, dass Vertragsänderungen der Schriftform bedürfen[531]. Bei einer lediglich deklaratorischen Schriftformklausel, die der Klarstellung oder Beweissicherung dient, ist eine mündliche Vertragsänderung nach allgemei-

---

[527] BAG 27.3.1991 – 5 AZR 194/90 – AP Nr. 53 zu § 611 BGB Abhängigkeit [I 2 der Gründe].
[528] Ähnlich *Kirsten* S. 218.
[529] *Dörr* ZTR 1994, 355.
[530] LAG Baden-Württemberg 14.9.1988 – 12 Sa 120/87 – AfP 1988, 391.
[531] § 3 S. 1 NachwG hingegen stellt für die Änderung der Arbeitsbedingungen kein konstitutives Schriftformerfordernis auf; ein Verstoß gegen die Aufzeichnungspflicht führt somit nicht zur Unwirksamkeit einer neuen Vereinbarung.

ner Ansicht wirksam[532]. Aus der praktischen Handhabung folgt der (neu) vereinbarte Vertragsinhalt.

Ergibt eine Auslegung hingegen, dass die Einhaltung der vorgeschriebenen Form nach dem Parteiwillen Wirksamkeitsvoraussetzung ist („*Vereinbarungen über die Änderung des schriftlichen Vertrages bedürfen zu ihrer Gültigkeit der Schriftform*"[533]), führt dies grundsätzlich zur Nichtigkeit der mündlichen Vereinbarung. Gleiches gilt, wenn nähere Anhaltspunkte fehlen und sich ein eindeutiger Parteiwille nicht ermitteln lässt. Der gewillkürte Formzwang hat im Zweifel konstitutive Bedeutung (§ 125 S. 2 BGB) und das Geschäft, das nicht der Schriftform entspricht, ist nichtig. Eine mündliche Änderung der vom Arbeitnehmer zu leistenden Tätigkeit scheidet folglich aus.

Das formlos Vereinbarte kann dennoch wirksam sein, wenn die Parteien bei der Vertragsänderung den verabredeten Formzwang stillschweigend wieder aufgehoben haben. Die Vertragsfreiheit erlaubt es ihnen nämlich, jederzeit nachträglich von ihrer Formvereinbarung abzusehen[534]. Ob eine Aufhebung des Formerfordernisses auch dann möglich ist, wenn die Parteien überhaupt nicht an den Formzwang gedacht haben, ist im Schrifttum umstritten[535]. Zum Teil wird eingewandt, Voraussetzung für eine wirksame Vereinbarung sei nach allgemeinen Regeln ein Aufhebungswillen der Parteien[536]. Seien sich Arbeitgeber und Arbeitnehmer der getroffenen Formabrede nicht bewusst gewesen, fehle der Geschäftswille hinsichtlich der Aufhebungsvereinbarung, so dass der Vertrag nicht wirksam zustande gekommen sein könne. Dieser Auffassung ist entgegen zu halten, dass diejenigen, die rechtsgeschäftlich einen Formzwang festgelegt haben, nach der Vertragsfreiheit grundsätzlich zu jedem Zeitpunkt frei darüber entscheiden können, ob sie in Zukunft an den Formzwang gebunden sein möch-

---

[532] BGH 21.2.1996 - IV ZR 297/94 - NJW-RR 1996, 641, 642; BGH 18.3.1964 - VIII ZR 281/62 - NJW 1964, 1269, 1270.
[533] Vgl. exemplarisch Tarifvertrag Produktionsdauer Beschäftigte des ZDF Abschnitt I Ziff. 2.3.
[534] BGH 20.5.1958 - VIII ZR 329/56 - NJW 1958, 1231; *Tiedke* MDR 1976, 367; *Flume* AT BGB (1979) § 15 III 2.
[535] BAG 10.1.1989 3 AZR 460/87 - NJW 1989, 2149; Erman/*Palm* (2004) § 125 BGB Rn. 9; Soergel/*Hefermehl* (1999) § 125 Rn. 33; Palandt/*Heinrichs* (2007) § 125 BGB Rn. 14 m. w. N.
[536] BGH 17.4.1991 - XII ZR 15/90 - NJW-RR 1991, 1289, 1290; MüKo/*Einsele* (2006) § 125 Rn. 70.

ten oder nicht[537]. Zuzugeben ist zwar, dass der Zweck der Schriftklausel, jederzeit Klarheit über den Inhalt eines Vertrages zu haben und einen Übereilungsschutz zu gewährleisten, verfehlt würde, wenn alle später formlos geschlossenen Vereinbarungen als gültig anzusehen wären[538]. Dies ist dann aber gerade darauf zurückzuführen, dass die Parteien selbst übereinstimmend von der Beachtung der gesetzlich nicht vorgeschriebenen Form, über die sie allein zu bestimmen haben, abgesehen haben[539]. Es ist deshalb davon auszugehen, dass es genügt, wenn die Parteien die mündliche Vereinbarung übereinstimmend als maßgebliche wollten[540]. Indiz dafür wird regelmäßig die tatsächliche Vertragsdurchführung sein; denn richten sich die Parteien einvernehmlich nach den geänderten Vertragsbedingungen, so bringen sie damit auch zum Ausdruck, dass sie die mündliche Abrede gewollt haben[541]. Folgt man der Auffassung, die einen bewussten Aufhebungswillen der Parteien voraussetzt, wäre eine ohne entsprechenden Geschäftswillen getroffene mündliche Abrede nichtig. Aber auch diese Meinung kommt in der Praxis zu keinem anderen Ergebnis, wenn die Parteien den Formzwang zwar vergessen haben, ihm aber genügt hätten, wenn sie daran gedacht hätten[542]. In einem solchen Fall sei die Berufung auf die Nichtigkeit rechtsmissbräuchlich.

Nichts anderes gilt, wenn eine so genannte qualifizierte Schriftformklausel (*"Vertragsänderungen bedürfen der Schriftform. Mündliche Vereinbarungen über die Aufhebung der Schriftform sind unwirksam."*) verabredet war. Das BAG hat, soweit ersichtlich, noch nicht Stellung zu dieser Problematik genommen; es hat allerdings das Entstehen einer betrieblichen Übung an einer doppelten Schriftformklausel scheitern lassen[543]. Der BGH hat die Wirksamkeit einer lediglich mündlich aufgehobenen Schriftformabrede bei einem Mietvertrag ausdrücklich verneint[544].

---

[537] *Flume* AT BGB (1979) § 15 III 2; Erman/*Palm* (2004) § 125 BGB Rn. 9.
[538] *Erman* in Anm. zu BAG 4.6.1963 - 5 AZR 16/63 - AP Nr. 1 zu § 127 BGB; *Larenz/Wolf* BGB AT (2004)§ 27 Rn. 62.
[539] BGH 26.11.1964 - VII ZR 111/63 - AP Nr. 2 zu § 127 BGB.
[540] MüKo/*Einsele* (2006) § 125 BGB Rn. 70.
[541] HWK/*Thüsing* (2006) § 611 Rn. 500.
[542] *Larenz/Wolf* BGB AT (2004) § 27 Rn. 76; Staudinger/*Dilcher* § 125 Rn. 12 m. w. N.
[543] BAG 24.6.2003 – 9 AZR 302/02, NZA 2003 1145.
[544] BGH 2.6.1976 - VIII ZR 97/74 - BGHZ 66, 378; in BGH 17.4.1991 - XII ZR 15/90 - NJW-RR 1991, 1290 ausdrücklich offen gelassen.

Entgegen der vom BGH vertretenen Ansicht kann es aber auch hier nur darauf ankommen, dass Arbeitgeber und Arbeitnehmer die Änderung einverständlich wollten, da die Vertragsparteien nicht im Voraus auf ihre künftige Vertragsfreiheit verzichten können[545]. Zudem sind die Erklärung, den Vertrag schließen zu wollen und die, ihn zu ändern, gleichwertig[546]. Auch gerade im Hinblick darauf, dass es sich beim Arbeitsverhältnis um ein Dauerschuldverhältnis handelt, können die Parteien nicht für die Zukunft festlegen, ein späterer Änderungswille sei nachrangig. Es ist dann weiter zu prüfen, ob sich zumindest aus den Gesamtumständen Rückschlüsse auf einen einvernehmlichen Änderungswillen ziehen lassen[547]. Eine entsprechende Einigung wird sich in den hier interessierenden Fällen regelmäßig daraus ergeben, dass die Parteien anstandslos den geänderten Vertrag praktizieren. Dadurch geben sie zu erkennen, dass sie von der Wirksamkeit des formlosen Geschäfts ausgehen und die Änderung wirklich bezweckt haben. Eine doppelte Schriftformklausel steht somit einer formlosen Vertragsänderung nicht entgegen. Voraussetzung ist lediglich, dass die Arbeitsvertragsparteien die Änderung einverständlich wollen.

Abweichend zu beurteilen ist die Rechtslage, wenn tariflich bestimmt ist, dass einzelvertragliche Änderungen zur Gültigkeit der Schriftform bedürfen. Nach der hier vertretenen Auffassung geht die Bezugnahme auf einen konkreten Tarifvertrag für freie Mitarbeiter ins Leere, so dass in diesem Fall ein tarifvertragliches Schriftformerfordernis einer formlosen Vertragsänderung nicht entgegensteht. Eine Erörterung der Bezugnahmeproblematik erfolgt beim Urlaubsanspruch des Arbeitnehmers (S. 167 ff). Die beiderseits tarifgebundenen Parteien sind innerhalb der Laufzeit des Tarifvertrages nicht in der Lage, die tarifvertraglich bestimmte Schriftformklausel abzubedingen[548]. Eine Änderung des Tätigkeitsbereiches ist nach § 125 S. 2 BGB unwirksam. Dieses Ergebnis bedarf einer Korrektur, wenn die Parteien das Arbeitsverhältnis bereits zu den neuen Arbeitsbedingungen praktiziert haben. Für die Vergangenheit sind die einzelnen Vereinbarungen zumindest nach den Regeln über ein vollzogenes fehlerhaftes

---

[545] Erman/*Palm* § 125 Rn. 9; Soergel/*Herfermehl* (1999) § 125 Rn. 33; *Reinicke* DB 1976, 2289; aA MüKo/*Einsels* (2006) § 125 BGB Rn. 70 ff m. w. N.
[546] HWK/*Thüsing* (2006) § 611 Rn. 500.
[547] So auch BGH 17.4.1991 - XII ZR 15/90 - NJW-RR 1991, 1289, 1290.
[548] Nach der Rechtsprechung ist die durch Tarifvertrag bestimmte Form einer Willenserklärung dann, wenn der Tarifvertrag kraft Tarifgebundenheit unmittelbar gilt als durch Gesetz vorgesehene Form im Sinne der §§ 125 S. 1, 126 Abs. 1 BGB anzusehen, vgl. dazu BAG 27.3.1981 - 7 AZR 349/79 n. v. (juris).

Arbeitsverhältnis wie wirksame zu behandeln. Darüber hinaus steht einer Berufung auf den Formmangel der Grundsatz von Treu und Glauben (§ 242 BGB) entgegen, wenn die Parteien das Vertragsverhältnis für eine nicht unerheblich lange Zeit zu neuen Bedingungen durchgeführt haben[549]. Denn die Partei kann sich nicht über einen gewissen Zeitraum nach den neuen Arbeitsbedingungen richten, ihren eigenen Vorteil daraus ziehen und beim Vertragspartner den Eindruck erwecken, sie werde sich nicht auf die Schriftformklausel berufen und dann behaupten, sie habe keine Änderung des Rechtsverhältnisses gewollt. Geht es um die Festlegung der künftig im Arbeitsverhältnis zu leistenden Tätigkeit, muss somit Maßstab ebenfalls die bisher überwiegend ausgeübte Tätigkeit sein. Diese Problematik dürfte aber kaum praktische Bedeutung haben, weil nach den Tarifverträgen für freie Mitarbeiter auch mündliche Verträge schriftlich zu bestätigen sind. Gerade wenn sich die Art der geschuldeten Tätigkeit nicht nur um Nuancen, sondern in ihrem gesamten Erscheinungsbild ändert, wird eine schriftliche Vereinbarung daher die Regel sein[550].

d) Konkretisierung der Art der Arbeitsleistung

Eine nur pauschal festgelegte Arbeitspflicht kann auch durch langjährige Ausübung einer bestimmten Tätigkeit konkretisiert und auf diese Art und Weise Vertragsinhalt geworden sein[551]. In Rechtsprechung und Lehre wird allgemein die Möglichkeit bejaht, dass sich eine kraft Weisungsrecht zugewiesene Tätigkeit nach längerer Beschäftigungsdauer auf die übertragene Aufgabe verengt und dass der Arbeitgeber in der Zukunft gehindert ist, das ihm ursprünglich zustehende Direktionsrecht hinsichtlich bestimmter Arbeitsbedingungen auszuüben[552]. Beispielsweise hatte das LAG Rheinland-Pfalz darüber zu entscheiden, ob einem Rundfunkmitarbeiter trotz langjähriger Moderation eines Fernsehmagazins die Sendung kraft Direktionsrecht wieder entzogen werden konnte[553].

---

[549] LAG Rheinland-Pfalz 1.4.2004 - 6 Sa 1214/03 – n. v. (juris).
[550] Zur Beweiserleichterung durch das Nachweisgesetz die ausführliche Darstellung S. 138 f.
[551] Zu den Voraussetzungen vgl. LAG Köln 23.2.1987 - 6 Sa 957/86 - LAGE § 611 BGB Direktionsrecht Nr. 1.
[552] Z. B. BAG 3.2.1960 - 3 AZR 415/58 - BB 1960, 447; *Klempt* FS Stahlhacke S. 261, 262; *Zöllner/Loritz* (1998) §12 III 1c.
[553] 13.4.1989 – 5 Sa 1031/88 - NZA 1990, 527.

Anders als bei der erwähnten betrieblichen Übung, die an ein wiederholtes und gleichförmiges Verhalten anknüpft[554], kommt es zu einer Konkretisierung der vom Arbeitnehmer wahrzunehmenden Tätigkeiten, weil eine ursprünglich erteilte Weisung über einen längeren Zeitraum nicht abgeändert wurde[555]. Ebenso umstritten wie bei der betrieblichen Übung ist aber, ob sich eine Konkretisierung des Arbeitsverhältnisses aufgrund von Vertrauensgesichtspunkten nach § 242 BGB oder einer konkludenten Vertragsänderung gemäß § 305 BGB vollzieht.

Zum Teil wird angenommen, das Vertrauen des Arbeitnehmers in die Beibehaltung seines bisherigen Tätigkeitsbereichs sei zu schützen, wenn durch Ablauf eines längeren Zeitraums der Eindruck entstanden sei, dass der Arbeitgeber von dem ihm zustehenden Direktionsrecht keinen Gebrauch mehr machen werde (Vertrauenstheorie)[556].

Demgegenüber begründen andere Autoren die Einschränkung des Tätigkeitsbereichs mit einer stillschweigenden Vertragsänderung (Vertragstheorie). Es sei der zumindest stillschweigende Wille beider Parteien erforderlich, um eine Verfestigung des Tätigkeitsbereichs eintreten zu lassen[557]. Wie auch bei der betrieblichen Übung folgt das BAG dieser Ansicht und verlangt ein zumindest konkludentes Angebot des Arbeitgebers, in dem zum Ausdruck kommt, dass er den Arbeitnehmer gegen dessen Willen nicht mehr auf andere Arbeitsfelder versetzen werde[558]. Im Einzelfall ist also entscheidend, dass der Arbeitnehmer zu bestimmten Arbeitsbedingungen schon längere Zeit gearbeitet hat, zum anderen muss sich aus den Umständen ergeben, dass sich daran auch in Zukunft nichts ändern sollte.

In den hier relevanten Fällen wird ein stillschweigend erklärtes Angebot des Arbeitgebers nur selten vorliegen. Das Interesse der öffentlich-rechtlichen Rundfunkanstalten geht dahin, den wechselnden Programmbedürfnissen und dem Erfordernis der Programmvielfalt durch einen möglichst flexiblen Personaleinsatz gerecht zu werden. Nach dem Verständnis des BVerfG wirkt sich der ihnen

---

[554] Zusammenfassend *Hromadka* NZA 1984, 241ff.
[555] *Rüthers/Buhl* ZfA 1986, 19, 32.
[556] *Birk* AR-Bl. D. Direktionsrecht I B III 2a; *Boemke/Kessler* § 106 GewO Rn. 18; *Falkenberg* DB 1981, 1087, 1090.
[557] *Hueck/Nipperdey* Bd. I S. 202; *Nikisch* Bd. I S. 260.
[558] Z.B. BAG 15.10.1960 - 5 AZR 152/58 - AP Nr 73 zu § 3 TOA; 20.1.1960 - 4 AZR 267/59 - AP Nr. 8 und 14.12.1961 - 5 AZR 180/61 – AP Nr. 17 zu § 611 BGB Direktionsrecht.

durch Gesetz und Satzung vorgeschriebene Programmauftrag auch bei der Auswahl, Einstellung und Beschäftigung von programmgestaltenden Mitarbeitern aus. Es ist daher unerlässlich für die Rundfunkanstalt, sich bei der Gestaltung der Arbeitsverträge ein möglichst weitgehendes Direktionsrecht vorzubehalten[559]. Nur dadurch behält sie den personellen und inhaltlichen Spielraum zur Gewährleistung eines möglichst vielfältigen und abwechslungsreichen Programmes. Es widerspräche dem im Arbeitsvertrag geäußerten Vertragswillen der Rundfunkanstalt, wenn ihr wegen einer längeren Vertragspraxis ein abweichender, stillschweigend geäußerter Parteiwille unterstellt würde[560].

Nimmt man mit der Rechtsprechung trotz fehlenden Erklärungsbewusstseins eine wirksame Willenserklärung bereits dann an, wenn der Erklärende bei Anwendung der im Verkehr erforderlichen Sorgfalt hätte erkennen und vermeiden können, dass seine Äußerung nach Treu und Glauben und der Verkehrssitte als Willenserklärung aufgefasst werden kann[561], wird es dennoch aus Sicht des Arbeitnehmers regelmäßig an einem Verpflichtungswillen des Arbeitgebers fehlen. Angesichts der besonderen verfassungsrechtlichen Vorgaben an die Rundfunkanstalten und des daraus resultierenden Bedürfnisses nach Flexibilität im Personalbereich sind besondere Anhaltspunkte notwendig, die den Arbeitnehmer zur Annahme berechtigen, der Arbeitgeber wolle eine Vertragsänderung herbeiführen[562].

Stellt man mit der Mindermeinung auf eine Konkretisierung durch vertrauensbegründendes Verhalten ab, müsste beim Arbeitnehmer infolge eines dem Arbeitgeber zurechenbaren Verhaltens der objektiv gerechtfertigte Eindruck entstanden sein, er werde gegen seinen Willen nicht mehr in andere (gleichwertige) Arbeitsfelder versetzt werden[563]. Ein schutzwürdiges Vertrauen des Arbeitnehmers kann aber aus Gründen der Rundfunkfreiheit regelmäßig nicht angenommen werden. Der Mitarbeiter darf allein aus der Nichtausübung des Direktionsrechts nicht darauf schließen, die Rundfunkanstalt wolle eine ihrem üblichen Personalkonzept widersprechende Bindung eingehen. Unabhängig davon, wel-

---

[559] *Rühters/Buhl* ZfA 1986, 19, 31.
[560] *Rühters/Buhl* ZfA 1986, 19, 31.
[561] BGH 7.6.1984 - IX ZR 66/83 - BGHZ 91, 324 m. w. N.; kritisch *Canaris* NJW 1984, 2281.
[562] Vgl. dazu LAG Baden-Württemberg 14.9.1988 - 12 Sa 120/87 - AfP 1988, 391 ff.
[563] Anschaulich *Klempt* in FS Stahlhacke S. 261, 165 ff; MünchArbR/*Blomeyer* (2000) § 48 Rn. 80.

cher These man zur Begründung der Konkretisierung folgt, wäre eine Verfestigung des Tätigkeitsbereichs folglich mit Sinn und Zweck der Rundfunkfreiheit nicht vereinbar[564].

2. Ort der Arbeitsleistung

Zu den nach § 2 Abs. 1 S. 2 Nr. 4 NachwG vorgesehenen Pflichtangaben zählt auch der Arbeitsort. Gemeint ist damit der geographische Ort, an dem der Arbeitnehmer seine Leistungshandlung zu erbringen hat[565].

a) Vertragliche Abrede

Haben die Parteien des Rechtsverhältnisses einen Beschäftigungsort ausdrücklich festgelegt, bestimmt diese Vereinbarung auch im Arbeitsverhältnis den Ort der geschuldeten Leistung. Je nach Art der Tätigkeit kann beispielsweise ein bestimmter Produktionsort oder für Büroaufgaben ganz allgemein der Sitz des Rundfunkunternehmens als Leistungsort vorgesehen gewesen sein. Dass nach objektiven Maßstäben ein Arbeitsverhältnis vorliegt, lässt diese Abrede unberührt. Schwieriger ist die rechtliche Beurteilung, wenn eine Beschäftigung des freien Mitarbeiters auf Werkvertragsbasis vereinbart war, da dieser grundsätzlich selbst den Ort der Tätigkeit festlegen kann. War er zur Realisierung eines Projektes nicht auf ein Mitarbeiterteam oder Einrichtungen der Rundfunkanstalt angewiesen, ist zu untersuchen, ob konkludent eine Ortsvereinbarung getroffen wurde.

b) Inhaltsbestimmung aufgrund der Umstände

Fehlt eine konkrete Vereinbarung, lässt sich der Arbeitsort regelmäßig aus den Umständen und dem Vertraggegenstand ableiten[566]. Es ist in erster Linie der Vertragszweck, der die Art der Arbeitsleistung vorgibt, die ihrerseits wieder Rückschlüsse auf den Leistungsort erlaubt[567].

Bei einem Nahost-Experten beispielsweise, der Beiträge aus Krisenregionen liefern soll, ist dementsprechend eine Beschäftigung an wechselnden Einsatzorten und nicht nur im Rundfunkunternehmen selbst vorgesehen. Im Falle einer Do-

---

[564] Zu einer solchen Fallkonstellation BAG 29.6.1988 - 5 AZR 425/87 - n. v. (juris).
[565] MünchArbR/*Blomeyer* (2000) § 48 Rn. 77.
[566] ArbRBGB/*Schliemann* (2002) § 611 BGB Rn. 581.
[567] MünchArbR/*Blomeyer* (2000) § 48 Rn. 81.

kumentarin, die im Archiv Tonträger herauszusuchen und für eine Musikredaktion zusammenzustellen hat, ist Erfüllungsort der Betrieb des Rundfunkunternehmens.

c) Konkretisierung des Ortes der Arbeitsleistung

Auch in Bezug auf den Ort der geschuldeten Leistung kommt zwar grundsätzlich eine Konkretisierung des Arbeitsverhältnisses in Betracht. Insoweit ergeben sich aber keine Unterschiede zur Konkretisierung der Arbeitspflicht, die an anderer Stelle bereits ausführlich behandelt wurde (S. 149 ff). Eine einengende Festlegung des Arbeitsortes würde dem Interesse der Rundfunkanstalt an Flexibilität und weitläufigem Personaleinsatz widersprechen und kann deshalb aus oben genannten Gründen nur in Ausnahmefällen angenommen werden.

3. Dauer der Arbeitsleistung

Von großer praktischer Bedeutung ist der Umfang der Arbeitspflicht, denn im Rahmen eines Arbeitsverhältnisses schuldet der Mitarbeiter keinen Erfolg, sondern eine nach Zeit bemessene Tätigkeit[568]. Bei zeitbezogener Entlohnung bestimmt sich wiederum die Vergütungshöhe nach der Arbeitszeitdauer. Dementsprechend hat nach § 2 Abs. 1 S. 2 Nr. 7 NachwG der Arbeitsvertrag zumindest *„die vereinbarte Arbeitszeit"* zu enthalten. Unter Arbeitszeit ist normalerweise die Zeit vom Beginn bis zum Ende der Arbeit ohne Ruhepausen zu verstehen (vgl. § 2 Abs. 1 S. 1 ArbTG)[569].

a) Vertragliche Abrede

Der zeitliche Umfang, in dem der Arbeitnehmer seine Arbeitsleistung zu erbringen hat, richtet sich gemäß allgemeinen Regeln zunächst nach der vertraglichen Vereinbarung. Zwingende Bestimmungen des Arbeitszeitgesetzes (§§ 3 – 5 ArbZG) oder einzelne Arbeitszeitvorschriften für besondere Beschäftigtengruppen (§§ 7, 8 MuSchG, §§ 8 ff JArbSchG, § 81 IV Nr. 4 SGB IX) beschränken die individuelle Vertragsgestaltung der Arbeitsvertragsparteien nur, wenn es um die Höhe der Arbeitszeit und die Einhaltung von Pausen und Ruhezeiten geht[570].

---

[568] Staudinger/*Richardi* (2005) vor § 611 Rn. 196 und § 611 Rn. 404.
[569] MünchArbR/*Blomeyer* (2000) § 48 Rn. 103; ErfK/*Preis* (2006) § 611 Rn. 814; HWK/*Lembke* (2006) § 106 GewO Rn. 32.
[570] *Baeck/Deutsch* (2004) Einführung Rn. 58.

Haben die Parteien eine ausdrückliche Vereinbarung über den Umfang der Beschäftigung getroffen, bestimmt diese grundsätzlich auch nach der Statuskorrektur den Rahmen der zeitlichen Arbeitspflicht. War im Honorarvertrag beispielsweise ein Arbeitsumfang von zehn Wochenstunden ausdrücklich festgelegt, gilt diese Vereinbarung im Arbeitsverhältnis fort. Bei beiderseitiger Tarifbindung kann sich die geschuldete Dauer der Leistung auch aus einem Tarifvertrag ergeben.

b) Inhaltsbestimmung aufgrund der Umstände

In Fallgestaltungen, in denen eine ausdrückliche Absprache über den Umfang der Arbeitspflicht fehlt, muss der Beschäftigungsumfang aus der tatsächlichen Tätigkeitsdauer während des Vertragsverhältnisses ermittelt werden[571]. Insoweit kann auf die Grundsätze zur schlüssigen Festlegung von Arbeitsbedingungen verwiesen werden, die im Rahmen des Aufgabengebietes ausführlich dargestellt wurden, (S. 143 ff). Haben die Parteien somit eine bestimmte Beschäftigungspraxis gelebt, folgt daraus der konkludent verabredete Vertragsinhalt. Besonders zu beachten ist, dass nicht jede Schwankung oder Abweichung gegenüber einer früheren Handhabung automatisch eine neue Vereinbarung und somit Änderung des Vertrages bedeuten muss. Dementsprechend können einzelne Vorgänge zur Bestimmung eines vom ursprünglichen Vertrag abweichenden Geschäftsinhalts nur dann herangezogen werden, wenn es sich *„dabei nicht um untypische Einzelfälle, sondern um beispielhafte Erscheinungsformen einer durchgehend geübten Vertragspraxis handelt"*[572]. Jahnke, der jede Änderung der tatsächlichen Handhabung automatisch als eine vertragliche Vereinbarung deutet[573], übersieht, dass nach allgemeinen Regeln eine Einigung der Parteien erforderlich ist[574].

Anders zu beurteilen wäre die Rechtslage beispielsweise, wenn sich der Beschäftigte einer Unterbrechung der Beschäftigung[575] oder Herabsetzung des Arbeitsumfangs[576] widersetzt hat.

---

[571] BAG 9.9.1981 - 5 AZR 477/79 - AP Nr. 38 zu § 611 BGB Abhängigkeit [I der Gründe]; LAG Köln 10.4.1986 - 8 Sa 1338/85 - (n. v.).
[572] BAG 30.1.1991 - 7 AZR 497/89 - AP Nr. 8 zu § 10 AÜG [IV 2 der Gründe].
[573] *Jahnke* ZHR 146 (1982), 595, 622.
[574] Ebenso *Rosenfelder* S. 126 ff.
[575] BAG 3.10.1975 - 5 AZR 445/74 - AP Nr. 17 zu § 611 BGB Abhängigkeit [II der Gründe].
[576] LAG Bremen 22.3.1991 - 4 Sa 6/90 – BB 1991, 1642 (LS).

Regelmäßig wird die tatsächliche Handhabung, sofern sie in stillschweigendem Einvernehmen oder zumindest unwidersprochen erfolgt, dem Parteiwillen entsprechen. Zudem richten sich die Parteien nach den veränderten Vertragsbedingungen. Bleibt trotz solcher Indizien unklar, ob die Parteien die tatsächliche Beschäftigungspraxis als verbindliche Gestaltung wollten, ist ein Änderungsvertrag zu verneinen[577].

War der Mitarbeiter gleichmäßig für eine bestimmte Wochenstundenzahl in der Rundfunkanstalt tätig, lässt sich der durch die praktische Handhabung vereinbarte Arbeitsumfang unproblematisch ermitteln. Vergleichsweise einfach ist die Bestimmung der Arbeitszeit, wenn der freie Mitarbeiter auf Dienstvertragsbasis beschäftigt und nach Tagespauschalen vergütet wurde. Hier lassen sich aus den Honorardaten Arbeitstage ableiten, die dann lediglich in Beziehung zur tariflichen Wochenarbeitszeit gesetzt werden müssen[578]. In den übrigen Fällen dürfte es schwieriger sein, den Beschäftigungsumfang so zu bestimmen, dass sich eine konkrete Wochenstundenzahl ergibt. Auch weil freie Mitarbeiter nicht zwingend in den Räumen des Senders arbeiten müssen, sondern ihre Vor- und Nachbearbeitungen gelegentlich an anderen Orten erledigen können, ist es für den Arbeitnehmer schwierig, entsprechende Nachweise zu erbringen[579]. Das gilt vor allem, wenn die Tätigkeit im Rahmen eines Werkvertrages erbracht wurde, weil der Beschäftigte dann kein bestimmtes Arbeitsvolumen pro Woche, Monat oder Arbeitstag, sondern ein konkretes Ergebnis schuldete. Für den Arbeitgeber gab es in einem solchen Fall keinen Grund, die Arbeitszeit zu überwachen.

Bei einem schwankenden Arbeitseinsatz läge es nahe, den Beschäftigungsumfang ebenfalls aus der Höhe der bislang als Honorar erzielten Beiträge zu ermitteln[580]. Es ist nämlich durchaus wahrscheinlich, dass die Parteien nach Jahren vielleicht nicht mehr über die Einsatzpläne, dafür aber noch über die entsprechenden Honorardaten verfügen. Die früher als Honorar gezahlten Beiträge könnten dann in Beziehung zu dem Tarifgehalt vergleichbarer Festangestellter gesetzt werden und die sich so ergebende Vergütungsquote - in der Entschei-

---

[577] Ebenso *Rosenfelder* S. 127.
[578] Zutreffend *Niepalla* ZUM 1999, 353, 362.
[579] nach allgemeinen Regeln obliegt es dem klagenden Arbeitnehmer, die für ihn günstige Tatsache einer langen Beschäftigung nachzuweisen.
[580] Vgl. im Urteil des LAG Köln 5.6.1998 - 11 Sa 1513/97 - ZTR 1998, 564 (LS).

dung des LAG Köln vom 5.6.1998 waren es 56,21% - wäre als der prozentuale Anteil der künftigen Wochenarbeitszeit zu betrachten.

Diese Berechnungsmethode kann aber schon deshalb nicht richtig sein, weil sie „*inkommensurable Größen zueinander in Beziehung*"[581] setzt. Da das Honorar eines Freiberuflers bezogen auf einen Sendebeitrag in den meisten Fällen den Arbeitslohn eines vergleichbaren Festangestellten erheblich übertrifft[582], würden hier mit Honorar und Vollzeitgehalt Faktoren miteinander verglichen, die nicht im geringsten vergleichbar sind. Wäre der freie Mitarbeiter nämlich in Vollzeit eingesetzt worden mit der Konsequenz, dass das gezahlte Honorar den Tariflohn weit übertroffen hätte, hätte der Beschäftigte im Ergebnis bei dieser Umrechnungsmethode einen Anspruch auf übervollzeitliche Beschäftigung (etwa auf eine 150- oder 200%-ige). Eine Statusklage kann aber nicht dazu führen, dass dem Arbeitgeber auf einmal mehr Arbeitskraft zur Verfügung steht als früher. Zutreffend hat das LAG Köln darauf hingewiesen, dass diese bei den öffentlichrechtlichen Rundfunkanstalten nicht seltene Fallkonstellation insgesamt zu einer Überpersonalisierung führen würde, der nur mit entsprechenden betriebsbedingten Kündigungen begegnet werden könne[583].

Demgegenüber sieht das LAG Köln bei einigen Tätigkeiten die Möglichkeit, aufgrund von langen Erfahrungswerten bei den Rundfunkanstalten Umrechnungsfaktoren festzulegen und so aus den Honorardaten auf die Wochenstundenzahl des Mitarbeiters zu schließen. Dies komme etwa in Betracht, wenn bei Sprechern einzelne Minuten am Mikrofon oder bei sonstigen journalistischen Leistungen je nach Länge des Beitrags vergütet wurden. Zunächst muss dazu festgelegt werden, welchen tatsächlichen Arbeitsaufwand eine bestimmte Rundfunktätigkeit einschließlich der Vor- und Nachbearbeitungszeiten erfordert[584]. Nimmt man beispielsweise an, dass jede Minute Sprechen am Mikrofon durchschnittlich einen Arbeitsaufwand von fünf Minuten mit sich bringt, ist dieser Faktor mit den tatsächlich vergüteten Minuten zu multiplizieren. Dieses Ergebnis ist schließlich zu der tariflich vorgesehenen Beschäftigungsdauer eines Festangestellten ins Verhältnis zu setzen. Auf diese Weise lässt sich die konkrete

---

[581] LAG Köln 5.6.1998 - 11 Sa 1513/97 - ZTR 1998, 564 (LS).
[582] BAG 21.1.1998 5 AZR 50/97 - NZA 1998, 594, 595.
[583] LAG Köln 5.6.1998 - 11 Sa 1513/97 - ZTR 1998, 564 (LS).
[584] LAG Köln 16.1.1985 – 3 Sa 49/83 - und 26.1.1984 – 3 Sa 1002/93 (beide n. v.).

Wochenstundenzahl des Betreffenden ermitteln[585]. Für diesen von der Rechtsprechung als *„die richtige Umrechnungsmethode"*[586] bezeichneten Weg, spricht vor allem, dass der vermeintliche frühere Beschäftigungsumfang nicht von subjektiven Bewertungen und Einschätzungen des Mitarbeiters beziehungsweise von Abteilungs- oder Redaktionsleitern abhängig ist[587]. Allerdings ist eine solche Vorgehensweise nur dann möglich, wenn ein konkreter Erfolg honoriert wurde. Zudem muss es sich um eine Aufgabe handeln, für die es allgemeingültige Erfahrungswerte gibt.

Im Übrigen kann der Beschäftigungsumfang nur anhand der Dauer der früher in freier Mitarbeit geleisteten durchschnittlichen Arbeitszeit ermittelt werden[588]. Angesichts der Flexibilität eines freien Mitarbeiterverhältnisses dürfte in vielen Fallkonstellationen eine solche Betrachtung die einzige Möglichkeit sein, überhaupt eine wöchentliche oder monatliche Arbeitszeit festzustellen[589]. In § 2 Abs. 1 S. 2 TzBfG hat sich auch der Gesetzgeber dafür entschieden, bei diskontinuierlicher Beschäftigung diese Berechnungsmethode zugrunde zu legen. Dort ist nämlich auf die regelmäßige Arbeitszeit abzustellen, die im Jahresdurchschnitt auf eine Woche entfällt. Das gilt zwar unmittelbar nur für die Begriffsbestimmung der Teilzeitarbeit. Dieser Vorschrift lässt sich jedoch allgemein der Gedanke entnehmen, dass der Jahresdurchschnitt für die Arbeitszeit der diskontinuierlich Teilzeitbeschäftigten maßgeblich ist. Je nach Fallgestaltung kann es auch erforderlich sein, der Beurteilung einen längeren Zeitraum zugrunde zu legen. Denn vor allem, wenn einzelne Beschäftigungsperioden zwischen den Beteiligten streitig sind, kann durch einen längeren Untersuchungszeitraum ein weitgehend zutreffender Eindruck über den Beschäftigungsumfang gewonnen werden. Insoweit trägt allerdings der Arbeitnehmer das Risiko, wenn er nicht frühzeitig Material gesammelt hat, um seine Tätigkeiten später belegen zu können.

Auch das LAG Köln stellt für die Beurteilung des Vertragsinhalts auf einen Referenzzeitraum von zwei bis drei Jahren ab[590]. Weiter zurückliegende Tätigkei-

---

[585] So schon in den Urteilen des LAG Köln 16.1.1985 (n.v.) und 11.10.1996 - 12 Sa 620/96 - (LS in juris).
[586] LAG Köln 5.6.1998 - 11 Sa 1513/97 – ZTR 1998, 564 (LS).
[587] *Niepalla* ZUM 1999, 362.
[588] BAG 9.9.1981 - 5 AZR 477/79 - AP Nr. 38 zu § 611 BGB Abhängigkeit [I der Gründe].
[589] *Kirsten* S. 218, 219.
[590] 2 Jahre: LAG Köln 10.4.1986 - 8 Sa 1338/85 - (n. v.); 3 Jahre: LAG Köln 16.1.1985 - 2 Sa 685/84 - (n. v.).

ten könnten unberücksichtigt bleiben, wenn sich die Arbeitstätigkeit im Laufe der Zeit verändert hat[591]. Demgegenüber geht das LAG Bremen von einem Beurteilungszeitraum von sechs Monaten zu Beginn des Arbeitsverhältnisses aus[592]. Diese Zeitspanne sei ausreichend, um den Vertragsinhalt aufgrund einer tatsächlichen Handhabung feststellen zu können[593].

Letztere Ansicht ist abzulehnen, weil zum einen gerade bei Dauerschuldverhältnissen durchaus eine Änderung durch Vollzug eingetreten sein könnte, die auf diese Weise unberücksichtigt bleiben würde. Deshalb müssten, wenn überhaupt, die letzten sechs Monate vor Erhebung der Statusklage untersucht werden. Zum anderen kann sich ein Bezugszeitraum von nur einem halben Jahr im konkreten Fall als zu kurz erweisen. Gerade der freie Mitarbeiter wird oftmals nach Bedarf zu Tätigkeiten herangezogen, so dass seine Beschäftigung naturgemäß saisonalen Schwankungen ausgesetzt ist. Untersucht man eine Zeitspanne, in der weniger produziert wird, wäre eine solche Betrachtung nicht repräsentativ für den sonstigen Beschäftigungsumfang. Hingegen ermöglicht ein Referenzzeitraum von zwei bis drei Jahren, wie ihn das LAG Köln favorisiert, ein objektives Bild vorangegangener Beschäftigungszeiten. Zwar können sich auch auf diese Weise Nachteile für den Arbeitnehmer ergeben, wenn er in den Jahren davor in weit größerem Umfang beschäftigt wurde. Andererseits wäre eine Beweisaufnahme für Zeiträume in der Vergangenheit kaum vielversprechend, da ein exaktes Erinnerungsvermögen eventueller Zeugen bezüglich Jahre zurückliegender Arbeitsvorgänge denkbar fragwürdig ist[594]. Üblicherweise wird die Handhabung der letzten Jahre einen objektiven Eindruck der früher in freier Mitarbeit praktizierten Tätigkeitsdauer vermitteln und den Parteiwillen gut zum Ausdruck bringen. Schließlich kann es die konkrete Fallkonstellation aber auch erforderlich machen, die Betrachtung auf länger zurückliegende Zeiträume zu erstrecken. In der Entscheidung des LAG Köln vom 25.1.2000[595] ging es um eine Übersetzerin und Sprecherin, die unter anderem eine intensivere Beschäftigung bei der beklagten Rundfunkanstalt begehrte. Die Besonderheit des Falles bestand darin, dass die Klägerin in den letzten Jahren vor Erhebung der Statusklage aufgrund einer Anweisung des Redaktionsleiters nur noch im Umfang von zehn Stunden

---

[591] In diesem Sinne LAG Köln 13.7.1995 – 5 Sa 451/95 – n. v.
[592] LAG Bremen 22.3.1991 - 4 Sa 6/90 - BB 1991, 1642 (LS).
[593] Dazu ausführlich *Kirsten* S. 106.
[594] So auch LAG Köln 13 Sa 1650/98 - (juris).
[595] LAG Köln 25.1.2000 - 13 Sa 1650/98 - (juris).

pro Woche für die Anstalt tätig war, obwohl sie in der Zeit von 1985 bis 1993 für 11,5 Wochenstunden eingesetzt worden war. Aufgrund der konkreten Fallgestaltung musste das Gericht hier einen längeren Referenzzeitraum zugrunde legen, da andernfalls die Frage, ob der Arbeitgeber den Beschäftigungsumfang einseitig wirksam reduzieren konnte, nicht hätte geklärt werden können[596].

Es ist somit bei der Durchschnittsberechnung grundsätzlich von den letzten zwei bis drei Beschäftigungsjahren auszugehen. Es handelt sich aber nur dann um einen relevanten Tätigkeitsumfang, wenn die tatsächliche Arbeitsleistung auch von einer ausdrücklichen oder konkludenten Vertragsabrede gedeckt war. Deshalb kann es die konkrete Fallgestaltung auch mit sich bringen, dass ein längerer Zeitraum zugrunde zulegen ist, denn Zeiträume, in denen eine Vertragspartei einseitig und damit unwirksam die Arbeitszeit verändert hat, müssen unberücksichtigt bleiben.

c) Beweiserleichterung durch das Nachweisgesetz

Nach allgemeinen zivilprozessrechtlichen Regeln hat der Arbeitnehmer substantiiert darzulegen, in welchem Umfang er in den zurückliegenden Jahren für die Rundfunkanstalt tätig geworden ist. Wie bereits erörtert, macht vor allem die Vernehmung von Zeugen im Rahmen einer Beweisaufnahme den Prozessausgang häufig unkalkulierbar (S. 86, 158). Von besonderer Bedeutung ist deshalb an dieser Stelle die beweisrechtliche Wirkung des Nachweisgesetzes.

Nach § 2 Abs. 1 i. V. m. § 1 NachwG ist der Arbeitgeber grundsätzlich verpflichtet, spätestens einen Monat nach dem vereinbarten Beginn des Arbeitsverhältnisses die wesentlichen Vertragsbedingungen schriftlich niederzulegen. Zwar sieht das Gesetz selbst keine Sanktion im Sinne einer Beweislastumkehr vor, es besteht aber im Schrifttum weitgehend Einigkeit darüber, dass die Nichterteilung des Nachweises wie eine Beweisvereitelung zu bewerten ist mit der Folge einer entsprechenden Anwendung der §§ 427, 444 ZPO[597]. Ist der Arbeitgeber zumindest fahrlässig seiner Dokumentationspflicht nicht nachgekommen, ist er so zu behandeln, als habe er die entsprechende Beweisurkunde beseitigt. Die Zurückhaltung von Beweisurkunden, wenn auch nur in fahrlässiger Weise,

---

[596] Siehe dazu auch BAG 14.3.2001 - 4 AZR 152/00 - AP Nr. 35 zu § 1 TVG Tarifverträge: Rundfunk [IV 2 der Gründe].
[597] Vgl. dazu ErfK/*Preis* (2006) Einf. NachwG Rn. 22.

stellt nach allgemeinen zivilprozessrechtlichen Grundsätzen eine Beweisvereitelung dar[598]. An der ausdrücklichen Vereinbarung eines Arbeitsvertrages fehlt es im Falle eines Statusprozesses naturgemäß. Regelmäßig steht erst mit rechtskräftigem Urteil fest, dass sich die Parteien in einem Arbeitsverhältnis befinden. Der Wortlaut von Art. 3 Abs. 1 NachweisRL („nach Aufnahme der Arbeit") spricht zwar dafür, dass der Gesetzgeber für den Fristbeginn nicht auf den Vertragsabschluss abstellen wollte, sondern dass der Zeitpunkt der effektiven Arbeitsaufnahme gemeint war[599]. Diese Erwägung hilft hier allerdings nicht weiter, da die Beschäftigung in vielen Fällen zunächst wirklich in freier Mitarbeit stattgefunden und sich erst im Laufe der Zeit zu einem Arbeitsverhältnis verdichtet haben dürfte. Zum Zeitpunkt der Arbeitsaufnahme fiel der Vertrag dann nicht unter das NachwG (§ 1 NachwG), sondern ist erst später in den Anwendungsbereich des Gesetzes „hineingewachsen"[600]. Die Monatsfrist beginnt dann mit Erfüllung der Anwendungsvoraussetzungen zu laufen. Ein fahrlässiges Unterlassen des Nachweises wird man immer dann annehmen können, wenn der Arbeitgeber aufgrund der objektiven Vertragsdurchführung vom Bestehen eines Arbeitsverhältnisses ausgehen und seine Aufzeichnungspflicht kennen musste, § 276 Abs. 1 S. 2 BGB. Nicht erforderlich ist, dass der Arbeitnehmer die Erteilung des Nachweises verlangt hat[601].

Folge ist keine Umkehr der Beweislast, die Pflichtverletzung des Arbeitgebers ist aber im Rahmen der Beweiswürdigung durch den Richter (§ 286 ZPO) zu berücksichtigen, was im Ergebnis dazu führt, dass ein Beweis unter erheblich erleichterten Bedingungen als geführt anzusehen ist[602].

Die Ansicht, die eine Beweislastumkehr befürwortet, weil der Rechtsverstoß andernfalls ohne praktische Folgen bliebe[603], ist abzulehnen. Zum einen wurde ein entsprechender Vorschlag des Bundesrates von der Bundesregierung explizit

---

[598] Zöller/*Stephan* (2006) § 286 ZPO Rn. 14; *Forster* S. 11.
[599] ErfK/*Preis* (2006) § 2 NachwG Rn. 5; aA HWK/*Kliemt* (2006) § 2 NachwG Rn. 8, der den vereinbarten Beginn des Arbeitsverhältnisses zugrunde legt.
[600] *C. S. Hergenröder* Anm. zu BAG 17.4.2002 - 5 AZR 89/01 - AR-Blattei ES 350 Nr 185.
[601] LAG Köln 31.7.1998 - 11 Sa 1484/97 - NZA 1999, 545; aA LAG Hamm 14.8.1998 - 10 Sa 777/97 - NZA-RR 1999, 210, 212.
[602] ErfK/*Preis* (2006) Einf. NachwG Rn. 22 mit Verweis auf BGH 15.11.1984 - IX ZR 157/83 - ZIP 1985, 312, 314.
[603] ArbG Celle 9.12.1999 - 1 Ca 426/99 - LAGE § 2 NachwG Nr. 7a; *Birk* NZA 1996, 281, 289; *Däubler* NZA 1992, 577, 578; *Gaul* NZA 2000 Sonderbeilage zu Heft 3, S. 45, 53; *Stückemann* BB 1995, 1848; zweifelnd *Wank* RdA 1996, 21, 24.

abgelehnt[604] und auch nach Auffassung des EuGH enthält die zugrunde liegende Nachweisrichtlinie 91/533/EWG keine Beweislastregelungen[605]. Zum anderen liegen die Voraussetzungen für eine Beweislastumkehr nicht vor und auch die Befürchtung, Klagen gegen den Arbeitgeber auf Erteilung des Nachweises seien nicht realistisch[606], reicht dazu nicht aus.

Das LAG Köln[607] hat dementsprechend die Darlegungs- und Beweislast des Arbeitnehmers für eine streitige Lohnvereinbarung deutlich erleichtert und die Indizwirkung einer erstellten Lohnabrechnung ausreichen lassen. Es bleibt abzuwarten, ob sich die höchstrichterliche Rechtsprechung dieser Auffassung anschließen wird.

4. Lage der Arbeitsleistung

Vom Umfang der geschuldeten Arbeit ist die zeitliche Lage der Arbeit zu unterscheiden. Hier geht es um den Beginn und das Ende der täglichen Arbeitszeit, um die Pausen und darum, an welchen Tagen wie lange zu arbeiten ist.

a) Vertragliche Abrede

Zunächst ist es möglich, die Lage der Arbeitszeit konkret im Vertrag zu bestimmen. Die Statusklärung lässt diese Abrede unberührt, sie unterliegt dann aber wie ihre Dauer den Schranken des Arbeitsschutzrechts. Die Konkretisierung von Beginn und Ende der täglichen Arbeitszeit führt dazu, dass die Vorschriften des Arbeitszeitgesetzes über die Höchstarbeitszeit, die Ruhepausen, die Ruhezeiten und die Nachtarbeit beachtet werden müssen (§§ 3 – 6 ArbZG).

b) Inhaltsbestimmung aufgrund der Umstände

In Rundfunkunternehmen wird die Lage der einzelnen Einsätze aber weitaus häufiger durch Eintragung der Beschäftigten in Dienstpläne bestimmt. Aus der bisherigen Durchführung wird sich deshalb regelmäßig ergeben, dass der Arbeitgeber befugt sein soll, die Lage der Arbeitszeit durch Disposition im Dienst-

---

[604] BR-Drs. 353/1/94, dagegen die Bundesregierung BT-Drs. 13/668, S. 24; dazu auch *Preis* NZA 1997, 10, 13.
[605] EuGH 4.12.1997 - C-253/96 bis C-258/96 - NZA 1998, 137.
[606] So *Wank* RdA 1996, 21, 24.
[607] 31.7.1998 - 11 Sa 1484/97 - NZA 1999, 545, 546; aA LAG Hamm 14.8.1998 - 10 Sa 777/97 - NZA-RR 1999, 210, 212.

plan näher zu konkretisieren[608]. Genau diese Praxis ist auch Hintergrund der Dienstplanrechtsprechung. Denn die Rundfunkanstalt kann die Dienstzeit des freien Mitarbeiters im Gegensatz zu der des Festangestellten nicht einseitig durch Ausübung ihres Direktionsrechtes festlegen. Insoweit können die Feststellungen zur Arbeitnehmereigenschaft herangezogen werden, denn wenn sich daraus ergibt, dass der Mitarbeiter einer Einteilung im Dienstplan Folge zu leisten hatte, folgt die Lage der Arbeitszeit auch künftig aus den genannten Plänen[609].

Weitaus schwieriger kann sich die Beurteilung gestalten, wenn der freie Mitarbeiter auf Werkvertragsbasis gearbeitet hat. Hat er weder Team noch technische Einrichtungen der Anstalt genutzt, gab es keinen Grund für eine Einteilung in Dienstpläne, sondern der Betreffende war für seine Zeiteinteilung abgesehen von bestimmten Terminsvorgaben selbst verantwortlich. Hier wird man im Zweifel davon ausgehen können, dass eine vorrangige Regelung über die Lage der Arbeitszeit nicht besteht und dass die Rundfunkanstalt die Zeit der Arbeitsleistung nach billigem Ermessen durch Weisung festsetzen kann (§ 106 S. 1 GewO)[610].

5. Ergebnis

Hinsichtlich Art, Ort und Dauer der im Arbeitsverhältnis geschuldeten Tätigkeit ist weiterhin davon auszugehen, dass sich der Vertragsinhalt aus einer ausdrücklichen oder durch schlüssiges Verhalten festgelegten Vereinbarung ergibt. Bei Unklarheiten sind die früher überwiegend ausgeübte Tätigkeit oder der Vertragszweck als Maßstab heranzuziehen. Der Inhalt des Arbeitsverhältnisses richtet sich dann nach der in vermeintlich freier Mitarbeit verrichteten Tätigkeit. Die Rechtsprechung betont insoweit, dass dem Beschäftigten nach einer Statusklage grundsätzlich der bisherige zeitliche Beschäftigungsrahmen erhalten bleiben muss. Umgekehrt ist die Rundfunkanstalt nicht verpflichtet, den Arbeitnehmer über den Beschäftigungsumfang, auf den sich das Arbeitsverhältnis bezieht, hinaus einzusetzen.

Bei der Feststellung des Vertragsinhalts ist grundsätzlich ein Zeitraum von zwei bis drei Jahren zu begutachten. Je nach Fallgestaltung kann aber auch eine län-

---

[608] Reitzel S. 67.
[609] In diese Richtung BAG 28.6.1973 - 5 AZR 19/73 - AP Nr. 10 zu § 611 BGB Abhängigkeit [I 2b der Gründe].
[610] Allgemein BAG 23.9.2004 – 6 AZR 567/03 – NZA 2005, 359, 360.

gere oder kürzere Zeitspanne maßgeblich sein, da es letztlich nur darum geht, ein weitgehend objektives Bild der früheren Tätigkeit vermittelt zu bekommen. Einvernehmliche Änderungen der Arbeitsbedingungen sind zwar möglich, aus Gründen der Rundfunkfreiheit muss im Medienbereich jedoch genau untersucht werden, inwieweit sich die Anstalt vertraglich binden wollte. Denn für die Rundfunkanstalten steht ein flexibler und vielfältiger Einsatz ihrer Mitarbeiter im Vordergrund. Aus diesem Grund dürfte auch eine Konkretisierung der Arbeitspflicht hinsichtlich Art, Ort oder Dauer der Arbeitsleistung die seltene Ausnahme sein. Es fehlt dann bereits an einem Angebot, dass der Arbeitnehmer stillschweigend hätte annehmen können. Aus der vorherigen Durchführung wird sich in den meisten Fällen ergeben, dass der Arbeitgeber befugt sein soll, die Lage der Arbeitszeit durch Eintragung im Dienstplan näher zu konkretisieren. Die Lage der Arbeitszeit ergibt sich dann wie bisher aus Dienstplänen.

III. Weitere Pflichten des Arbeitgebers

Den Arbeitgeber treffen im Rahmen eines Arbeitsverhältnisses neben dem Vergütunganspruch weitere gesetzliche Pflichten. Exemplarisch soll sich die Darstellung hier auf die praktisch bedeutsamsten Nebenansprüche des Arbeitnehmers - Erholungsurlaub und Entgeltfortzahlung an gesetzlichen Feiertagen und im Krankheitsfall – beschränken. Darüber hinaus ist der Frage nachzugehen, ob nach der Statusfeststellung eine Pflicht auf Einbeziehung des „neuen" Arbeitnehmers in eine bei der Rundfunkanstalt vorhandene betriebliche Altersversorgung besteht.

1. Erholungsurlaub

a) Allgemeines

Ein gesetzlicher Anspruch des „neuen" Arbeitnehmers auf Erholungsurlaub für das laufende Jahr folgt unproblematisch aus dem Bundesurlaubsgesetz, sofern die Wartezeit von sechs Monaten abgelaufen ist (§ 4 BUrlG). Nach § 1 BUrlG hat jeder Arbeitnehmer in jedem Kalenderjahr Anspruch auf bezahlten Erholungsurlaub[611]. Einem Arbeitsverhältnis gleichgestellt sind Zeiträume, in denen der Arbeitnehmer die sonstigen persönlichen Voraussetzungen des § 2 S. 2 BUrlG erfüllt hat, er also beispielsweise arbeitnehmerähnliche Person war, bevor sich das Rechtsverhältnis zu einem Arbeitsverhältnis verdichtete[612]. Diese Zeiten können dann auf die Wartezeit angerechnet werden, wenn sie dem Arbeitsverhältnis nahtlos vorangegangen sind. Für den Arbeitnehmerähnlichen, der nach § 2 S. 2 BUrlG in die schützenden Regelungen des Bundesurlaubsgesetzes einbezogen war, bringt die Statusklage im Hinblick auf den gesetzlichen Urlaubsanspruch keine Änderungen mit sich.

Nach § 1 i. V. m. § 3 Abs. 1 BUrlG beträgt der Mindesturlaub für Arbeitnehmer 24 Werktage und ist je nach Beschäftigungsumfang auf die Wochenarbeitstage umzulegen[613]. Folglich umfasst der Urlaubsanspruch bei einer Fünf-Tage-Woche 20 Arbeitstage[614]. Die Höhe des Urlaubsentgelts richtet sich nach der während des Urlaubs ausfallenden Arbeitszeit (Zeitfaktor) und gemäß § 11 BUrlG nach der Höhe der hierfür bezahlten Vergütung (Geldfaktor)[615].

b) (Tarif-)vertragliche Abrede

Darüber hinaus kann sich eine längere Urlaubsdauer aus dem Arbeitsvertrag oder bei beiderseitiger Tarifbindung aus Tarifverträgen ergeben. Eine ausdrückliche Urlaubsabrede im Honorarvertrag des freien Mitarbeiters dürfte allerdings die seltene Ausnahme sein. Eine solche Vereinbarung widerspräche dem Charakter einer selbstständigen Tätigkeit, denn der wirkliche Freie, der nur gelegentlich für die Rundfunkanstalt tätig wird, steht nicht in einer ununterbrochenen Dauerrechtsbeziehung. Vielmehr kann er selbst entscheiden, ob und wann er sich Urlaub nimmt, ohne dass er bezahlt von der Arbeit freigestellt werden müsste. Entsprechendes gilt für die Begründung einer Urlaubsabrede durch konkludentes Verhalten. Selbst dann, wenn der Mitarbeiter längere Zeit nicht eingesetzt wurde, bedeutet das nicht, dass ihm für diesen Zeitraum Urlaub gewährt

---

[611] Zum Charakter des Erholungsurlaubsanspruchs BAG 7.7.1988 – 8 AZR 198/88 – NZA 1989, 65 ff.
[612] ErfK/*Dörner* (2006) § 4 BUrlG Rn. 15; *Neumann/Fenski* (2003) § 4 BUrlG Rn. 24 ff.
[613] Dazu *Becker-Schaffner* DB 1986, 1773, 1777; *Danne* DB 1990, 1965, 167ff; MünchArbR/*Leinemann* (2000) § 89 Rn. 61.
[614] BAG 27.1.1987 - 8 AZR 579/84 - NZA 1987, 462.
[615] BAG 12.12.2001 – 5 AZR 257/00 - AP Nr. 65 zu § 612 BGB [II 1c der Gründe;]; BAG 9.11.1999 - 9 AZR 771/98 - AP Nr. 47 zu § 11 BUrlG [I 3 der Gründe].

werden sollte. Erholungsurlaub bedeutet die zum Zwecke der Erholung erfolgte Freistellung des Arbeitnehmers von der ihm nach dem Arbeitsvertrag obliegenden Arbeitspflicht durch den Arbeitgeber unter Fortzahlung der Vergütung[616]. Daraus folgt, dass Urlaubstage auch nur solche Tage sind, an denen ohne die Freistellung durch den Arbeitgeber eine Arbeitspflicht bestanden hätte. Bei einer Auftragsflaute ist das gerade nicht der Fall.

Anders verhält es sich dagegen bei den ständigen freien Rundfunkmitarbeitern. Hier besteht ein längerfristiges Rechtsverhältnis zur Anstalt und entsprechend den Besonderheiten der Branche (häufig reihen sich viele Einzelverhältnisse ohne Unterbrechung aneinander) auch ein Bedürfnis nach Urlaubsregelungen. § 2 S. 2 BUrlG erkennt als Arbeitnehmer im Sinne des Gesetzes Personen an, *„die wegen ihrer wirtschaftlichen Unselbstständigkeit als arbeitnehmerähnliche Personen anzusehen sind"* und bezieht sie in den Schutz des Bundesurlaubsgesetzes mit ein[617]. Dementsprechend enthalten auch die Tarifwerke der Rundfunkanstalten für ihre Arbeitnehmerähnlichen Bestimmungen über Urlaubstage und Urlaubsgeld, die in den meisten Fällen über den Mindesturlaubsanspruch nach dem BUrlG hinausgehen[618]. Bei tarifgebundenen Vertragsparteien wird die Urlaubsregelung durch kollektivrechtliche Bindung, im Übrigen durch individualrechtliche Einbeziehung Bestandteil des Honorarvertrages.

Zweifelhaft ist allerdings, ob die Verweisung auf einen Tarifvertrag für freie Mitarbeiter auch zur Anwendbarkeit der tariflichen Bestimmungen im Rahmen eines Arbeitsverhältnisses führt[619]. Dagegen könnte vor allem sprechen, dass die Rechtsverhältnisse der Festangestellten in eigenständigen Tarifwerken geregelt werden. Hinzu kommt, dass der einbeziehende Vertrag zu einem Zeitpunkt geschlossen wurde, als der Beschäftigte tatsächlich (noch) oder zumindest nach Vorstellung der Parteien in den persönlichen Geltungsbereich des Tarifvertrages für freie Mitarbeiter fiel. Diese Tarifverträge enthalten Regelungen zu ihrem persönlichen Geltungsbereich und schließen Personen in befristeten oder unbe-

---

[616] St. Rspr., BAG 20.6. 2000 - 9 AZR 405/99 - DB 2000, 2327; *Neumann/Fenski* (2003) § 1 Rn. 34.
[617] Allg. zu Erwerb und Inhalt des gesetzlichen Urlaubsanspruchs arbeitnehmerähnlicher Personen nach §§ 4, 5 BUrlG BAG 15.11.2005 - 9 AZR 626/04 - ZTR 2006, 390 ff.
[618] Dazu ausführlich *Reitzel* S. 106 ff.
[619] Etwa „Wir verpflichten Sie zu den Bedingungen des Tarifvertrages für die auf Produktionsdauer Beschäftigten des ZDF in der ab 1.4.2004 geltenden Fassung"; anschaulich zu den Formen einer konkludenten Bezugnahme *Hanau/Kania* in FS Schaub S. 239, 258; entgegen der Vorauflage jetzt auch Kempen/Zachert/Stein (2006) § 3 Rn. 161.

fristeten Arbeitsverhältnissen ausdrücklich aus ihrem Anwendungsbereich aus. Für einen organisierten Mitarbeiter hat die Feststellung des Arbeitnehmerstatus daher zur Folge, dass er automatisch aus dem Geltungsbereich des Tarifvertrages für Freie hinausfällt[620]. Fraglich ist, ob dieses Ergebnis auch auf den Nichtorganisierten zutrifft, auf dessen Rechtsverhältnis der Tarifvertrag kraft einzelvertraglicher Bezugnahme Anwendung finden sollte[621].

(1) Grundsätze

Ganz allgemein gilt, dass das Tarifvertragsgesetz zwischen Tarifgebundenheit (§ 3 Abs. 1 TVG) und Geltungsbereich des Tarifvertrages (§ 4 Abs. 1 TVG) unterscheidet. Die tariflichen Regelungen finden nur dann Anwendung, wenn die Parteien sowohl tarifgebunden sind als auch in den Geltungsbereich des Tarifvertrags fallen.

Während Tarifgebundenheit im Sinne des § 3 Abs. 1 TVG den Personenkreis nennt, der kraft Organisationszugehörigkeit von einem Tarifvertrag erfasst werden kann, umschreibt der persönliche Geltungsbereich nach § 4 Abs. 1 TVG die innerhalb dieses Personenkreises tatsächlich von einem Tarifvertrag erfassten Rechtsverhältnisse[622]. Die vertragliche Bezugnahme auf einen Tarifvertrag dient zwar in den meisten Fällen dazu, eine fehlende Tarifbindung des Arbeitnehmers zu ersetzen, damit der Arbeitgeber seinen Betrieb nach einheitlichen Arbeitsbedingungen gestalten kann[623]. Ebenso erlaubt es die Vertragsfreiheit den Parteien aber auch, Bestimmungen eines Tarifvertrages abzuschreiben, der vom Geltungsbereich her an sich nicht auf das konkrete Rechtsverhältnis anwendbar wäre[624].

---

[620] Auf die umstrittene Frage, welche Bedeutung die deklaratorische Verweisung bei Wegfall der Tarifbindung erlangt, kommt es in den hier zu untersuchenden Fällen nicht an; dazu statt aller *Hanau/Kania* in FS Schaub S. 239, 248 m. w. N.
[621] Zur Bedeutung einer Bezugnahmeklausel bei organisierten Arbeitnehmern *Löwisch/Rieble* (2004) § 3 TVG Rn. 230 und 281 ff m. w. N.
[622] Wiedemann/*Oetker* (1999) § 3 TVG Rn. 8.
[623] Zur Zulässigkeit der vertraglichen Bezugnahme siehe nur *v. Hoyningen-Huene* RdA 1974, 138, 139.
[624] Vgl. BAG 19. 2. 2003 - 4 AZR 168/02 - EzA § 4 TVG Ausschlussfristen; *Bauer/Krieger* NZA 2004, 464, 465.

(2) Auslegung der Bezugnahmeklausel

Unklar ist im verdeckten Arbeitsverhältnis, ob die Beteiligten auch einen vom persönlichen Anwendungsbereich her unzutreffenden Tarifvertrag auf das jeweilige Beschäftigungsverhältnis erstrecken wollten. Dazu ist die Bezugnahmeklausel näher zu untersuchen. Entscheidend ist an dieser Stelle, ob die Verweisung nach dem Parteiwillen nur einzelne inhaltliche Regelungen des jeweiligen Tarifvertrages (z. B. Ziff. 6.1 „Bestandsschutz" Tarifvertrag Arbeitnehmerähnliche Personen beim NDR) oder als vollständige Übernahme auch den persönlichen Geltungsbereich des Tarifvertrages (z. B. Ziff. 1 „Geltungsbereich" Tarifvertrag Arbeitnehmerähnliche Personen beim NDR) erfassen sollte.

Eine in der Literatur vertretene Auffassung geht unter bestimmten Voraussetzungen von einer normativen Wirkung der Verweisung aus[625]. Das Rechtsverhältnis werde ähnlich der Rechtsformwahl im Privatrecht einem vorgefertigten Normenkreis unterstellt. Die einzelvertragliche Bezugnahme führt danach zur Geltung des gesamten Tarifinhalts.

Diese Mindermeinung ist abzulehnen, da vertragliche Regelungen von Privatpersonen eine normative Wirkung nur in den gesetzlich ausdrücklich vorgesehenen Fällen haben[626]. Die unmittelbare Wirkung von Tarifverträgen (§ 4 Abs. 1 TVG) knüpft der Gesetzgeber, mit Ausnahme der Allgemeinverbindlicherklärung gemäß § 5 TVG, an die Mitgliedschaft in der vertragsschließenden Koalition oder auf der Seite des Arbeitgebers auch an seine Stellung als Partei eines Firmentarifvertrages an (§ 3 Abs. 1 TVG)[627].

Die überwiegende Meinung nimmt hingegen an, dass Bezugnahmeklauseln auf Tarifverträge schuldrechtliche Wirkung entfalten[628]. Der in Bezug genommene Teil wird Bestandteil des Arbeitsvertrages wie andere Vereinbarungen auch[629]. Danach kann sich die Bezugnahmeklausel darauf beschränken, einzelne Bestimmungen zu übernehmen oder aber den Tarifvertrag als Ganzes und damit

---

[625] *V. Hoyningen-Huene* RdA 1974, 142 ff; Schaub/*Schaub* (2005) § 208 Rn. 8 im Anschluss an *Herschel* DB 1969, 659, 660.

[626] BVerfG 9.5.1972 - 1 BvR 518/62, 1 BvR 308/64 - BVerfGE 33, 125, 158; *Thüsing/Lambrich* RdA 2002, 193, 194.

[627] *Thüsing/Lambrich* RdA 2002, 193, 194.

[628] St. Rspr., vgl. nur BAG 7.12.1977 - 4 AZR 474/76- BB 1978, 157; *Löwisch/Rieble* (2004) § 3 TVG Rn. 243; Wiedemann/*Oetker* (1999) § 3 Rn. 226; *Bauschke* ZTR 1993, 418 m. w. Nachw.

[629] So wie beispielsweise bei der Einbeziehung von allgemeinen Geschäftsbedingungen.

auch dessen Anwendungsvoraussetzungen zum Vertragsgegenstand zu machen. Dies ist in einem weiteren Schritt durch Auslegung zu ermitteln[630]. Insoweit kann auf die bereits dargestellten Grundsätze zur Auslegung von Willenserklärungen und Verträgen verwiesen werden (S.101). Die Formulierung *„wir verpflichten Sie zu den Bedingungen des Tarifvertrages für die auf Produktionsdauer Beschäftigten"*, wie sie beispielsweise in Honorarverträgen des ZDF angewandt wird, spricht zunächst dafür, dass auf den Tarifvertrag als Ganzes und somit auch auf seine Geltungsbedingungen verwiesen werden sollte. Weiter darf nicht übersehen werden, dass die Anwendung der auf arbeitnehmerähnliche Personen zugeschnittenen Tarifbestimmungen auf einen Festangestellten der Intention, alle Mitarbeiter mit gleichem Status nach denselben Arbeitsbedingungen zu behandeln, völlig widersprechen würde. Gerade weil sich die Rechtsstellung der freien Mitarbeiter von der der Arbeitnehmer unterscheidet, existieren verschiedene Tarifwerke, die die Beschäftigungsverhältnisse der Betroffenen ihren Bedürfnissen entsprechend regeln sollen. Auch aus Sicht des Arbeitnehmers besagt die Verweisungsklausel, dass die in Bezug genommenen Tarifbedingungen für freie Mitarbeiter das Arbeitsverhältnis bestimmen werden, weil dies dem angenommenen Mitarbeiterstatus entspricht. Hintergrund der Bezugnahme ist die Ersetzung einer möglicherweise fehlenden Tarifbindung des Mitarbeiters. Bestehen bei den Rundfunkanstalten schon verschiedene Tarifwerke, die danach differenzieren, ob der Beschäftigte Festangestellter oder Freier ist, kann die Bezugnahmeklausel nur so verstanden werden, dass auf das vollständige Tarifwerk und somit auf die Anwendungsvoraussetzungen verwiesen werden sollte. Konsequenz ist, dass der Festangestellte aus dem vertraglich vereinbarten Geltungsbereich hinausfällt und der Tarifvertrag für freie Mitarbeiter im Rahmen des Arbeitsverhältnisses keine Geltung entfacht. Die Verweisung geht ins Leere.

(3) Tarifanwendung durch ergänzende Vertragsauslegung

Reinecke weist im Zusammenhang mit der Anwendbarkeit tariflicher Ausschlussfristen darauf hin, dass ein bisher als freies Mitarbeiterverhältnis durchgeführter Vertrag dahin ergänzend auszulegen sein könne, dass sämtliche betriebsüblichen Arbeitsbedingungen als vereinbart anzusehen sind[631]. Haben die Parteien einen konkreten Tarifvertrag für freie Mitarbeiter in Bezug genommen,

---

[630] *Löwisch/Rieble* (2004) § 3 TVG Rn. 226.
[631] RdA 2001, 357, 364.

lässt der eindeutige Wortlaut allerdings eine Auslegung, dass der vom persönlichen Status her zutreffende Tarifvertrag Bestandteil des Rechtsverhältnisses sein soll, nicht zu.

(4) Tarifanwendung aufgrund betrieblicher Übung

Wendet die Anstalt auf alle Arbeitnehmer unabhängig von ihrer Tarifbindung die Tarifverträge für Festangestellte an, könnten die tariflichen Bestimmungen im verdeckten Arbeitsverhältnis nach den Regeln der betrieblichen Übung Gültigkeit beanspruchen. Nach der Rechtsprechung und der nahezu einhelligen Auffassung in der Literatur ist es möglich, Tarifbestimmungen nicht nur ausdrücklich, sondern auch konkludent in das Arbeitsverhältnis einzubeziehen[632]. Dementsprechend kommt auch eine stillschweigende Bezugnahme des Manteltarifvertrages aufgrund einer betrieblichen Übung in Betracht.

Ganz allgemein setzt das Entstehen einer betrieblichen Übung ein gleichförmiges und wiederholtes Verhalten des Arbeitgebers voraus[633]. Auf einen tatsächlichen Verpflichtungswillen kommt es hingegen nicht an[634]. Uneinigkeit besteht darüber, welche weiteren Voraussetzungen hinzutreten müssen, damit der Arbeitgeber an sein bisheriges Verhalten auch in der Zukunft gebunden ist. Dabei stellt die insbesondere von der Rechtsprechung vertretene Vertragstheorie[635] auf ein konkludentes Vertragsangebot des Arbeitgebers auf Beibehaltung oder Fortsetzung einer bestimmten Übung in der Zukunft ab, die in einer wiederholten Verhaltensweise des Arbeitgebers zum Ausdruck kommt. Aus objektiver Arbeitnehmersicht (§§ 133, 157 BGB) muss im Verhalten des Arbeitgebers ein Erklärungstatbestand liegen, der unter Berücksichtigung aller Umstände auf ei-

---

[632] BAG 17.04.02 – 5 AZR 89/01 - DB 2003, 560; *Etzel* NZA Beilage 1987 Nr. 1, 19 ff; *Gaul* ZTR 1991, 188, 190; *Hromadka/Maschmann* (2004) Bd. 2 § 13 Rn. 260; *Hanau/Kania* FS Schaub S. 239, 258; *Schaub/Schaub* (2005) § 208 Rn. 14; *Wiedemann/Oetker* (1999) § 3 TVG Rn. 233; bereits *Nikisch* Bd. II S. 275; *Hueck/Nipperdey* Bd. II/1 S. 483.

[633] BAG 14.1.2004 - 10 AZR 251/03 - AP Nr. 19 zu § 1 TVG Tarifverträge: Deutsche Bahn [II 2a der Gründe].

[634] St. Rspr., statt vieler BAG 24.6.2003 – 9 AZR 302/02 - AP Nr. 63 zu § 242 BGB Betriebliche Übung [II 2c bb der Gründe]; *Wiedemann/Oetker* (1999) § 3 TVG Rn. 272; *Gaul* ZTR 1993, 355, 356; abweichend Kempen/Zachert/*Stein* (2006) § 3 Rn. 106.

[635] Wohl abgesehen von der des 3. Senats, etwa BAG 28.9.2005 – 5 AZR 565/04 - AP Nr. 17 zu § 1 TVG Tarifverträge: Presse [II 2a der Gründe]; BAG 28.7.2004 – 10 AZR 19/04 - AP Nr. 257 zu § 611 BGB Gratifikation [II 1a der Gründe]; BAG 30.1.2002 – 10 AZR 359/01 - EzA § 4 TVG Ablösungsprinzip Nr. 2; *Hueck/Nipperdey* Bd. I S. 150 ff.

nen entsprechenden Verpflichtungswillen schließen lässt. Der Arbeitnehmer kann die Offerte nach § 151 S. 1 BGB stillschweigend annehmen.

Hier dürfte bereits ein Angebot der Rundfunkanstalt auf Einbeziehung des Tarifvertrages nicht vorliegen. Eine entsprechende Verhaltensweise könnte allenfalls darin gesehen werden, dass die Anstalt seit Jahren alle ihre Arbeitnehmer nach den bei ihr geltenden Tarifwerken für Festangestellte behandelt. Auf den „neuen" Arbeitnehmer trifft das hingegen nicht zu, da seine Tätigkeit in der Vergangenheit rechtlich unzutreffend qualifiziert wurde. Die Rundfunkanstalt hat den betreffenden Tarifvertrag auf den Mitarbeiter nie angewendet, weil sie ihn als freien Mitarbeiter angesehen hat. Sofern die Parteien nach der Statusfeststellung nicht ausdrücklich die Geltung der betrieblichen Übung vereinbaren oder das Arbeitsverhältnis im Sinne einer bestehenden betrieblichen Übung tatsächlich fortsetzen, fehlt es daher an einer Handhabung, die der Arbeitnehmer so verstehen könnte, dass der Arbeitgeber auch in Zukunft sein Arbeitsverhältnis unabhängig von einer Gewerkschaftszugehörigkeit nach den gleichen Arbeitsbedingungen wie das der Tarifgebundenen regeln möchte. Nach der Vertragstheorie liegt also schon keine Willenserklärung der Rundfunkanstalt vor, welche der Arbeitnehmer nach § 151 S. 1 BGB hätte annehmen können.

Die im Schrifttum vorherrschende Vertrauenstheorie[636] lehnt die Vertragstheorie mit der Begründung ab, dass die Annahme einer stillschweigenden Willensübereinstimmung häufig nur Fiktion sei. Die Vertreter dieser Lehre sehen die Bindungswirkung in dem im Arbeitnehmer erweckten Vertrauen darauf, dass der Arbeitgeber sein Verhalten auch in Zukunft fortsetzen werde. Nach Treu und Glauben (§ 242 BGB) sei der Arbeitgeber für die Zukunft nach dem Grundsatz des venire contra factum proprium beziehungsweise durch eine „Erwirkung" an den Vertrauenstatbestand gebunden.

Auch danach fehlt es wieder an einem tatsächlichen Verhalten der Rundfunkanstalt, so dass sie schon keinen Vertrauenstatbestand gesetzt hat. Das bedeutet, der Arbeitnehmer konnte auch nicht rechtlich geschützt auf die Fortsetzung des Arbeitgeberverhaltens vertrauen. Danach ist ebenfalls ein Anspruch auf Fortsetzung der bisherigen Verhaltensweise nicht entstanden.

---

[636] MünchArbR/*Richardi* § 13 Rn. 13 ff; *Kettler* NZA 2001, 928 ff; *Mertens/Schwartz* DB 2001, 646 ff; zum Streitstand *Backhaus* ArbuR 1983, 65, 68.

Zuzugeben ist, dass sich ein Vertrauen in die Fortsetzung eines tatsächlichen Verhaltens einfacher begründen lässt, als ein Vertragschluss durch zwei konkludente Willenserklärungen. Darin liegt aber auch die Schwäche dieser Ansicht, da der Zeitpunkt, ab welchem der Arbeitgeber künftig an seine Verhaltensweise gebunden ist, sich nur äußerst schwierig konkret feststellen lässt. Die Vertragstheorie folgt den Regeln des Vertragsrechts. Insbesondere die §§ 119, 157 BGB zeigen, dass das Vertrauen des Erklärungsempfängers und die Verkehrssicherheit durch das Gesetz besonders geschützt werden. Es kommt nicht darauf an, ob sich der Erklärende rechtsgeschäftlich binden wollte, sondern darauf, wie ein verständiger Erklärungsempfänger dessen Verhalten verstehen durfte[637]. Betrachtet man die die Betriebsübung begründende Verhaltensweise des Arbeitgebers und stellt nach dem eben Gesagten fest, dass aus objektiver Sicht auf einen Verpflichtungswillen des Arbeitgebers geschlossen werden kann, handelt es sich nicht um eine Fiktion, sondern um ein rechtserhebliches Verhalten. Die Vertragstheorie verdient auch deshalb den Vorzug, weil sie eine sachgerechte Lösung für die Fälle der verschlechternden betrieblichen Übung bietet, während die Vertrauenstheorie hier in Argumentationsnöte gerät. Nach allgemeinem Vertragsrecht kommt es zu einer Vertragsverschlechterung durch stillschweigende Zustimmung, wenn der Arbeitgeber erwarten konnte, dass sich der Arbeitnehmer zu einer für ihn ungünstigen Vertragspraxis ablehnend äußert[638]. Dieselben Erwägungen lassen sich auch auf eine den Arbeitnehmer belastende betriebliche Übung übertragen.

Einige Autoren verneinen die Übernahme tariflicher Vorschriften durch betriebliche Übung von vornherein, wenn im Individualvertrag ein Schriftformerfordernis vereinbart war[639]. Dem entspricht die ständige Rechtsprechung des BAG, das im Falle einer „doppelten Schriftformklausel" die Entstehung einer betrieblichen Übung grundsätzlich ablehnt[640]. Das ist nur konsequent, denn wenn man wie die Rechtsprechung die Begründung einer betrieblichen Übung in einer stillschweigenden einzelvertraglichen Vereinbarung sieht, ergibt sich daraus auch,

---

[637] Statt vieler *Larenz/Wolf* AT BGB (2004) § 24 Rn. 29 ff; Soergel/*Hefermehl* (1999) vor § 116 Rn. 9; Palandt/*Heinrichs* (2007) vor § 116 BGB Rn. 17.
[638] In diesem Sinne auch *Bepler* RdA 2004, 238.
[639] Kempen/Zachert/*Stein* (2006) § 3 TVG Rn. 161.
[640] BAG 24.6.2003 - 9 AZR 302/02 - AP Nr. 63 zu § 242 BGB Betriebliche Übung [II 2c bb) der Gründe] m. w. N. auch des z. T. abweichenden Schrifttums; BAG 18.9.2002 - 1 AZR 477/01 - AP Nr. 59 zu § 242 BGB Betriebliche Übung [I 3 der Gründe]; BAG 9.10.1982 - 4 AZR 312/79 - AP Nr. 8 zu § 4 BAT.

dass ihre Entstehung den Regeln des Vertragsrechts folgt[641]. In den hier zu untersuchenden Fällen dürfte im Honorarvertrag selbst kein Schriftformerfordernis enthalten sein, denn dieser Teil wird üblicherweise erst durch Verweisung auf einen Tarifvertrags geregelt. Auf die Frage, ob eine tarifvertragliche Schriftformvorschrift für Änderungen oder Ergänzungen des Arbeitsvertrages einzelvertraglich aufgehoben werden kann und eine betrieblichen Übung überhaupt möglich ist, kommt es hier somit nicht an, da gerade die Wirksamkeit der Einbeziehung zu klären ist[642]. Folge ist, dass eine Schriftformklausel nicht wirksam einbezogen wurde und damit einer betrieblichen Übung nicht entgegensteht.

Der Mitarbeiter könnte in den hier relevanten Fällen wie ein neu eingetretener Arbeitnehmer zu behandeln sein. Dann würde er an den in der Rundfunkanstalt kraft betrieblicher Übung[643] bestehenden Rechtspositionen der anderen Arbeitnehmer (begünstigend oder belastend) teilnehmen, wenn er damit rechnen durfte (musste), dass die (nicht außergewöhnliche betriebliche Übung[644]) auch für ihn gilt[645]. Wenn andere Arbeitnehmer bereits einen Anspruch aus betrieblicher Übung haben, erwirbt der Neueintretende diesen ebenfalls mit Vertragsschluss[646]. Denn im Hinblick auf den arbeitsrechtlichen Gleichbehandlungsgrundsatz erklärt der Arbeitgeber grundsätzlich bei jedem Arbeitsvertragsschluss konkludent die Anwendung einer bei ihm bestehenden betrieblichen Übung. Vor allem die Gewährung tariflicher Leistungen wie Entgelt entsprechend der Eingruppierung, Weihnachtsgratifikation oder längerer Urlaub an alle Arbeitnehmer unabhängig von einer Gewerkschaftszugehörigkeit lässt Rückschlüsse auf einen Verpflichtungswillen der Anstalt zu, die Tarifwerke auch in Zukunft auf die Arbeitsverhältnisse der nicht Tarifgebundenen anzuwenden[647]. Zwar kommt der vermeint-

---

[641] Dazu BAG 1.3.1972 - 4 AZR 200/71 - AP Nr. 11 zu § 242 BGB Betriebliche Übung; aber auch die Vertreter der Vertrauenstheorie gelangen zu diesem Ergebnis, denn die Schriftformklausel hindert die Entstehung eines Vertrauenstatbestandes.

[642] Diese Problematik soll im Zusammenhang mit der Gestaltung des Arbeitsverhältnisses durch konkludentes Verhalten ausführlich dargestellt werden.

[643] Diese entsteht durch gleich bleibende, über einen längeren Zeitraum erfolgte Anwendung der Tarifverträge auf sämtliche Arbeitnehmer.

[644] BAG 5.2.1971 – 3 AZR 28/70 - AP Nr. 10 zu § 242 BGB betriebliche Übung [I 3 der Gründe].

[645] BAG 18.7.1968 – 5 AZR 400/67 - AP Nr. 8 zu § 242 BGB Betriebliche Übung [1 der Gründe]; MünchArbR/*Richardi* § 13 Rn. 30.

[646] BAG 10.8.1988 - 5 AZR 571/87 - AP Nr. 32 § 242 BGB Betriebliche Übung [I 2 der Gründe]; *Hromadka/Maschmann* (2004) Bd. 1 § 5 Rn. 195.

[647] *Oetker* Anm. zu BAG 19.1.1999 - 1 AZR 606/98 - AP Nr. 9 zu § 1 TVG Bezugnahme auf Tarifvertrag Abschnitt II 1.

liche Freie durch die Statusklärung nicht neu in das Rundfunkunternehmen, sondern es wird lediglich die Rechtsformwahl der Parteien korrigiert. Entscheidend sein können aber nicht Zugehörigkeitsaspekte zur Belegschaft, sondern allein die vertragliche Seite. Es kommt nur darauf an, dass zwischen den Parteien ein Arbeitsverhältnis begründet wird. Die Situation des vermeintlichen Freien unterscheidet sich von einem neu eintretenden Arbeitnehmer möglicherweise auch dadurch, dass er einer nachteiligen Betriebsübung nicht entgehen kann, indem er von der Eingehung des Vertragsverhältnisses Abstand nimmt[648]. Eine solche Betrachtungsweise ist aber lebensfremd, denn niemand wird auf Grund einer betrieblichen Übung auf die Eingehung eines Arbeitsverhältnisses verzichten. In den hier interessierenden Fallgestaltungen ist jedoch mehr als fraglich, ob der Arbeitnehmer aus dem Verhalten der Rundfunkanstalt auf ein konkludentes Angebot schließen konnte, dass er hätte annehmen können. Erklärt die Anstalt ausdrücklich eine Bezugnahme des Tarifvertrages für freie Mitarbeiter, kann die Anwendung des Tarifvertrages für Festangestellte auf bei ihr bestehende Arbeitsverhältnisse aus Sicht des Arbeitnehmers schwerlich als Einbeziehung des Tarifvertrages für Festangestellte verstanden werden. Es steht der ausdrückliche Wortlaut der Bezugnahme entgegen. Im Ergebnis kommt es daher nicht zu einer Anwendbarkeit des Tarifvertrages für Festangestellte aufgrund Bezugnahme durch betriebliche Übung[649].

c) Gleichbehandlungsgrundsatz

Sieht der Tarifvertrag für Festangestellte einen Urlaubsanspruch vor, der über den gesetzlichen Mindesturlaub nach dem BUrlG hinausgeht (z. B. 28 Tage beim HR), könnte der „neue" Arbeitnehmer darauf einen Anspruch aus dem arbeitsrechtlichen Gleichbehandlungsgrundsatz haben. Der Gleichbehandlungsgrundsatz gelangt immer dann zur Anwendung, wenn der Arbeitgeber nach einer kollektiven Regelung verfährt und einzelne Arbeitnehmer ohne sachlichen Grund von einer Leistung ausschließt. Ist der Gleichbehandlungsgrundsatz ver-

---

[648] Zutreffend *Kirsten* S. 182.
[649] Eine ähnliche Fallgestaltung lag der Entscheidung des BAG zugrunde vom 17.4.2002 – 5 AZR 89/01 – AP Nr. 6 zu § 2 NachwG [I 2 der Gründe]; vorgehend LAG Köln 6.12.2000 - 3 Sa 1077/00 - LAGE § 2 NachwG Nr. 9a.

letzt, folgt daraus regelmäßig ein Anspruch des Arbeitnehmers auf die Leistung, die ihm vorenthalten wird[650].

(1) Dogmatische Begründung

Der Gleichbehandlungsgrundsatz ist weitgehend anerkannt, lediglich bei seiner dogmatischen Begründung gehen die Meinungen auseinander. Während ihn einige schlicht als Gewohnheitsrecht anerkennen [651], führen ihn andere auf die Treue- und Fürsorgepflicht des Arbeitgebers[652], auf den Grundsatz von Treu und Glauben[653] oder auf den allgemeinen Rechtsgedanken der Gleichbehandlung zurück[654].

Der Ansatz, der den Gleichbehandlungsgrundsatz mit seiner Rolle als Gewohnheitsrecht begründen möchte, überzeugt nicht. Für die dogmatische Einordnung ist es wenig hilfreich, darauf zu verweisen, dass der arbeitsrechtliche Gleichbehandlungsgrundsatz inzwischen als Gewohnheitsrecht anerkannt ist. Und aus der Fürsorgepflicht des Arbeitgebers lässt sich der arbeitsrechtliche Gleichbehandlungsgrundsatz ebenfalls nicht herleiten. Die Treuepflicht bezieht sich auf das Rechtsverhältnis der Arbeitsvertragsparteien zueinander. Die Schwäche dieser Ansicht liegt darin, dass sie nicht begründen kann, wieso der Arbeitgeber im Verhältnis zum eventuell benachteiligten Arbeitnehmer verpflichtet sein sollte, Leistungen zu erbringen, die er im Rahmen eines anderen Schuldverhältnisses gewährt. Eine konsequente Anwendung des Fürsorgegedankens würde im Übrigen dazu führen, dass ein einzelner Arbeitnehmer nie schlechter behandelt werden dürfte als ein anderer[655].

Auch dadurch, dass der Arbeitgeber gegenüber einer bestimmten Gruppe von Arbeitnehmern nach abstrakt-generellen Grundsätzen verfährt, lässt sich nach schuldrechtlichen Regeln keine Bindung gegenüber bislang nicht Begünstigten begründen. Ist der Arbeitgeber vertraglich nicht verpflichtet, gleich gelagerte

---

[650] BAG 11.9.1985 - 7 AZR 371/83 - NZA 1987, 156, 157.
[651] MüKo/*Müller-Glöge* (2005) § 611 Rn. 449; ErfK/*Preis* (2006) § 611 Rn. 713; *Boemke* NZA 1993, 532, 535; LAG Düsseldorf 11.11.1981 - 22 Sa 421/81 - EzA § 242 BGB Gleichbehandlung Nr. 27; ablehnend MünchArbR/*Richardi* § 14 Rn. 8.
[652] *A. Hueck* S. 13; ähnlich BAG 2.3.1956 - 1 AZR 138/55 – NJW 1956, 806, 807.
[653] *Bötticher* RdA 1957, 317, 318.
[654] Schaub/*Schaub* (2005) § 112 Rn. 10; *Zöllner/Loritz* (1998) § 17 I; zum Meinungsstand MünchArbR/*Richardi* § 14 Rn. 7 f; dahingestellt BAG GS 28.1.1955 - GS 1/54 - AP Nr. 1 zu Art 9 GG Arbeitskampf [III 2 der Gründe].
[655] *Hanau* FS Konzen S. 233, 237.

Fälle gleich zu behandeln, kann man ihm auch kein widersprüchliches Verhalten gemäß § 242 BGB vorhalten.

Die letztgenannte Auffassung verdient deshalb den Vorzug. Der arbeitsrechtliche Gleichbehandlungsgrundsatz ist Ausdruck des allgemeinen Rechtsgedankens der Gleichbehandlung. Er will nicht soziale Gerechtigkeit als solche gewährleisten, sondern lediglich die Schlechterstellung einzelner Arbeitnehmer durch willkürliche Machtausübung des Arbeitgebers verhindern[656]. Das bedeutet, der Arbeitgeber darf im Rahmen einer kollektiven Maßnahme den einzelnen Arbeitnehmer gegenüber anderen nicht ohne sachlichen Grund schlechter behandeln. Für dieses Verständnis sprechen auch die § 75 Abs. 1 S. 1 BetrVG und § 67 Abs. 1 S. 1 BPersVG, in denen der Gleichbehandlungsgrundsatz seine einfachgesetzliche Ausgestaltung erfahren hat.

(2) Voraussetzungen des Gleichbehandlungsgrundsatzes

Voraussetzung für einen Anspruch ist, dass die Rundfunkanstalt eine allgemeine Regel befolgt, dabei aber den einzelnen Arbeitnehmer gegenüber anderen Arbeitnehmern in vergleichbarer Lage ohne sachlichen Grund schlechter stellt[657]. Anknüpfungspunkt für eine sachwidrige Ungleichbehandlung könnte hier der Umstand sein, dass die Rundfunkanstalt grundsätzlich mit allen ihren Arbeitnehmern die Geltung tariflicher Normen vereinbart, während sie den Scheinselbstständigen insgesamt vom Tarifvertrag ausschließt. In einem weiteren Schritt müsste dann geklärt werden, inwieweit die konkret für den Arbeitnehmer geltenden arbeitsvertraglichen Bestimmungen ihn gegenüber den nicht geltenden tariflichen Regelungen benachteiligen. Eine Rolle spielt der arbeitsrechtliche Gleichbehandlungsgrundsatz immer dann, wenn der Arbeitgeber Arbeitnehmer ohne sachlichen Grund von Begünstigungen ausnimmt oder ihnen Belastungen auferlegt. Betrachtet man sich die bei den Rundfunkanstalten bestehenden komplexen Tarifwerke, ist eine generelle Gegenüberstellung unpraktikabel. Die Anwendbarkeit des Tarifvertrages bedeutet nicht automatisch eine Besserstellung des Arbeitnehmers, sondern um festzustellen, ob Gleiches ungleich behandelt wird, müsste ein Gesamtvergleich der tarifvertraglichen Bestimmun-

---

[656] *Fastrich* RdA 2000, 65, 70.
[657] BAG 17.2.1998 – 3 AZR 783/96 – BB 1998, 1319, 1320; zu den Anwendungsvoraussetzungen *Fastrich* Anm. zu BAG 27.10.1998 - 9 AZR 299/97 - AP Nr. 211 zu § 611 BGB Gratifikation unter Abschnitt 2.

gen einerseits mit den arbeitsvertraglichen ohne gleichzeitige Bezugnahme andererseits erfolgen. Eine über den einzelnen Anspruch hinausgehende Prüfung würde deshalb zu Unschärfen in der Anwendung des Gleichbehandlungsgrundsatzes führen[658]. Ein Gesamtvergleich scheidet aus. Aber auch ein isolierter Vergleich einer einzelnen Vertragsbestimmung mit der entsprechenden Tarifnorm kommt nicht in Betracht, da sich der Arbeitnehmer ansonsten aus beiden Vertragswerken die ihn begünstigenden Regelungen herauspicken könnte. Besser ist daher ein Sachgruppenvergleich. Je nach Themenkomplex, hier also der Bereich Erholungsurlaub, können die Leistungen dann zusammenhängend miteinander verglichen werden.

Auch nach der Rechtsprechung kommt es für die Frage der Schlechterstellung nur auf das jeweilige Recht oder den Anspruch des Arbeitnehmers und nicht auf den Vertrag insgesamt an[659]. Vereinbart der Arbeitgeber mit einem Teil seiner Arbeitnehmer die Anwendbarkeit eines Tarifvertrages und damit die Geltung der sich daraus ergebenden Rechte und Pflichten, sei nicht zu prüfen, ob der Arbeitgeber gegenüber dem vermeintlich Benachteiligten verpflichtet war, die Anwendbarkeit des Tarifvertrages zu vereinbaren, sondern es könne nur darum gehen, ob der Betreffende zu Recht dadurch schlechter gestellt wurde, dass er aus dem Kreis der anspruchsberechtigten Arbeitnehmer ausgeschlossen wurde.

Die Rundfunkanstalten verfahren nach einer allgemeingültigen Regelung, wenn sie allen Arbeitnehmern unabhängig von einer Gewerkschaftszugehörigkeit einen zusätzlichen tariflichen Urlaubsanspruch gewähren. Der „neue" Arbeitnehmer ist unproblematisch vergleichbar mit den bei der Rundfunkanstalt beschäftigten nicht tarifgebundenen Festangestellten. Indem die Rundfunkanstalt im Falle eines verdeckten Arbeitsverhältnisses (naturgemäß) eine Urlaubsabrede mit dem vermeintlich freien Mitarbeiter nicht trifft, benachteiligt sie diesen gegenüber anderen Arbeitnehmern. Auf die Frage, ob eine Unterscheidung von Gewerkschaftsmitgliedern und Außenseitern im Hinblick auf §§ 3 Abs.1 und 5 Abs. 1 TVG eine sachlich ungerechtfertigte Differenzierung bedeuten kann,

---

[658] *Krause* Anm. zu BAG 25.4.1995 - 3 AZR 446/94 - EzA § 1 BetrAVG Gleichbehandlung Nr. 8; in diesem Sinne die Rechtsprechung zum Sachgruppenvergleich im Rahmen des Günstigkeitsprinzips BAG 25.11.1958 - 2 AZR 259/58 - BAGE 7, 76.
[659] BAG 25.4.1995 - 3 AZR 446/94 - EzA § 1 BetrAVG Gleichbehandlung Nr. 8.

kommt es dabei nicht an[660]. Denn Maßstab für die Gleichbehandlung ist nicht eine Schlechterstellung gegenüber den Gewerkschaftsmitgliedern, sondern ein Vergleich zu den übrigen nichtorganisierten Arbeitnehmern[661]. Und mit diesen hat die Anstalt arbeitsvertraglich die Geltung bestimmter Tarifverträge vereinbart.

Weiter ist zu prüfen, ob die Ungleichbehandlung sachlich gerechtfertigt ist. Sachfremd wäre sie, wenn es für die unterschiedliche Behandlung keine billigenswerten Gründe gibt[662], die Vorgehensweise also als willkürlich erscheint[663]. Ob der Arbeitgeber die zweckmäßigste oder gerechteste Lösung gewählt hat, ist hingegen nicht zu untersuchen[664]. Hier bestehen zwar keine Bedenken, dass die Anstalt zunächst danach differenziert hat, ob die Tätigkeit in einem Arbeitsverhältnis oder in freier Mitarbeit erfolgt. Es hätte keinen Sinn ergeben, tarifliche Urlaubsregelungen für Festangestellte zum Vertragsinhalt zu machen, während von einer Beschäftigung in freier Mitarbeit ausgegangen wurde. Denn bezahlter Urlaub ist zumindest bei der echten freien Mitarbeit nicht vorgesehen. Nachdem feststeht, dass der Mitarbeiter in Wirklichkeit Arbeitnehmer ist, existiert kein nachvollziehbarer Grund mehr, warum der Betreffende von der begünstigenden Regelung ausgenommen werden sollte. Die Ungleichbehandlung von Festangestellten und scheinselbstständigen Festangestellten ist somit sachwidrig und verstößt gegen den arbeitsrechtlichen Gleichbehandlungsgrundsatz.

(3) Rechtsfolgen einer Verletzung der Gleichbehandlungspflicht

Der übergangene Arbeitnehmer hat einen Anspruch auf Gleichstellung, wobei es dem Arbeitgeber überlassen bleibt, wie er die Benachteiligung beseitigt[665]. Nur eine Anpassung nach oben wird regelmäßig in den Fällen in Betracht kommen, in denen der Arbeitgeber die Leistungen bereits erbracht hat. Denn haben andere Arbeitnehmer die Leistungen unentziehbar erhalten - im Arbeitsverhältnis schei-

---

[660] BAG 20.7.1960 – 4 AZR 199/59 - AP Nr. 7 zu § 4 TVG; *Hueck/Nipperdey* Bd. II/1 S. 479 f; Kempen/Zachert/*Stein* (2006) § 3 Rn. 232; Schaub/*Schaub* (2005) § 206 Rn. 41; aA Wiedemann/*Oetker* (1999) §. 3 Rn. 286.
[661] Kempen/Zachert/*Stein* (2006) § 3 Rn. 234.
[662] BAG 6.10.1993 - 10 AZR 450/92 - AP Nr. 107 zu § 242 BGB Gleichbehandlung [II 3a der Gründe].
[663] BVerfG 15.10.1985 – 2 BvL 4/83 - BVerfGE 71, 39, 58.
[664] BAG 18.9.2001 - 3 AZR 656/00 - AP Nr. 179 zu § 242 BGB Gleichbehandlung [2a der Gründe].
[665] Staudinger/*Richardi* (2005) § 611 Rn. 360; *Zöllner/Loritz* (1998) § 17 V 1.

tert eine Rückforderung regelmäßig an den Grundsätzen über das fehlerhafte Arbeitsverhältnis oder an einer Entreicherung gem. § 818 Abs. 3 BGB - hat der Benachteiligte für die Vergangenheit einen Anspruch auf die gleiche Vergünstigung[666]. Entsprechendes gilt für die Zukunft, sofern der Arbeitgeber rechtlich nicht in der Lage ist, sich gegenüber den besser gestellten Arbeitnehmern von seinem Leistungsversprechen zu lösen, etwa weil eine Änderungskündigung keinen Erfolg verspricht[667]. Es besteht daher aus dem arbeitsrechtlichen Gleichbehandlungsgrundsatz eine Verpflichtung der Sendeanstalt, den tariflichen Urlaub für Festangestellte zu gewähren. Nach diesen Grundsätzen kann sich gegebenenfalls auch ein Anspruch auf das tarifliche Urlaubsgeld ergeben[668].

Der tarifliche Anspruch auf zusätzlichen Urlaub, Urlaubsgeld etc. unterliegt auch für den Nichtorganisierten den tariflichen Verfallfristen. Die Anwendung des arbeitsrechtlichen Gleichbehandlungsgrundsatzes darf nicht dazu führen, dass der Rundfunkmitarbeiter sich nur auf die für ihn günstigen Rechtspositionen beruft. Erreicht werden soll keine Besser-, sondern lediglich eine Gleichstellung mit anderen Arbeitnehmern. Dazu ist eine Übernahme des Gesamtkomplexes erforderlich. Nichts anderes ergibt sich, wenn man sich Ausschlussklauseln in Tarifverträgen näher betrachtet. Dabei handelt es sich um rechtsvernichtende Normen, die sich auf den Inhalt des betroffenen Anspruchs beziehen[669]. Als zeitliche Begrenzung der jeweiligen Forderung sind sie untrennbar mit ihr verbunden. Ein Anspruch auf die tarifliche Leistung ist nur in der Art und Weise gegeben, wie ihn der Tarifvertrag selbst vorsieht, das heißt unter Berücksichtigung der Ausschlussfrist[670].

2. Entgeltfortzahlung

Abweichend vom Grundsatz „Ohne Arbeit kein Lohn" (§§ 326 Abs. 1 S. 1, 614 BGB) normieren die Vorschriften des Entgeltfortzahlungsgesetzes zugunsten des Arbeitnehmers zwingende Regelungen über die Entgeltzahlung an gesetzli-

---

[666] EuGH vom 28.9.1994, EzA § 119-EWG-Vertrag Nr. 21 = AP Nr. 58 zu Art 119 EWG-Vertrag = NZA 1994, 1126.
[667] *Zöllner/Loritz* (1998) § 17 V 1.
[668] Anspruch hat der als Selbstständiger behandelte Arbeitnehmer auch auf weitere Leistungen, die die Rundfunkanstalt ihren Festangestellten freiwillig oder aufgrund kollektivrechtlicher Verpflichtung gewährt.
[669] Kempen/Zachert/*Stein* (2006) § 4 TVG Rn. 457 ff.
[670] Kempen/Zacher/*Stein* (2006) § 3 TVG Rn. 224; *Gaul* ZfA 2003, 78 f; *Hanau/Kania* FS Schaub 238, 259; *Thüsing/Lambrich* NZA 2002, 1367.

chen Feiertagen und im Krankheitsfall. So bleibt nach § 3 Abs. 1 EFZG der Vergütungsanspruch eines erkrankten Arbeitnehmers bestehen, obwohl er nach § 275 Abs. 1 BGB von seiner Pflicht zur Leistungserbringung frei geworden ist[671].

a) Fortbestehen des Vergütungsanspruchs bei Krankheit

§ 3 Abs. 1 S. 1 EFZG bestimmt einen gesetzlichen Entgeltfortzahlungsanspruch des Arbeitnehmers gegen den Arbeitgeber für die Dauer von sechs Wochen, wenn er durch Arbeitsunfähigkeit infolge Krankheit[672] an seiner Arbeitsleistung verhindert ist, ohne dass ihn ein Verschulden trifft[673]. Der Anspruch entsteht erstmalig nach Ablauf einer vierwöchigen Wartezeit (§ 3 Abs. 3 EFZG). Gemäß § 4 Abs. 1 EFZG richtet sich die Höhe nach dem Arbeitsentgelt, das der Arbeitnehmer für den maßgeblichen Zeitraum verlangen kann. Nach dem so genannten modifizierten Lohnausfallprinzip soll der Arbeitnehmer die Vergütung erhalten, die ihm ohne die Erkrankung zugestanden hätte[674]. § 3 Abs. 1 EFZG ist selbst als Anspruchsgrundlage formuliert. Dennoch stellt der Anspruch auf Entgeltfortzahlung nach zutreffender Ansicht keinen Lohnersatzanspruch dar, sondern in Ausnahme zu § 326 Abs. 1 S. 1 BGB den vertraglich geschuldeten Anspruch auf Arbeitsvergütung[675].

b) Entgeltfortzahlung an Feiertagen

Einen Anspruch auf den vertraglich geschuldeten Lohn kann der Arbeitnehmer nach § 611 BGB i. V. m. § 2 EFZG geltend machen, wenn er infolge eines gesetzlichen Feiertags nicht gearbeitet hat.

---

[671] *Däubler* NZA 2001, 1329, 1332; aA *Löwisch* NZA 2001, 465, der auf § 275 Abs. 3 abstellt.
[672] Zum Krankheitsbegriff Palandt/*Weidenkaff* (2007) § 616 BGB Rn. 13.
[673] Insoweit ist der Verschuldensbegriff des § 276 Abs. 1 S. 1 BGB nicht anwendbar, sondern anspruchsausschließend wirkt erst eon grober Verstoß gegen das eigene Interesse eines verständigen Menschen; ausführlich ErfK/Dörner (2006) § 3 EFZG Rn. 46 ff.
[674] Schaub/*Linck* (2005) § 98 Rn. 88; Überstundenvergütungen und Aufwandsentschädigungen werden nicht eingerechnet (§ 4 Abs. 1a EFZG).
[675] Staudinger/*Oetker* § 616 Rn. 177 ff; BAG 11.9.2003 - 6 AZR 374/02 - AP Nr. 1 zu § 611 BGB Gleitzeit [4 der Gründe].

3. Einbeziehung in die betriebliche Altersversorgung

Für die freie Mitarbeit kommt eine vertragliche Zusage des Arbeitgebers auf eine betriebliche Altersversorgung aus Anlass eines Arbeitsverhältnisses[676] naturgemäß nicht in Betracht. Zudem sind die vergleichsweise hohen Honorare für freie Mitarbeiter auch darauf zurückzuführen, dass sich diese Personengruppe eigenverantwortlich für das Alter absichern muss. Gewährt der Sender seinen Festangestellten eine betriebliche Altersabsicherung[677], besteht aber unter Gleichbehandlungsgesichtspunkten ein Anspruch auf Verschaffung einer entsprechenden Rente. § 1b Abs. 1 S. 4 BetrAVG stellt klar, dass der Gleichbehandlungsgrundsatz im Recht der betrieblichen Altersversorgung eine selbstständige Anspruchsgrundlage bilden kann. Verstößt der Ausschluss eines Arbeitnehmers aus einem betrieblichen Versorgungswerk gegen diesen Grundsatz, muss der Arbeitgeber nach der Rechtsprechung des BAG dem Arbeitnehmer das Ruhegeld zahlen, das er einem vergleichbaren begünstigten Arbeitnehmer zahlt, wenn es keine andere Möglichkeit gibt, den Verstoß zu beseitigen[678]. Das Entstehen des Ruhegeldanspruchs ist regelmäßig an die Erfüllung bestimmter Mindestbeschäftigungszeiten geknüpft. In den Genuss der betrieblichen Altersversorgung kommen daher nur solche Arbeitnehmer, die die beispielsweise in einem Versorgungstarifvertrag der Anstalt festgelegte Wartezeit zurückgelegt haben. In diesem Zusammenhang kann es für den Arbeitnehmer folglich von entscheidender Bedeutung sein, dass ein Arbeitnehmerstatus auch für rückwirkende Zeiträume anerkannt wird. Allerdings darf der Mitarbeiter nicht gleichzeitig die Vorteile eines Arbeitsverhältnisses und einer freien Mitarbeit ziehen. Hat die Anstalt in der Vergangenheit Zuschüsse zur Pensionskasse für freie Mitarbeiter geleistet, ist eine rückwirkende Einbeziehung in die betriebliche Altersversor-

---

[676] In § 1 Abs. 1 S. 1 BetrAVG ist die betriebliche Altersversorgung legaldefiniert als Leistungen der Alters-, Invaliditäts- oder Hinterbliebenenversorgung, die einem Arbeitnehmer aus Anlass seines Arbeitsverhältnisses vom Arbeitgeber zugesagt werden.

[677] ARD, ZDF und Deutschlandradio gaben 2004 etwa 520 Millionen Euro für die Versorgung pensionierter Angestellter aus. Bis 2008 sollen die teureren Pensionsaufwendungen bei rund 540 Millionen Euro liegen.

[678] BAG 25.4.1995 - 3 AZR 446/94 - ; AP Nr. 25 zu § 1 BetrAVG Gleichbehandlung [II 1 der Gründe]; BAG 11.9.1985 - 7 AZR 371/83 - AP Nr. 76 zu § 242 BGB Gleichbehandlung [II 1 der Gründe]; BAG 12.11.1991 - 3 AZR 489/90 - AP Nr. 17 zu § 1 BetrAVG Gleichbehandlung.

gung nur gerechtfertigt, wenn der Mitarbeiter eingezahlte Beiträge zurückerstattet[679].

4. Ergebnis

Es bleibt festzuhalten, dass der Arbeitnehmer zwar Anspruch auf den gesetzlichen Urlaub nach dem Bundesurlaubsgesetz hat, eine im Honorarvertrag vereinbarte Bezugnahme auf die Tarifwerke für freie Mitarbeiter geht aber im Arbeitsverhältnis ins Leere. Aufgrund des eindeutigen Wortlauts kann die Bezugnahmeklausel auch nicht so verstanden werden, dass der Tarifvertrag für Festangestellte einbezogen sein soll. Eine Verpflichtung der Sendeanstalt, den tariflichen Urlaub für Festangestellte zu gewähren, ergibt sich aber aus dem arbeitsrechtlichen Gleichbehandlungsgrundsatz. Nach diesen Grundsätzen kann sich gegebenenfalls auch ein Anspruch auf das tarifliche Urlaubsgeld ergeben. Zwingende Regelungen über die Entgeltzahlung an gesetzlichen Feiertagen und im Krankheitsfall folgen aus dem Entgeltfortzahlungsgesetz.

Ebenfalls unter Gleichbehandlungsgesichtspunkten kann sich ein Anspruch auf Einbeziehung in eine betriebliche Alterversorgung ergeben.

IV. Zusammenfassung des vierten Kapitels

Der Inhalt des Arbeitsverhältnisses ergibt sich auch nach der Statusfeststellung in erster Linie aus dem Individualvertrag. Die Statusklärung als solche lässt den Vertragsinhalt unberührt. Aufgrund der Unterschiede zwischen einer Tätigkeit in freier Mitarbeit und in Festanstellung muss aber überprüft werden, inwieweit Vereinbarungen auch im Rahmen eines Arbeitsverhältnisses Bestand haben sollen. Gegebenenfalls können Vertragslücken mit Hilfe ergänzender Vertragsauslegung geschlossen werden. Eine Auslegung der Vergütungsabrede wird regelmäßig ergeben, dass das Honorar an den Status des Beschäftigten gebunden sein sollte. Die Rundfunkanstalt schuldet dann nur die für Arbeitnehmer übliche Vergütung. Von entscheidender Bedeutung sind in diesem Zusammenhang durch konkludentes Verhalten festgelegte Vereinbarungen. Hinsichtlich Art, Ort und Dauer der geschuldeten Arbeitsleistung können die früher überwiegend

---

[679] In diesem Sinne *Hochrathner* NZA 2000, 1083; 1087; zur Anrechnung von Vordienstzeiten LAG Köln – 11 Sa 190/00 – LAGE § 1 BetrAVG Nr. 21.

ausgeübte Tätigkeit oder der Vertragszweck Aufschluss über konkludente Vereinbarungen geben. Dabei ist grundsätzlich ein Zeitraum von zwei bis drei Jahren zu begutachten. Nicht selten führt eine Betrachtung der bisher in freier Mitarbeit ausgeübten Tätigkeiten zu für den Arbeitnehmer enttäuschenden Ergebnissen, weil er sich eine höhere Eingruppierung oder zeitlich umfangreichere Beschäftigung versprochen hatte.

Zu den arbeitsvertraglichen Pflichten der Rundfunkanstalt im Arbeitsverhältnis gehört auch die Verpflichtung, den Arbeitnehmer zu Erholungszwecken bezahlt von der Arbeitsleistung freizustellen. Ein über den MIndesturlaub nach dem Bundesurlaubsgesetz hinausgehender Anspruch auf den Tarifurlaub für Festangestellte kann sich aus dem arbeitsrechtlichen Gleichbehandlungsgrundsatz ergeben.

Fünftes Kapitel: Sozialversicherungsrechtliche Folgen der Statusfeststellung

Die arbeitsgerichtliche Entscheidung ist für die Sozialverwaltung nicht bindend, sondern diese hat den wahren Sachverhalt von Amts wegen zu erforschen[680] (§ 20 Abs. 1 S. 1 SGB X). Dennoch steht mit der Statusklärung praktisch das Bestehen eines Beschäftigungsverhältnisses auch für das Sozialrecht fest, da normalerweise bei Vorliegen eines Arbeitsvertrages und einer tatsächlich ausgeübten Tätigkeit eine Beschäftigung i. S. d. § 7 Abs. 1 SGB IV zu bejahen ist[681].

I. Grundsätzliches zur Sozialversicherungspflicht

1. Beginn der Beitragspflicht

Die Versicherungspflicht in der gesetzlichen Sozialversicherung beginnt mit Aufnahme einer Beschäftigung im Sinne von § 7 Abs. 1 SGB IV. § 22 Abs. 1 SGB IV regelt, dass die Beitragsansprüche entstehen, sobald ihre im Gesetz oder auf Grund eines Gesetzes bestimmten Voraussetzungen vorliegen. Ohne Bedeutung ist in diesem Zusammenhang die von den Beteiligten gewählte Bezeichnung im Vertragstext[682]. Wie oben bereits geschildert wurde, stimmt das BSG mit dem BAG darin überein, dass die vertragliche Einordnung als Arbeitnehmer oder freier Mitarbeiter für die Rechtsform nicht ausschlaggebend sein kann. Die Vertragspartner können über den sozialversicherungsrechtlichen Status des Mitarbeiters nicht paktieren[683]. Folge ist, dass aus sozialversicherungsrechtlicher Sicht trotz fehlerhafter Bezeichnung auch in der Vergangenheit ein Beschäftigungsverhältnis i. S. d. § 7 Abs.1 SGB IV vorliegt.

---

[680] BSG 9.5.1995 - 10 Rar 5/94 - NZA-RR 1996, 151, 152; ebenso BAG 21.6.2000 - 5 AZR 782/98 - AP Nr. 60 zu § 256 ZPO 1977 [III 2e der Gründe]; bereits *Grunsky* Anm. zu BAG 10.5.1974 - 3 AZR 523/73 - AP Nr. 48 zu § 256 ZPO.
[681] BSG 10.8.2000 - B 12 KR 21/98 R - NJW 2001, 1965.
[682] *Gitter* S. 46 ff.
[683] St. Rspr., statt vieler BSG 1.12.1977 - 12/3/12 RK 39/74 - AP Nr. 27 zu § 611 BGB Abhängigkeit; BSG 13.7.1978 - 12 RK 14/78 - AP Nr. 29 zu § 611 BGB Abhängigkeit.

2. Das Lohnabzugsverfahren

§ 28d SGB IV bestimmt die Zahlung eines Gesamtsozialversicherungsbeitrages, also eines einheitlichen Beitrages an Kranken-, Renten-, Arbeitslosen- und Pflegeversicherung, der an die Einzugsstelle abzuführen ist. Nach § 28e Abs. 1 SGB IV ist der Arbeitgeber im Außenverhältnis Beitragsschuldner der gesamten Sozialversicherungsbeiträge, also sowohl des Arbeitgeber- als auch des Arbeitnehmeranteils (§ 28d SGB IV). Wie sich noch zeigen wird, ist an dieser Stelle anders als im Steuerrecht keine Gesamtschuldnerhaftung der Arbeitsvertragsparteien vorgesehen.

Folge der Feststellung eines sozialversicherungspflichtigen Beschäftigungsverhältnisses ist, dass die Rundfunkanstalt künftig die einheitliche Beitragssumme an die Krankenkasse als Einzugsstelle abzuführen und den hälftigen Arbeitnehmeranteil (vgl. § 28g SGB IV) im Lohnabzugsverfahren einzubehalten hat. Den geschuldeten Beitrag hat sie aus dem Arbeitsentgelt (vgl. § 14 SGB IV) zu ermitteln[684]. Der Arbeitnehmer ist Schuldner des auf ihn fallenden Anteils zum Gesamtsozialversicherungsbeitrag (§ 249 Abs. 1 SGB V, § 168 Abs. 1 Nr. 1 SGB VI, § 58 Abs. 1 SGB XI, § 346 Abs. 1 SGB III). Dementsprechend bestimmt § 28g SGB IV, dass sich die Rundfunkanstalt den Beitrag des Arbeitnehmers im Wege des Lohnabzugsverfahrens zurückholen kann. Der Arbeitnehmer erhält nicht die vereinbarte beziehungsweise übliche Bruttovergütung ausbezahlt, sondern lediglich den um den Arbeitnehmeranteil gekürzten Nettolohn[685].

Für die Rundfunkanstalt ist das Vorliegen eines sozialversicherungsrechtlichen Beschäftigungsverhältnisses mit höheren Kosten verbunden, da der Arbeitgeber zusätzlich zum geschuldeten Bruttolohn auch den hälftigen Arbeitgeberanteil zu Kranken-, Renten-, Arbeitslosen- und Pflegeversicherung aufbringen muss. Je nach Höhe des Krankenversicherungsbeitrages beträgt der Arbeitgeberanteil etwa 20 % des Bruttolohnes.

Insoweit unterscheidet sich die Ausgangslage der im Medienbereich Beschäftigten allerdings von anderen Fallgestaltungen. Wie oben bereits ausführlich erör-

---

[684] Zu den Beitragssätzen und Bemessungsgrenzen im Jahr 2006 vgl. *Wiegelmann* BB Beilage 2006 Nr. 12, 1 ff.
[685] Daneben verringert sich die Bruttovergütung auch um die Lohnsteuer, die der Arbeitgeber im Auftrag des Arbeitnehmers an das Finanzamt abzuführen hat (§ 38 Abs. 3 EStG).

tert wurde, entspricht es der gängigen Praxis, dass die Rundfunkanstalten ihre (ständigen) freien Mitarbeiter aus sozialversicherungsrechtlicher Sicht wie abhängig Beschäftigte behandeln und dementsprechend Beiträge abführen[686].

II. Haftung für die Vergangenheit

Wurden in der Vergangenheit keine Beiträge abgeführt, kommt eine Haftung der Rundfunkanstalt zumindest für die letzten vier Jahre in Betracht: Beitragsansprüche verjähren gemäß § 25 Abs. 1 S. 1 SGB IV in vier Jahren mit Ablauf des Kalenderjahres, in dem sie fällig geworden sind. Die Fälligkeit bestimmt sich nach § 23 Abs. 1 SGB 4. Die Verjährung ist von Amts wegen zu berücksichtigen[687]. Beiträge, die vorsätzlich vorenthalten wurden, verjähren gemäß § 25 Abs. 1 S. 2 SGB IV erst nach dreißig Jahren[688]. Dafür genügt es, dass der Arbeitgeber die Beiträge mit bedingtem Vorsatz hinterzogen hat, er also seine Beitragspflicht für möglich gehalten, die Nichtabführung der Beiträge aber billigend in Kauf genommen hat[689]. Nicht ausreichend ist hingegen Fahrlässigkeit[690]. Nach der Rechtsprechung sind Beiträge auch dann vorsätzlich vorenthalten, wenn der Schuldner von seiner bereits früher entstandenen und fällig gewordenen Beitragsschuld erfährt oder er diese im Laufe der Zeit erkennt, die Entrichtung der rückständigen Beiträge aber dennoch willentlich unterlässt[691]. Für die hier relevanten Statusfälle kann keine generelle Aussage getroffen werden, aber unter normalen Umständen dürfte sich die Erstattungspflicht nur auf einen Zeitraum von vier Jahren erstrecken[692]. Es entspricht der gängigen Praxis der Rundfunkanstalten, dass zumindest die festen Freien wie Arbeitnehmer sozialversichert werden. Deshalb kann in Grenzfällen, in denen die rechtliche Einordnung

---

[686] Der Bereich der gesetzlichen Unfallversicherung wird als nicht typisches Problem der Rückabwicklung des verdeckten Arbeitsverhältnisses bei der folgenden Darstellung nicht berücksichtigt.
[687] BSG 17.12.1964 - 3 RK 65/62 - NJW 1965, 1502, 1503.
[688] Vgl. auch BSG 24.3.2983 - 1 RA 71/82 - DAngVers 1983, 339.
[689] BSG 21.6.1990 - 12 RK 13/89 - DB 1992, 2090; Kasseler Kom./*Seewald* (2006) § 25 SGB IV Rn. 6; *Fischer/Harth* ArbuR 1999, 126, 130.
[690] BSG 30. 3. 2000 – B 12 KR 14/99 R - SozR 3-2400 § 25 Nr. 7.
[691] BSG 30. 3. 2000 - B 12 KR 14/99 R - SozR 3-2400 § 25 Nr. 7; BSG 26.1.2005 – B 12 KR 3/04 R - SozR 4-2400 § 14 Nr. 7.
[692] Ebenso *Hochrathner* NZA 1999. 1016, 1017; für eine dreißigjährige Verjährungsfrist *Goetzki/Hohmeister* BB 1999, 635, 637; MAHArbR/*Reiserer* (2005) § 5 Rn. 10.

der Vertragsbeziehung problematisch ist, nicht zwingend von einer vorsätzlichen Beitragsenthaltung ausgegangen werden. Im Zweifel wäre es Sache des Versicherungsträgers, der sich auf die für ihn günstige Verjährungsfrist beruft, die subjektiven Tatbestandsvoraussetzungen des § 25 Abs. 1 S. 2 SGB IV darzulegen und zu beweisen.

Wird die Rundfunkanstalt für die Vergangenheit in den Grenzen des § 25 SGB IV von den Sozialversicherungsträgern in Anspruch genommen, weil überhaupt keine Sozialversicherungsbeiträge abgeführt wurden, stellt sich die Frage, welche Vergütungshöhe als (rückwirkende) Bemessungsgrundlage maßgeblich ist, das ausgezahlte Honorar oder die geringere tatsächlich geschuldete Arbeitsvergütung.

§ 14 Abs. 1 S. 1 SGB IV beschreibt Arbeitsentgelt als *„laufende oder einmalige Einnahmen, aus einer Beschäftigung, gleichgültig, ob ein Rechtsanspruch auf die Einnahmen besteht"*. Der Wortlaut würde dafür sprechen, dass zum sozialrechtlichen Arbeitsentgelt auch der zuviel geleistete Lohn gehört und somit die Beitragsbemessung am tatsächlich eingenommenen Honorar erfolgt (sog. Zuflussprinzip[693]). Beitragsrecht der Sozialversicherung und Steuerrecht unterscheiden sich aber auch in einem weiteren wichtigen Punkt: Im Beitragsrecht gilt das so genannten Entstehensprinzip. Ansprüche der Sozialversicherungsträger auf Beitragszahlungen entstehen mit dem Entstehen des Lohnanspruchs unabhängig davon, ob der Lohn überhaupt ausbezahlt worden ist. Demgegenüber werden Steuern erst fällig, wenn der Arbeitslohn dem Arbeitnehmer tatsächlich zugeflossen ist. Ergibt eine Auslegung der Honorarabrede eine Abhängigkeit der Vergütungsvereinbarung vom Status des Mitarbeiters, schuldet die Rundfunkanstalt nach § 611 Abs. 1 BGB i. V. m. § 612 Abs. 2 BGB nur den arbeitnehmerüblichen Lohn und der Lohnanspruch entsteht nur in dieser Höhe. In der hier gegebenen Fallkonstellation spricht außerdem der Schutzzweck der Sozialversicherung dafür, Beitragsnachzahlungen nicht am ausbezahlten Honorar zu messen, sondern den tatsächlich geschuldeten Lohn als maßgebliche Bemessungsgrundlage anzusehen. Aufgrund der bisherigen Durchführung als sozialversicherungsfreies Beschäftigungsverhältnis sind Leistungen der Versicherungsträger nicht erbracht worden. Die Leistungen bei Arbeitslosigkeit, krankheitsbedingter

---

[693] Zum sozialversicherungsrechtlichen Zufluss- und Entstehungsprinzip *Berndt* DStR 2000, 1520, 1521 ff.

Arbeitsunfähigkeit oder verminderter Erwerbsfähigkeit sowie die der Rentenversicherung hängen entscheidend von der Höhe der entrichteten Beiträge ab. Geht man von dem höheren Honorar[694] aus, hätte das Rentenansprüche des Arbeitnehmers zur Folge, die ihm bei zutreffender Handhabung des Arbeitsverhältnisses nicht zugestanden hätten. Im Falle der nachträglichen Beitragsentrichtung genießt der Arbeitnehmer auch nicht Vertrauensschutz im Sinne von § 45 Abs. 2 SGB X. Somit ist für die Nachzahlung der im Arbeitsverhältnis geschuldete Lohn Entgelt im Sinne von § 14 SGB IV.

III. Erstattung zuviel erhobener Beiträge

Steht fest, dass die Rundfunkanstalt anstelle von Honorar nur Arbeitslohn schuldete und wurde bisher zwischen Anstalt und Arbeitnehmer sozialversicherungsrechtlich regulär abgerechnet, haben die Vertragsparteien der Beitragsbemessung in der Vergangenheit einen falschen Betrag zugrunde gelegt. Zuviel erhobene Beiträge können unter den Voraussetzungen des § 26 SGB IV zurückverlangt werden. Als Leitfaden für die Abwicklung in der Praxis haben die Spitzenverbände der Sozialversicherungsträger „*Gemeinsame Grundsätze für die Verrechung und Erstattung zu Unrecht gezahlter Beiträge zur Kranken-, Pflege- und Renten-, und Arbeitslosenversicherung aus einer Beschäftigung*" erlassen[695].

Nach § 26 Abs. 2 SGB IV werden in der Kranken-, Pflege-, Renten- und Arbeitslosenversicherung rechtsgrundlos gezahlte Beiträge grundsätzlich erstattet[696]. Das gilt allerdings dann nicht, wenn bis zur Geltendmachung des Erstattungsanspruchs für den Arbeitnehmer aufgrund dieser Beiträge Leistungen erbracht wurden. In diesem Fall wird trotz einer rechtsgrundlosen Beitragsleistung ein faktisches Versicherungsverhältnis unterstellt und eine Beitragserstattung scheidet von vornherein aus, es sei denn auch ohne die Beitragsüberzahlung wären die Leistungen in unverändertem Umfang erbracht worden[697]. Die Aussch-

---

[694] Vgl. *Reinecke* DB 1998, 1282, der betont, dass das Honorar eines freien Mitarbeiters dreimal so hoch sein kann wie das Entgelt eines vergleichbaren Festangestellten.
[695] BB 1995, 1414 ff.
[696] Für Beiträge zur Arbeitsförderung sind Abweichungen gemäß § 351 SGB III zu beachten.
[697] Kasseler Kom./*Seewald* (2006) SGB IV § 26 Rn. 24.

kussklausel greift nur für Beiträge des Versicherungszweiges, in dem die Leistung erbracht wurde.

Der Anspruch auf Beitragserstattung steht nach § 26 Abs. 3 SGB IV demjenigen zu, der die Beiträge getragen hat; das ist normalerweise hinsichtlich der Arbeitnehmerbeitragsanteile der Arbeitnehmer und hinsichtlich der Arbeitgeberbeitragsanteile der Arbeitgeber[698]. Eine Erstattung kommt aber solange nicht in Betracht, wie ein (nicht nichtiger) Verwaltungsakt den Rechtsgrund der Beitragsleistung bildet. Dieser müsste zunächst aufgehoben werden.

IV. Zusammenfassung des fünften Kapitels

Die sozialrechtlichen Folgen der Statusverfehlung sind bei den ständigen freien Mitarbeitern der Rundfunkanstalten überschaubar. Wurden für diese Personengruppe regulär Sozialversicherungsbeiträge erbracht, können sich lediglich im Hinblick auf die geschuldete Arbeitsvergütung als Bemessugnsgrundlage Änderungen ergeben.

Erhebliche finanzielle Auswirkungen hat die Statusverfehlung, wenn es der Arbeitgeber aufgrund der unzutreffenden rechtlichen Behandlung in der Vergangenheit unterlassen hat, Sozialversicherungsbeiträge für den Arbeitnehmer abzuführen. Dann muss die Rundfunkanstalt mit Beitragsnachforderungen zumindest für die letzten vier Jahre rechnen, soweit sie die Beiträge nicht vorsätzlich vorenthalten hat. In diesem Fall gilt eine Verjährungsfrist von 30 Jahren. Die Beitragshöhe richtet sich für Vergangenheit und Zukunft nach dem im Arbeitsverhältnis geschuldeten Lohn, sofern nicht ausnahmsweise eine statusunabhängige Honorarabrede getroffen wurde. Zuviel entrichtete Beiträge können unter den Voraussetzungen des § 26 Abs. 2 SGB IV von der Einzugsstelle zurückverlangt werden.

---

[698] BAG 29.3.2001 - 6 AZR 653/99 - NZA 2003, 105, 106.

Sechstes Kapitel: Steuerrechtliche Auswirkungen

Bei den steuerrechtlichen Folgen der Statusklärung ist zunächst zwischen der Einkommens- und der Umsatzsteuer zu unterscheiden: Während Einkommensteuer für Einkünfte aus selbstständiger oder aus nichtselbstständiger Tätigkeit erhoben wird (§ 2 Abs. 1 EStG), fällt die Umsatzsteuer nach ihrem Grundtatbestand (§ 1 Abs. 1 Nr. 1 S. 1 UStG) nur für Lieferungen von Gegenständen und sonstigen Leistungen oder Dienstleistungen an, die ein Unternehmer im Rahmen seines Unternehmens ausführt. Im Arbeitsverhältnis gibt es dementsprechend keine Umsatzbesteuerung. Von Bedeutung ist außerdem, ob die Parteien das Beschäftigungsverhältnis bis zur Statusklärung als Rechtsverhältnis zwischen selbstständigen Unternehmern abgewickelt haben (Scheinselbstständigkeit) oder der Sender in der Vergangenheit wie bei einem Arbeitnehmer vom Honorar die Lohnsteuer einbehalten und an das Finanzamt abgeführt hat. Die Situation eines freien Auftragsverhältnisses dürfte nach den beschriebenen Gepflogenheiten in der Medienbranche nur bei solchen Mitarbeitern auftreten, die vereinzelt für die Rundfunkanstalt tätig geworden sind. Da für die Finanzverwaltung bei Hörfunk und Fernsehen beschäftigte *„Künstler und Angehörige von verwandten Berufen, die in der Regel auf Grund von Honorarverträgen tätig werden und im allgemeinen als freie Mitarbeiter bezeichnet werden"*, grundsätzlich als nichtselbstständig gelten, werden zumindest die festen Freien in der Regel wie Arbeitnehmer behandelt und auf Lohnsteuerkarte beschäftigt. Entscheidend für die Steuerzuordnung ist für die Finanzbehörden, ob die Tätigkeit von vornherein auf Dauer angelegt ist. Falls ja, werde der freie Mitarbeiter auch nicht dadurch selbstständig, dass mehrere einzelne Honorarverträge abgeschlossen wurden[699]. Schließlich ist weiter zu differenzieren, ob der Betreffende in seinen Rechnungen Umsatzsteuer ausgewiesen und an das Finanzamt abgeführt hat.

---

[699] Erlass des BMF vom 5.10.1990 betreffend den Steuerabzug vom Arbeitslohn bei unbeschränkt einkommensteuer-(lohnsteuer-)pflichtigen Künstlern und verwandten Berufen BStBl I 1990, 638 ff.

I. Lohnsteuerschuld des Arbeitnehmers

Ein eigenes steuerrechtliches Verfahren zur Statusklärung ist gesetzlich nicht vorgesehen. Aus § 157 Abs. 2 AO geht aber hervor, dass die Feststellung der Besteuerungsgrundlagen einen mit Rechtsbehelf nicht selbstständig anfechtbaren Teil des Steuerbescheids bildet. Besteuerungsgrundlagen gehören zum begründenden Teil einer Steuerfestsetzung[700]. In § 199 Abs. 1 AO wiederum sind sie als die tatsächlichen und rechtlichen Verhältnisse, die für die Steuerpflicht und für die Bemessung der Steuer maßgebend sind, definiert. Besteuerungsgrundlagen sind also kurz gesagt alle Umstände, die die Steuerschuld beeinflussen wie Einkunftsart (Einkünfte aus selbstständiger/nichtselbstständiger Arbeit), Gewinn, Umsatz etc.[701]. Das Vorliegen eines Arbeitsverhältnisses wirkt sich damit auch auf die Besteuerung des Arbeitslohnes aus. Bei den Einkünften aus nichtselbstständiger Tätigkeit wird die geschuldete Einkommensteuer durch Abzug vom Arbeitslohn als Lohnsteuer erhoben (§ 38 Abs. 1 S. 1 EStG).

1. Lohnsteuerschuld des abhängig Beschäftigten

Der Arbeitnehmer, für den der Sender in der Vergangenheit Lohnsteuer einbehalten und abgeführt hat, schuldet (wie bisher) die auf den Arbeitslohn entfallende Einkommensteuer. Der abzuführende Betrag wird unter Berücksichtigung der Merkmale der Lohnsteuerkarte anhand der Lohnsteuertbelle aus der Bemessungsgrundlage ermittelt. Maßgeblich ist der dem Arbeitnehmer im Veranlagungszeitraum zugeflossene Arbeitslohn (§§ 25 Abs. 1, 38a Abs. 1 sowie 32a Abs. 1 beziehungsweise 52 Abs. 41 EStG). Erheblich ist in diesem Zusammenhang, ob das mit dem aus arbeitsrechtlicher Sicht freien Mitarbeiter vereinbarte Honorar auch weiterhin vereinbarte Arbeitsvergütung ist. Nach der hier vertretenen Auffassung können sich dann trotz gleichbleibender Einkunftsart Änderungen der Steuerhöhe im Hinblick auf den im Arbeitsverhältnis geringeren Vergütungsanspruch ergeben.

---

[700] *Jakob* AO (2006) Rn. 15 ff.
[701] Dazu Pahlke/Koenig/*Inkemann* (2004) § 199 AO Rn. 7.

2. Lohnsteuerschuld des Scheinselbstständigen

Sowohl Einkünfte aus selbstständiger Arbeit als auch solche aus nichtselbstständiger Arbeit unterliegen nach § 2 Abs. 1 EStG der Einkommensteuer. Die Statusklärung wirkt sich deshalb nur geringfügig auf die Einkommenshöhe eines Mitarbeiters aus, der bisher als Selbstständiger veranlagt wurde.

Während das Einkommen des Selbstständigen nach dem Gewinnbegriff des § 4 EStG ermittelt wird, hat der Arbeitnehmer die Einnahmen (§ 8 Abs. 1 EStG), die seine Werbungskosten (§ 9 Abs.1 EStG) übersteigen, zu versteuern. Durch die andere Einkunftszuordnung kann sich allerdings die Höhe der berücksichtigungsfähigen Abzugsposten verändern[702]. Deshalb dürften die Steuern im Arbeitsverhältnis nach der Lohnsteuertabelle etwas höher als bisher ausfallen[703]. Ein weiterer Unterschied besteht darin, dass die Lohnsteuer des Arbeitnehmers in voraussichtlicher Höhe[704] unmittelbar vom Lohn abgezogen wird, während der Freiberufler nach § 37 EStG quartalsmäßige Vorauszahlungen an das Finanzamt leistet[705].

Obwohl der Arbeitnehmer alleiniger Schuldner der Lohnsteuer ist, muss der Arbeitgeber nach §§ 38 Abs. 3 S.1, 41a Abs. 1 Nr.2 EStG die Lohnsteuer vom Arbeitslohn einbehalten und an das Finanzamt abführen. Er ist Haftungsschuldner (§ 42d EStG), das bedeutet ihn trifft die Verpflichtung, die steuerrechtliche Seite des Beschäftigungsverhältnisses richtig abzuwickeln. Es handelt sich insoweit nicht nur um eine öffentlich-rechtliche Pflicht gegenüber dem Finanzamt, sondern zugleich um eine auf Gesetz beruhende vertragliche Nebenpflicht gegenüber dem Arbeitnehmer[706]. Der Mitarbeiter muss dazu lediglich seine Lohnsteuerkarte einreichen.

---

[702] *Goretzki/Hohmeister* BB 1999, 635, 638.
[703] *Fischer* AuA 1999, 364, 365.
[704] Die abzuführenden Lohnsteuer hat die Rundfunkanstalt anhand der Lohnsteuertabelle zu ermitteln und dabei ggf. die vom Mitarbeiter angegebenen Steuerfreibeträge und Steuervergünstigungen zu berücksichtigen (§§ 38a, 39b Abs. 2 EStG).
[705] Der steuerpflichtige Arbeitnehmer wird grundsätzlich nach Ablauf des Kalenderjahres mit dem Einkommen, das er im abgelaufenen Jahr erzielt hat, zur Einkommensteuer veranlagt (§ 25 EStG). Dabei handelt es sich um ein Verwaltungsverfahren, in dem die Besteuerungsgrundlagen ermittelt und die Einkommensteuerschuld durch Einkommensteuerbescheid festgesetzt werden.
[706] *Wiedemann* Anm. zu BAG 14.6.1974 - 3 AZR 456/73 - AP Nr. 20 zu § 670 BGB.

Auf diese Weise wird gewährleistet, dass der Arbeitgeber das Lohnsteuerabzugsverfahren gewissenhaft durchführt[707]. Die Kirchensteuer wird im gleichen Verfahren wie die Lohnsteuer erhoben, die aufgeführten Grundsätze gelten entsprechend[708].

Sollte der vermeintliche Selbstständige im Veranlagungszeitraum bereits Einkommensteuer entrichtet haben, kann diese mit der Lohnsteuer verrechnet werden[709]. Im umgekehrten Fall kommt es zu Nachforderungen in Höhe der noch nicht versteuerten Vergütungen. Erkennt die Rundfunkanstalt, dass die Lohnsteueranmeldung fehlerhaft war, kann sie unter den Voraussetzungen des § 41c Abs. 1 Nr. 1 EStG bei der nächsten Gehaltszahlung Lohnsteuer nachträglich einbehalten[710].

II. Lohnsteuernachforderungen des Finanzamtes

1. Lohnsteuerschuld

Ist in der Vergangenheit insgesamt ein Lohnsteuerabzug unterblieben, weil die Vertragspartner von einer Tätigkeit in freier Mitarbeit ausgegangen sind, wird die noch nachzuentrichtende Lohnsteuer auf der Grundlage der dem Beschäftigten zugeflossenen Einnahmen berechnet[711]. Dabei steht es im Ermessen der Finanzverwaltung (§ 5 AO), ob sie den Arbeitgeber oder den Arbeitnehmer für Lohnsteuernachforderungen in Anspruch nimmt (§ 42d Abs. 3 S. 2 EStG). Denn nach § 42d Abs. 3 S. 1 EStG haftet auch der Arbeitgeber akzessorisch für Lohnsteuerrückstände und zwar neben dem Arbeitnehmer als Gesamtschuldner, d. h. auf dieses Gesamtschuldverhältnis sind die §§ 421 ff BGB anwendbar. Das Haftungsrisiko der Rundfunkanstalt dürfte sich in Grenzen halten, da in den hier relevanten Fällen anzunehmen ist, dass der Mitarbeiter die auf seine Honorareinkünfte entfallende Steuerschuld beglichen hat. Es handelt sich dann nur um ergänzende Nachforderungen.

---

[707] Allg. zur Haftung des Arbeitgebers *Offerhaus* BB 1982, 793 ff.
[708] Schaub/*Link* (2005) § 71 Rn. 48.
[709] Niebler/Meier/Dubber Rn. 604.
[710] Lohnsteueränderungsrichtlinie 2005 (LStR 2005) vom 21. Oktober 2004 mit Lohnsteuer-Hinweisen 2006 (BStBl. I S. 965); zu den Einzelheiten Blümich/*Heuermann* (2006) § 41c EStG Rn. 11.
[711] MAHArbR/*Reiserer* (2005) § 5 Rn. 116; zur Berechnung.

Der Staat hat ein Interesse daran, die Lohnsteuer zeitnah und ohne größeren Verwaltungsaufwand beizutreiben. Bei der Ausübung des Ermessens haben die Finanzämter deshalb grundsätzlich davon auszugehen, dass nach dem Zweck des Lohnsteuerverfahrens der Arbeitgeber in Anspruch zu nehmen ist, da er regelmäßig der Leistungsfähigere ist[712] Die Festsetzungsfrist für einen entsprechenden Lohnsteuerhaftungsbescheid gegen die Anstalt ergibt sich aus § 191 Abs. 3 AO. Ermessensfehlerhaft ist die Inanspruchnahme des Arbeitgebers nach der Rechtsprechung allerdings dann, wenn die Steuer ebenso schnell und einfach beim eigentlichen Steuerpflichtigen, dem Arbeitnehmer beigetrieben werden kann[713] oder die Steuer beim Arbeitnehmer deshalb nicht nachgefordert werden kann, weil seine Veranlagung zur Einkommensteuer bereits bestandskräftig ist und die für eine Änderung des Steuerbescheides nach § 173 Abs. 1 Nr. 1 AO erforderlichen Voraussetzungen[714] nicht vorliegen[715].

2. Bemessungsgrundlage

Auf den ersten Blick erscheint es nicht richtig, das ausbezahlte (höhere) Honorar als Bemessungsgrundlage anzusehen, obwohl in Wirklichkeit nur (niedrigerer) Arbeitslohn geschuldet war und der Arbeitnehmer möglicherweise einem Rückforderungsanspruch der Rundfunkanstalt ausgesetzt ist. Genau zu diesem Ergebnis führt aber eine konsequente Anwendung des in § 11 EStG statuierten Zufluss- und Abflussprinzips[716].

Nach § 38 Abs. 1 S. 1 i. V. m. § 19 Abs. 1 S. 1 Nr. 1 EStG gehören zum Arbeitslohn alle „*Vorteile, die für eine Beschäftigung im öffentlichen oder privaten Dienst gewährt werden*" und zwar nach Satz 2 dieser Vorschrift unabhängig davon, ob ein Rechtsanspruch auf die Leistung besteht oder nicht[717]. Lohn ist nach

---

[712] Schaub/*Link* (2005) § 71 Rn. 101; *Müller* DB 1981, 2172, 2173.
[713] BFH 12.1.1968 – VI R 117/66 – BB 1968, 1276.
[714] Bei der Bestandkraft handelt es sich um eine Tatsache, die gemäß § 44 Abs. 2 S. 3 AO nur für und gegen den Gesamtschuldner wirkt, in dessen Person sie eintritt. Folge kann sein, dass der Arbeitnehmer im Gesamtschuldnerausgleich in Regress genommen wird, obwohl er vom Finanzamt bereits nicht mehr in Anspruch genommen werden könnte; dazu BFH 13.5.1987 – II R 189/83 – DStR 1987, 513.
[715] BFH 9.10.1992 – VI R 47/91 – BB 1993, 989, 990.
[716] In BFH 23.4.1997 – VI R 12/96 – n. v. (juris) ausdrücklich nicht gefolgt ist der BFH der Verwaltungspraxis, die an den vermeintlich Selbstständigen ausgezahlten Bezüge auf einen fiktiven Bruttolohn hochzurechnen, auf dessen Grundlage dann die Lohnsteuer berechnet werden sollte.
[717] BFH 5.7.1996 – VI R 10/96 – BFHE 180, 441.

der höchstrichterlichen Rechtsprechung jeder mit Rücksicht auf das Dienstverhältnis eingeräumte geldwerte Vorteil, der durch das individuelle Dienstverhältnis veranlasst ist. Für eine Veranlassung genügt, dass ein tatsächlicher Zusammenhang zwischen den Einnahmen und dem Arbeitsverhältnis besteht[718]. Demnach bezog der Mitarbeiter im Fall des verdeckten Arbeitsverhältnisses Arbeitslohn auch in Höhe des von der Rundfunkanstalt zuviel gezahlten und später möglicherweise zurückgeforderten Honorars. Da es nur auf die tatsächliche Veranlassung ankommt, ergibt sich nichts anderes bei rückforderungsbehafteten Zahlungen. Denn auch in diesem Umfang sind sie dem Mitarbeiter aufgrund des Arbeitsverhältnisses tatsächlich zugeflossen. Dieser objektive Veranlassungszusammenhang wird nicht dadurch unterbrochen, dass die Rundfunkanstalt das überzahlte Honorar zurückfordert. Der Zuflusszeitpunkt bestimmt sich nach § 11 Abs. 1 S. 1 EStG[719]. Danach ist eine Einnahme zugeflossen, wenn der Empfänger die wirtschaftliche Verfügungsmacht erlangt hat[720], also bei Geld im Zeitpunkt der Gutschrift auf dem Konto[721].

Keine Rolle für die Frage des Zuflusses spielt, ob die Einnahmen endgültig beim Empfänger bleiben werden[722]. Zurückgezahlte Einnahmen können vielmehr im Zeitpunkt des Abflusses steuerlich berücksichtigt werden[723]. Nach § 11 Abs. 2 S. 1 EStG sind Ausgaben für das Kalenderjahr abzusetzen, in dem sie geleistet werden[724]. Der Arbeitnehmer hat die Möglichkeit, Rückzahlungen an die Rundfunkanstalt als „negative Einkünfte" steuerlich geltend zu machen und so einen steuerlichen Ausgleich herbeizuführen[725].

Im Ergebnis kann es durch das Zu- und Abflussprinzip je nach Veranlagungszeitraum infolge der Steuerprogression oder fehlender tatsächlicher Aus-

---

[718] BFH 7.7.2004 - VI R 29/00 - BFHE 208, 104; BFH 26.6.2003 - VI R 112/98 - BFHE 203, 53; BFH 28.2.1975 - VI R 29/72 - BFHE 115, 251 m. w. N.
[719] Da es sich bei der Einkommensteuer um eine Jahressteuer handelt und Vermögensveränderungen des Steuerpflichtigen folglich zeitlich zugeordnet werden müssen, bestimmt § 11 EStG wie die Einkünfte und Ausgaben zeitlich berücksichtigt werden können, Kirchhof/*Seiler* (2006) § EStG 11 Rn. 1.
[720] BFH 16.4.1999 - VI R 60/96 - BFHE 188, 334.
[721] Schmidt/*Heinicke* (2005) § 11 EStG Rn. 30.
[722] BFH 22.5.2002 - VIII R 74/99 - BFH/NV 2002, 1430; Blümlich/*Glenk* (2006) § 11 Rn. 10 und 18.
[723] Eingehend BFH 26.01.2000 - IX R 87/95 – BB 2000, 1714, 1715 m. w. N.
[724] Kirchhof/*Seiler* (2006) § 11 EStG Rn. 18.
[725] Vgl. dazu exemplarisch die Verfügung der Oberfinanzdirektion Frankfurt vom 25.07.2000 (juris).

gleichsmöglichkeiten zu erheblichen steuerlichen Vor- oder Nachteilen kommen[726]. Unterschiede in der Steuerbelastung („steuerliche Zufallsergebnisse") sind jedoch nach der höchstrichterlichen Rechtsprechung im Hinblick auf die im Massenfallrecht gebotene praktikable Anwendung des § 11 EStG hinzunehmen[727].

III. Umsatzsteuerrechtliche Folgen

1. Grundsätzliches zur Umsatzsteuer

Der Selbstständige unterliegt mit seiner Tätigkeit grundsätzlich der Umsatzsteuer (§§ 1 ff UStG)[728]. Das bedeutet, er stellt seinem Auftraggeber das vereinbarte Honorar zuzüglich 19 % Umsatzsteuer (§ 12 Abs. 1 UStG) in Rechnung[729] und führt die vereinnahmte Steuer nach Abzug der ihm von Dritten in Rechnung gestellten Vorsteuern an das Finanzamt ab. Der Auftraggeber wiederum meldet die in den Honorarrechnungen ausgewiesene Umsatzsteuer als Vorsteuer in der eigenen Steuererklärung an, so dass für ihn keinen Mehrkosten entstehen[730]. Im Falle eines Arbeitsverhältnisses besteht hingegen keine Pflicht zur Umsatzbesteuerung. Anders verhält es sich im Rundfunkbereich, da die öffentlich-rechtlichen Anstalten von der Umsatzsteuer befreit sind (§ 2 Abs. 3 UStG)[731]. Umsatzsteuer wird daher üblicherweise nicht zusätzlich zu den vereinbarten Honoraren gezahlt, sondern ist im Honorar bereits enthalten.

---

[726] BFH 26.01.2000 - IX R 87/95 – BB 2000, 1714, 1715 m. w. N.
[727] *Dötsch* jurisPR-SteuerR 38/2006 Anm. 4 zu BFH 24.9.1985 - IX R 2/80 - BB 1986, 1280.
[728] Ist die Tätigkeit darüber hinaus als gewerblich zu qualifizieren, weil es sich nicht um freiberufliche Tätigkeit handelt, ist der Mitarbeiter außerdem gewerbesteuerpflichtig.
[729] Nach § 12 Abs. 2 S. 1 Nr. 7c UStG kommt für freie Rundfunkmitarbeiter auch ein ermäßigter Steuersatz in Betracht; dazu *Sölch/Ringleb/Klenk/Weymüller* (2006) § 12 UStG Rn. 321.
[730] *Goretzki/Hohmeister* BB 1999, 635, 638.
[731] Nach der Rechtsprechung des BverfG nehmen die öffentlich-rechtlichen Rundfunkanstalten Aufgaben der öffentlichen Verwaltung wahr, so dass ihre Tätigkeit nicht gewerblicher oder beruflicher Art ist, vgl. BVerfG 27.7.1971- 2 BvF 1/68, 2 BvR 702/68 - NJW 1971, 1739, 1740.

2. Umsatzsteuerrechtliche Folgen beim Arbeitgeber

Stellt sich später heraus, dass sich der Mitarbeiter in Wirklichkeit in einem Arbeitsverhältnis befand, fehlt ihm die Unternehmereigenschaft nach § 2 Abs. 1 S. 1 UStG[732]. Zum Vorsteuerabzug ist der Auftraggeber aber gemäß § 15 Abs. 1 Nr. 1 UStG nur dann berechtigt, wenn ein Unternehmer die Umsatzsteuer gesondert in Rechnung gestellt hat. Im Arbeitsverhältnis gibt es keinen Vorsteuerabzug. Generell gilt, dass der Arbeitgeber somit die ihm in Rechnung gestellte Umsatzsteuer künftig in seiner Vorsteueranmeldung nicht mehr berücksichtigen kann. Für die Vergangenheit wird das Finanzamt den zu Unrecht einbehaltenen Vorsteuerbetrag zurückfordern[733]. Eine Rückerstattung kann dabei nur für die Jahre verlangt werden, für die die Festsetzungsfrist gemäß § 169 Abs. 2 Nr. 2 AO noch nicht abgelaufen ist und somit für die letzten vier Jahre[734]. Die Festsetzungsfrist beginnt gemäß § 170 Abs. 2 Nr. 1 AO mit Ablauf des Kalenderjahres, für das die diesbezügliche Umsatzsteuererklärung des Arbeitgebers einzureichen war[735]. In Ausnahmefällen kann aus Billigkeitsgründen gemäß §§ 163, 227 AO ein Vorsteuerabzug in Betracht gezogen werden.

Da die öffentlich-rechtlichen Rundfunkanstalten von der Umsatzsteuer befreit sind, können sie ohnehin keine Vorsteuer abziehen. Der „neue" Arbeitnehmerstatus wirkt sich hier umsatzsteuerrechtlich nicht aus.

3. Umsatzsteuerrechtliche Folgen beim Arbeitnehmer

a) Unberechtigter Steuerausweis

Der Mitarbeiter, der Umsatzsteuer als Vorsteuer geltend gemacht hat, muss mit Nachforderungen des Finanzamtes rechnen. § 14c Abs. 2 S. 2 Alt. 1 UStG führt zur Steuerschuld des Arbeitnehmers, wenn er eine Umsatzsteuer zu Unrecht ausgewiesen hat. Dem Einwand, dass er in Wirklichkeit nicht umsatzsteuerpflichtig sei, stand nach alter Rechtslage § 14 Abs. 3 UStG entgegen. Danach war auch ein Nichtunternehmer verpflichtet, die in einer Rechnung gesondert ausgewiesene Umsatzsteuer an das Finanzamt abzuführen, eine nachträgliche

---

[732] Zum Merkmal der Unselbstständigkeit im Umsatzsteuerrecht BFH 27.2.1972 – V R 136/71 - BB 1972, 1314.
[733] MAHArbR/*Reiserer* (2005) § 5 Rn. 20; *Fischer* AuA 1999, 364, 365.
[734] *Fischer* AuA 1999, 364, 365.
[735] *Fischer/Harth* AuR 1999, 126, 132.

Rechnungsberichtigung war gesetzlich nicht vorgesehen. Ebenso wenig war § 14 Abs. 2 UStG entsprechend anwendbar[736], mit der praktischen Folge, dass das Finanzamt die zu Unrecht in Rechnung gestellte Umsatzsteuer von beiden Arbeitsvertragsparteien beanspruchen konnte.

b) Rechnungsberichtigung

Jetzt ist in § 14c Abs. 2 S. 3 UStG eine Berichtigungsmöglichkeit geregelt nach der die Umsatzsteuerschuld entfallen kann. Gemäß § 14c Abs. 2 S. 2 Alt. 1 UStG schuldet der Mitarbeiter, der nicht zum Steuerausweis berechtigt war, dennoch den ausgewiesenen Betrag. Die Vorschrift bestimmt eine Ausfallhaftung für den Fall, dass der Arbeitgeber tatsächlich die Vorsteuer in Anspruch genommen hat. Hat die Rundfunkanstalt keine Vorsteuer geltend gemacht, kann der geschuldete Betrag nach § 14c Abs. 2 S. 3 und S. 4 UStG berichtigt werden[737]. Erforderlich ist ein schriftlicher Antrag beim Finanzamt unter Angabe der Identität des Leistungsempfängers, damit das Finanzamt des Leistenden durch eine Abfrage beim Finanzamt des Rechnungsempfängers feststellen kann, ob und in welcher Höhe Vorsteuer geltend gemacht wurde beziehungsweise die Umsatzsteuer zurückgezahlt worden ist und in welchem Zeitpunkt die Korrektur nach § 17 UStG erfolgen kann[738]. Sinngemäß können die neuen Regelungen auch auf vor dem 1.1.2004 erteilte Rechnungen angewendet werden[739].

Eine Erstattung der Umsatzsteuer gemäß § 37 Abs. 2 AO kommt erst nach Beseitigung der Steuerbescheide als Rechtsgrund in Betracht. Der im Verwaltungsrecht gewohnheitsrechtlich anerkannte allgemeine öffentlich-rechtliche Erstattungsanspruch ist für das Steuerverfahrensrecht ausdrücklich in § 37 Abs. 2 AO normiert. Nach dieser Vorschrift sind rechtsgrundlos erfolgte Vermögensverschiebungen rückgängig zu machen. Erstattungsberechtigt ist *„derjenige, auf dessen Rechnung die Zahlung bewirkt"* wurde. Worin der rechtliche Grund zu sehen ist, wird in der Literatur unterschiedlich beurteilt. Nach überwiegender

---

[736] BFH 8.12.1988 – V R 28/84 - BB 1989, 972, 973; ausführlich zu früheren Rechtslage *Berger* BB 1986, 70 ff.
[737] In den übrigen Fällen kommt es darauf an, dass der Schaden durch Inanspruchnahme der Vorsteuer rückgängig gemacht wurde.
[738] *Dohrmann* StBp 2006 153, 158.
[739] BMF 29.1.2004 - IV B 7-S 7280-19/04 – BStBl. I 2004, 258.

Meinung[740] ist eine Zahlung mit Rechtsgrund geleistet, wenn sie dem im Bescheid festgesetzten Betrag entspreche. Auf die materielle Rechtslage komme es nicht an. Die Gegenauffassung stellt darauf ab, ob auf die Leistung nach materiellem Recht kein entsprechender Anspruch bestehe. Der Steuerbescheid sei zwar kein Rechtsgrund im Sinne des § 37 Abs. 2 AO, hindere aber im Falle seiner Unabänderbarkeit die Durchsetzung des Erstattungsanspruchs.

Geht man davon aus, dass der Rechtsgrund die Rechtfertigung für die Neuordnung der beiderseitigen Güterlagen bildet und damit den Grund für das Behaltendürfen der Zahlung[741], ist allein der die Leistung festsetzende Verwaltungsakt Rechtsgrund i. S. d. § 37 Abs. 2 AO. Die dem Steuergläubiger nach materiellem Recht zustehende Steuer darf er erst behalten, wenn sie aufgrund eines Steuerbescheides gegenüber dem Steuerpflichtigen festgesetzt wurde. Wird im Steuerbescheid eine Steuer zu niedrig festgesetzt und ist dieser Fehler nicht mehr korrigierbar, stellt der höhere materielle Anspruch kein Behaltensrecht für die Differenz zur festgesetzten Steuerschuld dar. Rechtsgrund ist allein der Steuerbescheid. Daraus folgt, dass es erst nach Beseitigung der Steuerbescheide als Rechtsgrund zu einer Erstattung nach § 37 Abs. 2 AO kommen könnte. Wenn eine Änderung der entsprechenden Steuerfestsetzungen nach abgabenrechtlichen Voraussetzungen nicht mehr möglich ist, sind die Voraussetzungen für einen Billigkeitserlass nach § 227 AO zu prüfen[742].

IV. Zusammenfassung des sechsten Kapitels

Die steuerrechtlichen Folgen eines enttarnten Arbeitsverhältnisses sind je nach den konkreten Umständen des Einzelfalls sehr unterschiedlich[743]. Von Bedeutung ist etwa, ob der vermeintliche Freie bis zur Statusklärung in seinen Rechnungen Umsatzsteuer ausgewiesen und an das Finanzamt abgeführt hat. In diesem Fall hat die Rechtsformverfehlung Auswirkungen auf die Umsatzbesteue-

---

[740] BFH 13.9.1989 - I B 23/89 - n. v. (juris); *Kirchhof* NJW 1985, 2977; *Koenig* DStR 1991, 638; Pahlke/*Koenig* (2004) § 37 AO Rn. 49, 50 m. w. N. auch der Gegenansicht.
[741] BGH 26.11.1980 - V ZR 153/79 - NJW 1981, 1601, 1602.
[742] BMF 29.1.2004 - IV B 7 - S 7280 - 19/04 - BStBl. I 2004, 258.
[743] Die Abgrenzung von Einkünften aus selbständiger Tätigkeit und solchen aus nichtselbständiger Arbeit erfolgt im Einkommen-, Gewerbe- und Umsatzsteuerrecht jeweils nach inhaltsgleichen rechtlichen Maßstäben, BFH 2.12.1998 - X R 83/96 - DStR 1999, 711, 723.

rung beider Vertragsparteien[744]. Das betrifft in der Medienbranche nur freie Mitarbeiter, die vereinzelt für die Rundfunkanstalt tätig geworden sind. Hat der Scheinselbstständige in der Vergangenheit Umsatzsteuer ausgewiesen, schuldet er grundsätzlich den in der Rechnung ausgewiesen Betrag. Nach neuerer Rechtslage kommt aber eine Rechnungsberichtigung in Betracht.

Die lohnsteuerrechtlichen Auswirkungen einer fehlerhaften Einordnung des Vertragsverhältnisses beschränken sich bei den ständigen Freien auf Sachverhalte, in denen die Statusklärung die Höhe der Steuerschuld beeinflusst hat. Abgesehen davon trägt der Arbeitnehmer bei der Umqualifizierung ein nur geringes lohnsteuerrechtliches Risiko, wenn er in der Vergangenheit seine Steuern bezahlt hat[745]. Kommt es zu Nachforderungen des Finanzamtes, weil der Arbeitnehmer in der Vergangenheit wegen § 4 EStG Einkommenssteuer nicht in ausreichender Höhe bezahlt hat, sind Rundfunkanstalt und Mitarbeiter Gesamtschuldner.

---

[744] Überblick bei *Tremml/Karger* S. 62.
[745] *Fischer* AuA 1999, 364, 365.

Siebentes Kapitel: Rückabwicklung des Arbeitsverhältnisses

Steht fest, dass der freie Mitarbeiter in Wirklichkeit Arbeitnehmer beziehungsweise Beschäftigter ist, wirkt sich dies nicht nur auf die künftige Vertragsbeziehung aus, sondern beeinflusst auch die gegenseitige Leistungsbeziehung in der Vergangenheit. Charakteristisch für das verdeckte Arbeitsverhältnis ist nämlich, dass entgegen der tatsächlichen Rechtslage die Vertragsbeziehung wie ein Dienst- oder Werkvertrag behandelt wird.

Entsprechend der unzutreffenden Einordnung des Rechtsverhältnisses ist davon auszugehen, dass der Arbeitnehmer in der Vergangenheit mehr Honorar erhalten hat, als ihm in Höhe des üblichen Arbeitslohns zugestanden hätte. Umgekehrt ist möglich, dass die Parteien bislang an sonstige Leistungsansprüche wie Entgeltfortzahlung im Krankheitsfall und an Feiertagen oder bezahlten Urlaub nicht gedacht haben. Dem Arbeitnehmer können zum Teil auch gesetzliche Ansprüche auf Leistungen zustehen, die ihm im Rahmen der freien Mitarbeit naturgemäß nicht gestattet wurden.

Weiter ist von Bedeutung, ob der Mitarbeiter formal die Stellung eines Unternehmers eingenommen und der Rundfunkanstalt die erbrachten Leistungen unter Ausweisung der Umsatzsteuer in Rechnung gestellt hat. Für die Rückabwicklung bietet sich an, zunächst zwischen der Rechtsstellung der Arbeitsvertragsparteien und dann nach den unterschiedlichen Rechtsgebieten (Arbeits-, Sozialversicherungs- und Steuerrecht) zu differenzieren.

A. Ansprüche des Arbeitgebers für die Vergangenheit

Nach den Gegebenheiten im Rundfunkbereich fallen Honorarzahlungen aus freier Mitarbeit häufig wesentlich höher aus als die Vergütung an einen Festangestellten[746]. Der Betreffende könnte deshalb für die Differenz zwischen gezahlten Honoraren und arbeitnehmerüblichen Gehaltsansprüchen aufkommen müssen und dies eventuell für viele Jahre.

---

[746] So zumindest in der einschlägigen Rechtsprechung.

Daneben kommt auch eine Erstattung vom Arbeitgeber nachträglich gezahlter Sozialversicherungsbeiträge in Betracht. Da der Arbeitgeber für die Abführung der Lohnsteuer haftet, ist zu prüfen, ob er im Falle einer Inanspruchnahme durch das Finanzamt beim Arbeitnehmer Regress nehmen kann.

I. Rückzahlung der überzahlten Vergütung

1. Die frühere Vorgehensweise der Rechtsprechung

Die frühere Rechtsprechung des BAG verneinte die Möglichkeit einer Rückforderung überzahlter Vergütung für vergangene Zeiträume. In zwei oben bereits genannten Entscheidungen aus den Jahren 1986 und 1988 setzte sich der 5. Senat erstmals ausführlich mit dieser Problemstellung auseinander[747]. In der Grundsatzentscheidung vom 9.7.1986 verneinte das BAG den Anspruch mit einer zweifachen Begründung: Der beiderseitige Rechtsirrtum der Parteien hinsichtlich der Qualifikation ihres Rechtsverhältnisses sei zwar als Geschäftsgrundlage anzusehen. Der Wegfall dieser subjektiven Geschäftsgrundlage führe aber nur dann zur Abänderung des Vertrages, wenn dem Schuldner ein Festhalten am Vertrag auf der bisherigen Grundlage nicht mehr zugemutet werden könne. Diese Voraussetzung sah das BAG nicht gegeben. Der Sachverhalt unterschied sich von den hier behandelten Fallkonstellationen vor allem dadurch, dass die Fahrlehrerin eigenes Kapital in Gestalt eines Fahrschulwagens einsetzen musste und dessen Kosten zu tragen hatte. Deshalb war es dem Arbeitgeber nicht unzumutbar, es bei dem bisherigen Leistungsaustausch zu belassen.

In einem weiteren Schritt stellte das BAG darauf ab, dass eine Vertragsanpassung zudem regelmäßig nur im laufenden Arbeitsverhältnis und für die Zukunft in Betracht komme. In einem beendeten Vertragsverhältnis scheide eine Anpassung von vornherein aus. In einem Dauerschuldverhältnis wie dem Arbeitsverhältnis würden außerdem bei einem Wegfall der Geschäftsgrundlage zugleich Gründe für eine Kündigung nach § 626 BGB vorliegen, wodurch das Recht der Geschäftsgrundlage in zahlreichen Fallgestaltungen verdrängt werde. Aber selbst wenn die Voraussetzungen der Geschäftsgrundlagenlehre erfüllt seien,

---

[747] BAG 9.7.1986 - 5 AZR 44/85 - NJW 1987, 918, 919; BAG 14.1.1988 - 8 AZR 238/85 - NZA 1988, 803 ff.

komme eine Anpassung des Vertrages regelmäßig nur für noch nicht beendete Vertragsverhältnisse und für die Zukunft in Betracht. Neben den Grundsätzen über den Wegfall der Geschäftsgrundlage bleibe ein Rückgriff auf § 812 Abs. 1 S. 2 BGB als Anspruchsgrundlage ausgeschlossen[748]. Dass das BAG lediglich einen Bereicherungsanspruch aus § 812 Abs. 1 S. 2 Alt. 2 BGB (condictio causa data causa non secuta = condictio ob rem) prüfte, dürfte auf die Fallgruppe der fehlgeschlagenen Vergütungserwartung zurückzuführen sein[749].

Bestätigt wurde diese Rechtsprechung durch das Urteil vom 14.1.1988[750]. Dabei ging es um den Fall, dass der Kläger (derselbe Fahrschulinhaber wie in der oben besprochenen Entscheidung) gegenüber dem beklagten Fahrlehrer Erstattung von Arbeitnehmeranteilen zur Sozialversicherung geltend machte.

Das Gericht wies erneut darauf hin, dass in der fehlerhaften Qualifikation des Arbeitsverhältnisses als Gesellschaftsverhältnis ein beiderseitiger Rechtsirrtum zu sehen sei. Dies führe grundsätzlich zur Vertragsanpassung nach den Grundsätzen über den Wegfall der subjektiven Geschäftsgrundlage. Im konkreten Fall lehnte der 8. Senat eine Anpassung des Vertrages jedoch ab, da die Erstattung rückständiger Arbeitnehmeranteile zur gesetzlichen Renten- und Arbeitslosenversicherung speziell gesetzlich geregelt sei.

Die Instanzgerichte folgten zunächst überwiegend der Rechtsprechung des BAG aus dem Urteil vom 9.7.1986[751]. Das LAG Berlin verneinte aber in der bereits zitierten Entscheidung vom 8.6.1993[752] eine automatische Anpassung des Vertrages nach den Grundsätzen über den Wegfall der Geschäftsgrundlage. Der Arbeitgeber müsse vielmehr eine Änderungskündigung aussprechen. Nachdem die Klägerin, die seit 1983 als Kunsttherapeutin bei der Beklagten beschäftigt war, erfolgreich auf Feststellung ihrer Arbeitnehmereigenschaft geklagt hatte, zahlte die Beklagte der Klägerin nur noch die tarifübliche Vergütung. Das LAG Berlin gab der Klägerin Recht und entschied, die für die freie Mitarbeit vertraglich vereinbarte Vergütung sei auch für die Zukunft geschuldet und zwar als Brutto-Arbeitsentgelt. Das Gericht erwog zwar in einem weiteren Schritt eine Anpas-

---

[748] St. Rspr. seit BGH 29.11.1965 - VII ZR 214/63 - BGHZ 44, 321, 323 ff; zur früheren Rspr. BGH 12.10.1951 - V ZR 27/50 - MDR 1952, 33, 34.
[749] *Forster* S. 18.
[750] 8 AZR 238/85 - AP Nr. 7 zu §§ 394, 395 RVO.
[751] So *Reinecke* RdA 2001, 357, 362.
[752] 8.6.1993 - 15 Sa 31/92 - NZA 1994, 512 (LS).

sung des Vertrages nach den Regeln über den Wegfall der Geschäftsgrundlage. Die dazu erforderliche Voraussetzung eines beiderseitigen Rechtsirrtums hielt es jedoch für zweifelhaft. Unabhängig davon sah das LAG keine Veranlassung für einen Rückgriff auf das Institut des Wegfalls der Geschäftsgrundlage. Nur dann, wenn der Schuldner (hier der Arbeitgeber) unzumutbaren Belastungen nicht durch eine Kündigung entgehen könne, etwa weil eine Kündigung aus rechtlichen Gründen nicht möglich sei, bestünde Raum für die Anwendung des Instituts des Wegfalls der Geschäftsgrundlage. Soweit der Arbeitgeber seine finanzielle Belastung insbesondere in Bezug auf den Arbeitgeberanteil zur Sozialversicherung auf dem bisherigen Niveau halten wolle, wurde er auf die Möglichkeit der Änderungskündigung verwiesen.

2. Die neuere Rechtsprechung des BAG

Eine „*Tendenzwende*"[753] leitete das BAG in seinem Urteil vom 21.1.1998[754] ein. Dort ging es um eine Rundfunkmitarbeiterin, die sich erfolgreich ihren Arbeitnehmerinnenstatus erstritten hatte. Für die Zeit nach der Feststellungsklage machte sie Arbeitslohn in der Größenordnung geltend, in der sie als freie Mitarbeiterin Honorar erhalten hatte. Das Gericht verneinte einen Anspruch auf Arbeitsentgelt in Höhe der bisher durchschnittlich erzielten Honorare. Die Klägerin habe nur Anspruch auf Arbeitsentgelt in der für Angestellte der Beklagten üblichen Höhe (§ 612 Abs. 2 BGB).

Unter Berufung auf diese Entscheidung bejaht das BAG im Urteil vom 14.3.2001[755] erstmals in der höchstrichterlichen Rechtsprechung die Möglichkeit des Bestehens eines Rückzahlungsanspruchs aus Bereicherungsrecht. Das Urteil des 5. Senats vom 9.7.1986 erwähnt es nicht. Eine ganz entscheidende Bedeutung kommt in diesem Zusammenhang der Höhe der geschuldeten Vergütung zu. War das vereinbarte Honorar als Arbeitsentgelt auch für die Vergangenheit geschuldet[756], ergeben sich keine weiteren Probleme. Der Arbeitgeber leistete genau das, wozu er verpflichtet war. Im Fall des BAG vom 14.3.2001 führte die rückwirkende Feststellung eines Arbeitsverhältnisses dazu, dass der Arbeitnehmer nur Anspruch auf den arbeitnehmerüblichen Lohn hatte. Der Senat weist

---

[753] *Reinecke* RdA 2001, 357, 362.
[754] 5 AZR 50/97 – NZA 1998, 594.
[755] 4 AZR 152/00 – AP Nr. 35 zu § 1 TVG Tarifverträge: Rundfunk [V 2 der Gründe].
[756] So die Rechtslage in BAG 21.11.2001 – 5 AZR 87/00 - AP Nr. 63 zu § 612 BGB.

darauf hin, die Zahlung der Honorare begründe einen bereicherungsrechtlichen Anspruch des Arbeitgebers gemäß §§ 812 Abs. 1 S. 1 Alt. 1, 818 Abs. 3 BGB wegen Überzahlungen, soweit die dem Arbeitnehmer zustehenden Entgeltansprüche geringer als die ihm gezahlten Honorare seien. Leider ein wenig zügig stellt das BAG fest, der Bereicherungsanspruch umfasse nicht sämtliche Honorarzahlungen, sondern nur die Differenz zwischen beiden Vergütungen. Im Übrigen sei der Arbeitnehmer nicht ohne Rechtsgrund bereichert.

a) Anspruch aus § 812 Abs. 1 S. 1 Alt. 1 BGB

Zutreffend prüft das BAG einen Anspruch aus § 812 Abs.1 S.1 Alt.1 BGB (condictio indebiti), weil die Rundfunkanstalt ihre Leistung auf eine nicht bestehende Schuld erbracht hat. Die Leistungskondiktion nach § 812 Abs.1 S.1 Alt.1 BGB setzt voraus, dass jemand durch die Leistung eines anderen etwas ohne rechtlichen Grund erlangt hat. Der Bereicherte muss das Erlangte, also den überzahlten Betrag herausgeben und sollte er dazu nicht in der Lage sein, den Wert ersetzen (§ 818 Abs.1 und 2 BGB). Die Herausgabepflicht entfällt im Falle einer Entreicherung (§ 818 Abs.3 BGB), wozu allerdings der Schuldner darlegungs- und beweispflichtig ist, da es sich um eine rechtsvernichtende Tatsache handelt.

(1) Leistung

Unter Leistung ist jede bewusste und zweckgerichtete Mehrung fremden Vermögens zu verstehen[757]. Zweckgerichtet meint, dass die Leistung nach Vorstellung der Parteien auf ein Schuldverhältnis bezogen ist[758]. Eine Leistung im bereicherungsrechtlichen Sinne ist in den hier zu untersuchenden Fällen zu bejahen, da die Rundfunkanstalt normalerweise Zahlungen an den Mitarbeiter zur Erfüllung ihrer Verbindlichkeit (solvendi causa) aus den einzelnen Honorarvereinbarungen erbringt (vgl. § 366 BGB). Der Mitarbeiter versteht auch derartige Zahlungen und nimmt die Leistung dementsprechend an[759].

---

[757] Seit BGH 24.2.1974 - VII ZR 207/70 - BGHZ 58, 184, 188 als gefestigte Rechtsprechung bezeichnet.
[758] Palandt/*Sprau* (2007) § 812 BGB Rn. 71.
[759] LAG Baden-Württemberg 21.9.2000 – 3 Sa 4/00 – n. v. (juris).

(2) Bereicherungsgegenstand

„Erlangtes Etwas" kann jeder vermögenswerte Vorteil sein, der in das Vermögen des Empfängers übergegangen ist[760], auch die Befreiung von einer Verbindlichkeit[761]. Hat die Rundfunkanstalt in der Vergangenheit für den vermeintlichen Freien regulär Lohnsteuer und Sozialbeiträge entrichtet, stellt sich die Frage, ob dieser nur Eigentum und Besitz an dem ausbezahlten Nettolohn (beziehungsweise einen entsprechenden Auszahlungsanspruch gegen seine Bank aus der Gutschrift gemäß §§ 676g, 675, 780 BGB) im Sinne von § 812 BGB erlangt hat oder ob er um den vollen Bruttobetrag bereichert ist.

Der Arbeitnehmer ist alleiniger Schuldner der Lohnsteuer (§ 38 Abs. 2 EStG) und des auf ihn anfallenden Teils zum Gesamtsozialversicherungsbeitrag (vgl. (§ 249 Abs. 1 SGB V, § 168 Abs. 1 Nr. 1 SGB VI, § 346 Abs. 1 SGB III). Die Rundfunkanstalt behält Steuern und Sozialabgaben vom Arbeitslohn ein und führt sie in Namen und Auftrag des Arbeitnehmers an die zuständigen Stellen ab. Die Rechtslage entspricht der Situation der Anweisungsfälle: Die Rundfunkanstalt (Angewiesene) erfüllt normalerweise keinen eigenen Leistungszweck gegenüber dem Finanzamt, sondern ist lediglich „Steuerentrichtungspflichtige"[762] (§ 38 Abs. 3 EStG). Auch aus Sicht des Zuwendungsempfängers stellt sich die Zahlung als eine Leistung des Mitarbeiters (Anweisender) dar, da der Arbeitgeber zwar auch seinen öffentlich-rechtlichen Verpflichtungen nachkommen möchte, Steuerschuldner ist aber allein der Arbeitnehmer (§ 38 Abs. 2 EStG). Die Rundfunkanstalt wiederum kann durch Abführung der Lohnsteuer und Sozialabgaben den Lohnanspruch des Arbeitnehmers begleichen[763].

In der Literatur wird in den vergleichbaren Fällen der irrtümlichen Überzahlung von Lohn bereits das Bestehen einer Anweisung des Arbeitnehmers bezweifelt. Der im Arbeitsvertrag wurzelnde Auftrag an den Arbeitgeber, Lohnsteuer abzuführen, erstrecke sich nur auf diejenigen Lohnsteuerbeträge, die auf den geschuldeten Bruttolohn entfallen[764]. Der Arbeitgeber müsse daher die auf die

---

[760] Palandt/*Sprau* (2007) § 812 BGB Rn. 16.
[761] *Giesen* Jura 1995, 169, 171.
[762] *Wiedemann* Anm. zu BAG 14.6.1974 - 3 AZR 456/73 – AP Nr. 20 zu § 670 BGB.
[763] BAG 29.3.2001 – 6 AZR 653/99 - AP Nr. 1 zu § 26 SGB IV [II 2 der Gründe]; allg. BGH 21.4.1966 - VII ZB 3/66 - AP Nr. 13 zu § 611 BGB Lohnanspruch [II 2 der Gründe].
[764] *Groß* ZIP 1987, 5, 9.

Überzahlung entrichtete Lohnsteuer im Wege der Direktkondiktion beim Zahlungsempfänger, dem Finanzamt, einfordern. Zum gleichen Ergebnis führe die Unterstellung einer bestehenden Steuerforderung aufgrund des Zuflussprinzips, da es dann an einer Tilgungsbestimmung des Arbeitnehmers fehle[765]. Erlangt im Sinne des § 812 BGB habe der Arbeitnehmer daher lediglich den Nettobetrag und nur dieser sei herauszugeben[766].

Dem kann für die hier zu untersuchende Problematik nicht gefolgt werden. Zunächst ist davon auszugehen, dass der Arbeitnehmer durch Abgabe der Lohnsteuerkarte schlüssig die Anweisung erklärt, die auf den Arbeitslohn entfallende Lohnsteuer ordnungsgemäß zu berechnen und weiterzuleiten[767]. Die Abführung der Mehrbeträge wäre in den interessierenden Fallkonstellationen ebenfalls von der Anweisung gedeckt. Es kann nämlich keinen Unterschied machen, ob der Arbeitnehmer die Anweisung im Voraus erklärt oder bei jeder Lohnzahlung die Rundfunkanstalt ausdrücklich anweist. Der Mitarbeiter kann sich jedenfalls nicht darauf berufen, er hätte die Anweisung nicht erteilt, da er wie die Rundfunkanstalt von einer unzutreffenden Lohnhöhe ausgegangen ist.

Problematisch ist weiter, ob überhaupt eine tilgbare Abgabenschuld bestand. Zum Teil wird dies für den Bereich der irrtümlichen Lohnüberzahlung verneint[768]. Es liege aus steuerrechtlicher Sicht nur eine Vermögensumschichtung vor, wenn mit dem Eingang eines Wirtschaftsgutes zugleich eine Rückzahlungsverpflichtung gegeben sei und damit kein relevantes Einkommen[769].

Diese Auffassung ist aber mit dem steuerrechtlichen Zu- und Abflussprinzip (§ 11 Abs. 1 S. 1 und Abs. 2 S. 1 EStG) nicht zu vereinen. Wie oben bereits angesprochen, besteht eine Steuerpflicht zunächst einmal für alle Einnahmen ohne Rücksicht auf die bürgerlich-rechtliche Lage[770]. Die Einnahmen gelten als dem Steuerpflichtigen in dem Moment zugeflossen, in dem er wirtschaftlich über sie verfügen kann, und dies selbst dann, wenn noch unklar ist, ob die Zahlungen endgültig beim Empfänger bleiben werden[771]. Im verdeckten Arbeitsverhältnis

---

[765] *Groß* ZIP 1987, 5, 10.
[766] ArbG Rostock 15.12.1997 – 4 Ca 300/97 – DB 1998, 584.
[767] Ähnlich LAG Köln 17.11.1995 – 13 Sa 558/95 – AP Nr. 17 zu § 812 BGB [1 der Gründe].
[768] Dazu *Groß* ZIP 1987, 7, 14.
[769] Herrmann/Heuer/Raupach § 11 EStG Rn. 30.
[770] Z.B. BFH 22.5.2002 – VIII R 74/99 – n .v. (juris).
[771] Blümlich/*Glenk* (2006) § 11 EStG Rn. 10 und 18.

bedeutet das, dass das nicht geschuldete, höhere Honorar als zugeflossen im Sinne des § 11 Abs. 1 EStG anzusehen ist, weil der Mitarbeiter die tatsächliche Verfügungsmacht daran erhalten hat. Dass gleichzeitig ein bereicherungsrechtlicher Anspruch des Arbeitgebers vorliegt, ändert nichts an der Beurteilung[772]. Die Steuerschuld entstand folglich gemessen an der Höhe der ausbezahlten Honorare und der Mitarbeiter wurde durch Abführung der Lohnsteuer von seiner Zahlungspflicht befreit.

Entsprechendes gilt auch hinsichtlich zuviel entrichteter Sozialversicherungsbeiträge. Der Arbeitgeber schuldet dem Arbeitnehmer den gesamten Bruttobetrag als Arbeitslohn und damit auch die Beiträge, die er im Namen des Arbeitnehmers an die Sozialversicherungsträger abführt[773]. Im Außenverhältnis zur Einzugsstelle ist der Arbeitgeber zwar aus praktischen Gründen Schuldner des Gesamtsozialversicherungsbeitrags (§§ 28h, 28i SGB IV). Das bedeutet aber nicht zwangsläufig, dass er auch wirtschaftlich für diese Beträge aufkommen muss. Wer die Beiträge letztlich zu finanzieren hat, bestimmt sich nach den entsprechenden Vorschriften in der Kranken-, Renten- Pflege und Arbeitslosenversicherung. Nach § 249 Abs. 1 SGB V, § 168 Abs. 1 Nr. 1 SGB VI, § 346 Abs. 1 SGB III trägt der Arbeitnehmer regelmäßig die Hälfte der geschuldeten Beiträge. Diese behält der Arbeitgeber im Lohnabzugsverfahren ein, sie stammen aus den Bruttoeinkünften des Arbeitnehmers. Auch aus Sicht des Leistungsempfängers stellen sich die Zahlungen als Tilgung der hälftigen Beitragsschuld des Arbeitnehmers dar. Den im Arbeitnehmeranteil liegenden Vermögenswert erlangt folglich der Arbeitnehmer[774]. Damit kann als Zwischenergebnis festgehalten werden, dass der Mitarbeiter auch durch die abgeführten Steuern und Sozialabgaben (Arbeitnehmeranteile) eine Leistung erlangt hat.

---

[772] Zweifelnd *Groß* ZIP 1987, 7, 9.
[773] BAG 29.3.2001 – 6 AZR 653/99 – AP Nr. 1 zu § 26 SGB IV [II 2 der Gründe]; Schaub/Linck (2005) § 71 Rn. 4 f; MüKo/*Müller-Glöge* (2006) § 611 BGB Rn. 293 f., 339 f.; MünchArbR/*Hanau* § 62 Rn. 1, § 64 Rn. 1, 44 ff., 67 ff., 72 ff., § 72 Rn. 9; ErfK/*Preis* (2006) § 611 BGB Rn. 706; Kasseler Handb./*Künzl* (2000) 2.1 Rn. 584 ff., 662 ff.
[774] BAG 29.3.2001 - 6 AZR 653/99 - NZA 2003, 105, 106; bereichert ist der Arbeitnehmer um den Erstattungsanspruch nach § 26 Abs. 2 SGB IV. A. A. ArbG Rostock 15.12.1997 – 4 Ca 300/97 – DB 1998, 584.

b) Ohne Rechtsgrund

Fraglich ist weiter, ob die Honorare mit Rechtsgrund geleistet wurden. Darüber, ob das Fehlen eines Rechtsgrundes objektiv oder subjektiv zu bestimmen ist, herrscht nach wie vor ein Meinungsstreit, der aber kaum praktische Relevanz hat und deshalb an dieser Stelle nur kurz erwähnt werden soll[775].

Nach der objektiven Rechtsgrundtheorie ist Rechtsgrund für die Leistung das schuldrechtliche Kausalverhältnis, zu dessen Erfüllung geleistet worden ist, also beispielsweise der Kaufvertrag, auf den sich die erbrachte Leistung bezogen hat[776].

Demgegenüber bestimmt die in der Literatur vertretene subjektive Rechtsgrundtheorie den Rechtsgrund nicht rein objektiv, sondern stellt auf subjektive Merkmale ab. Rechtsgrund ist danach nicht das bloße, der Leistung zugrunde liegende Kausalverhältnis, sondern die Erreichung des mit der Leistung verfolgten Zwecks, also etwa die Tilgung der Schuld aus einem Kaufvertrag[777]. Begründet wird dies damit, dass jeder Leistende mit seiner Zuwendung bestimmte Zwecke verfolge: Die vom Tatbestandsmerkmal der Rechtsgrundlosigkeit angesprochene Frage nach dem Behaltendürfen des Schuldners könne deshalb davon abhängig gemacht werden, ob dieser Leistungszweck erreicht wurde.

Den Vertretern dieser Lehre ist zuzugeben, dass im Fall der condictio ob rem (§ 812 Abs. 1 S. 2 Alt. 2 BGB) die Herausgabeverpflichtung des Empfängers tatsächlich davon abhängig gemacht wird, ob der mit der Leistung bezweckte Erfolg eingetreten ist. Es handelt sich bei der condictio ob rem jedoch um einen Sonderfall, da bei den dort behandelten Leistungsvorgängen ein objektiver Rechtsgrund, auf den bei der Rückabwicklung hätte abgestellt werden können, gar nicht existiert[778]. Deshalb musste der Gesetzgeber ausnahmsweise die Voraussetzungen für die Entstehung eines Bereicherungsanspruchs selbstständig, nämlich als Zweckverfehlung der Leistung formulieren. Dafür besteht in den

---

[775] *Larenz/Canaris* (1994) SchR II 2 § 67 III 1a.
[776] BGH 3.6.1958 - VIII ZR 51/57 - LM Nr. 33 zu § 812 BGB; *Larenz/Canaris* (1994) SchR II 2 § 67 III 1a; *Flume* AT BGB (1979) § 12 I 2; Palandt/Sprau (2007) § 812 BGB Rn. 68 m. w. N.; Schlechtriem ZHR 149 (1985), 327, 337.
[777] Ausführlich zum Streitstand aber der objektiven Theorie folgend MüKo/*Lieb* (2004) § 812 Rn 170 m. w. N.; *Reuter/Martinek* § 4 II 4 b (S. 108); Erman/*Westermann* (2004) § 812 Rn. 1, 44.
[778] Das gestehen selbst *Reuter/Martinek* § 4 II 4 b ein.

Regelfällen der Leistungskondiktion, in denen ein objektiver Rechtsgrund für die Leistung gegeben ist, weder Bedürfnis noch Raum. Das objektive Rechtsgrundverständnis deckt den absoluten Regelfall der condictio indebiti vollständig ab[779].

Es kommt somit aus objektiver Sicht weiter darauf an, ob die Verbindlichkeit, zu deren Erfüllung geleistet wurde, von Anfang an (zum Zeitpunkt der Leistung) nicht bestand und deshalb keine Erfüllungswirkung eintreten konnte. Eine rechtsgrundlose Leistung ist hier darin zu sehen, dass die der Leistungserbringung zugrunde liegende Verpflichtung (die Honorarabrede) in Wirklichkeit nicht bestand. Denn mit der Statusklage steht verbindlich fest, dass die Vertragsbeziehung nicht als freies Mitarbeiterverhältnis, sondern als Arbeitsverhältnis zu qualifizieren war. Ergibt eine Auslegung der Honorarabrede eine Abhängigkeit der Vergütungsvereinbarung vom Status des Mitarbeiters, schuldet die Rundfunkanstalt nach § 611 Abs. 1 BGB i. V. m. § 612 Abs. 2 BGB nur den arbeitnehmerüblichen Lohn. War in Wirklichkeit nur Arbeitslohn geschuldet, fehlt es mithin an einem Rechtsgrund für die Honorarzahlungen.

Die Überlegung, dass die Rundfunkanstalt auf eine Nichtschuld geleistet hat, ist aber nur dann richtig, wenn es sich bei den Honorarzahlungen um Verpflichtungen handelt, die allein im Rahmen des von den Parteien gewählten Vertragstyps vorkommen können. Dass dem nicht so ist zeigt die dargestellte Tatsache, dass die Rundfunkanstalt zwar kein Honorar, dafür aber Arbeitslohn schuldet. Folge ist, dass die gezahlten und jetzt wieder herausverlangten Beträge dem Arbeitnehmer aus einem anderen Rechtsgrund zustehen. Folglich ist der Arbeitnehmer nur insoweit ungerechtfertigt bereichert, als das an ihn ausgezahlte Honorar die geschuldete Arbeitsvergütung übersteigt[780]. Die Rechtslage unterscheidet sich im Ergebnis nicht von den Fällen der irrtümlichen Überzahlung von Lohn[781]. Der bereicherte Arbeitnehmer muss dann entweder das rechtsgrundlos Erlangte herausgeben, also die Differenz zwischen Geleistetem und Geschuldetem zurückerstatten, oder, wenn er dazu wegen der Beschaffenheit nicht in der Lage ist, dessen Wert ersetzen (§ 818 Abs. 1, 2 BGB).

---

[779] So auch *Reuter/Martinek* § 4 II 4 b.
[780] Anschaulich BGH 23.10.2003 - IX ZR 270/02 - NJW 2004, 1169 ff.
[781] Dazu ausführlich *Hromadka* Freundesgabe Söllner 105 ff; *Reinecke* FS Schaub 593 ff.

In der Entscheidung vom 14.3.2001 hatte das BAG der Widerklage des Arbeitgebers auf Rückzahlung überzahlter Honorare für einen Zeitraum von vier Jahren stattgegeben. Die Rückwirkung und damit die Zahlungsverpflichtung der Rundfunkmitarbeiterin traten ein, weil der Klageantrag auf eine vergangenheitsbezogene Feststellung der Arbeitnehmereigenschaft gerichtet war. Fraglich ist aber, ob diese grundsätzlichen Aussagen des BAG in besagtem Urteil auch dann anwendbar sind, wenn der Arbeitnehmer einen nur gegenwartsbezogenen Statusantrag gestellt hatte[782]. Wie oben bereits festgestellt, weisen auch gegenwärtige Statusklagen regelmäßig einen Vergangenheitsbezug auf, so etwa, wenn es darum geht, die Anwendbarkeit des Kündigungsschutzgesetzes oder anhand der tatsächlichen Vertragsdurchführung die Arbeitnehmereigenschaft des Betroffenen zu begründen. Im Tenor erfolgt dann zwar lediglich die Feststellung, dass eine konkrete Kündigung das Arbeitsverhältnis nicht aufgelöst hat oder dass zwischen den Parteien ein Arbeitsverhältnis besteht. Aus den Entscheidungsgründen geht aber möglicherweise dennoch hervor, dass bereits in der Vergangenheit ein Arbeitsverhältnis vorlag.

Nach dem allgemeinen prozessrechtlichen Grundsatz „ne ultra petita" (vgl. § 308 Abs. 1 ZPO) gilt, dass das Gericht an die Anträge der Parteien gebunden ist und in seiner Entscheidung nicht über den Klageantrag hinausgehen darf. Das würde dafür sprechen, eine Rückwirkung der Statusfeststellung nur dann eintreten zu lassen, wenn der Arbeitnehmer ausdrücklich einen entsprechenden Antrag gestellt hatte. Somit hätte es der Beschäftigte selbst in der Hand, sich der Gefahr einer Rückforderung auszusetzen oder Ansprüche durch entsprechende Formulierung zu vermeiden. Gleichzeitig darf aber nicht unberücksichtigt bleiben, dass der Arbeitnehmer sich selbst auf das Bestehen des Arbeitsverhältnisses in der Vergangenheit berufen und Rechte daraus hergeleitet hat. Als Prozesshandlung ist der Statusantrag des Arbeitnehmers ebenso auslegungsfähig wie eine private Willenserklärung[783]. Die zur Auslegung materiell-rechtlicher Rechtsgeschäfte entwickelten Grundsätze sind deshalb entsprechend heranzuziehen[784]. Entscheidend ist nicht nur der Wortlaut des Antrags, sondern ebenso die Erforschung des

---

[782] Dafür *Niepalla/Dütemeyer* NZA 2002, 715.
[783] *Musielak* (2007) § 308 ZPO Rn. 3.
[784] *Stein/Jonas/Leipold* vor § 128 Rn. 192 m. w. N.

durch ihn zum Ausdruck gebrachten wirklichen Willens[785]. Ein Feststellungsantrag, bei dem sich der Arbeitnehmer zur Begründung auf das Bestehen eines Arbeitsverhältnisses in der Vergangenheit beruft, kann deshalb nicht nur gegenwartsbezogen verstanden werden. Dadurch, dass der Arbeitnehmer Rechte für sich in Anspruch genommen hat, die ihm nur zustehen konnten, wenn rückwirkend ein Arbeitsverhältnis bejaht wird, hat er selbst den Vergangenheitsbezug hergestellt[786].

c) Anspruchsumfang

Nicht näher eingegangen ist das BAG bisher auf die Frage, was im Einzelnen Bestandteil der geschuldeten Arbeitsvergütung ist. Zunächst wird man davon ausgehen können, dass zumindest die tarifliche Vergütung, gegebenenfalls ein 13. Monatsgehalt sowie Urlaubsgeld, Teil des Arbeitnehmerentgelts ist und dass der Arbeitnehmer in dieser Höhe nicht ungerechtfertigt bereichert ist. Im Einzelfall können darüber hinaus für die Vergangenheit Ansprüche auf Mehrarbeitsvergütung[787], Entgeltfortzahlung im Krankheitsfall oder Annahmeverzug bestehen[788].

Im Wege der Saldierung hatte die Rundfunkanstalt in der Entscheidung vom 29.5.2002 neben dem Brutto-Entgelt auch den Arbeitgeberanteil zur Sozialversicherung in Abzug gebracht[789]. Dem lag vermutlich die Auffassung zugrunde, dass der Arbeitgeber im Rahmen eines Arbeitsverhältnisses kraft Gesetzes seinen Anteil zu den Sozialversicherungsbeiträgen schuldet und diesen bei ordnungsgemäßer Durchführung des Rechtsverhältnisses ebenfalls hätte aufbringen müssen. Für den Arbeitnehmer wäre diese Vorgehensweise von Vorteil, da sich der Rückzahlungsanspruch des Arbeitgebers um den entsprechenden Betrag ver-

---

[785] BGH 24.9.1987 - VII ZR 187/86 - NJW 1988, 128; OLG Frankfurt/M 29.5.1976 - 2 U 58/76 - MDR 1977, 56; 57; *Stein/Jonas/Leipold* vor § 128 Rn. 192.
[786] *Niepalla/Dütemeyer* NZA 2002, 715; abweichend BAG 8.11.2006- 5 AZR 706/05 - (juris).
[787] Zur gestuften Darlegungs- und Beweislast des Arbeitnehmers BAG - 5 AZR 644/00 - NZA 2002, 1340, 1343.
[788] Offengelassen in BAG 9.2.2005 – 5 AZR 175/04 – AP Nr. 12 zu § 611 BGB Lohnrückzahlung [III 3c der Gründe].
[789] BAG 29.5.2002 - 5 AZR 680/00 - AP Nr. 27 zu § 812 BGB; BAG 9.2.2005 – 5 AZR 175/04 – AP Nr. 12 zu § 611 BGB Lohnrückzahlung [III 3d der Gründe]; hier wurden schon früher Arbeitgeberbeiträge abgeführt.

ringert[790]. Dem Arbeitgeber könnte so jedoch eine „doppelte Strafe" drohen, da die Sozialversicherungsträger möglicherweise die Beiträge für die Vergangenheit nachfordern. In Anbetracht dessen erscheint es demnach nicht richtig, diesen Betrag von den gezahlten Honoraren in Abzug zu bringen.

In seinem Urteil vom 29.5.2002 verrechnete das BAG nicht erfüllte Forderungen des Arbeitnehmers aus dem Arbeitsverhältnis mit (verfallenen) bereicherungsrechtlichen Ansprüchen des Arbeitgebers. Im Rahmen der Rückabwicklung bestehe nur ein auf die Differenz von Forderungen und Leistungen gerichteter Anspruch. Eine solche Verrechnung sei nach Treu und Glauben (§ 242 BGB) geboten. In der Entscheidung ging es einerseits um die Rückforderung von Honoraren, die die Rundfunkanstalt an einen vermeintlich freien Mitarbeiter über dessen tarifliche Gehaltsansprüche hinaus geleistet hatte. Widerklagend forderte der Rundfunkmitarbeiter eine Abfindung gemäß dem Manteltarifvertrag für Arbeitnehmer. Die Klage der Rundfunkanstalt war unbegründet, da der Anspruch nach einer tariflichen Ausschlussfrist verfallen war. Die Ausschlussfristen galten für das Arbeitsverhältnis unmittelbar und zwingend (§§ 3 Abs. 1, 4 Abs. 1 S. 1 TVG). Die Widerklage blieb im Ergebnis ebenfalls erfolglos, auch wenn ein Abfindungsanspruch nach dem Manteltarifvertrag entstanden war. Das BAG wies darauf hin, dass die Rundfunkanstalt während der Dauer des Vertragsverhältnisses insgesamt mindestens das gezahlt habe, was dem Beklagten einschließlich des Abfindungsanspruchs als Arbeitnehmer zugestanden habe. Deshalb könne er keine weitere Zahlung verlangen. Dogmatisch schwer zu begründen ist, dass nach Auffassung des Senats offene Forderungen des Arbeitnehmers nur bestehen, soweit im Vertragsverhältnis insgesamt zu wenig gezahlt wurde. Die gegenseitigen Ansprüche seien zunächst zu verrechnen, was aber keine Aufrechnung bedeute. Ebenso sei unerheblich, ob wegen der Überzahlung eine Entreicherung gemäß § 818 Abs. 3 BGB eingetreten ist. Der Wegfall der Bereicherung könne nur den „Saldo" der Ansprüche betreffen. Die Unterscheidung zwischen Auf- und Verrechnung ist insofern wichtig, als nach der Rechtsprechung die Aufrechnung mit einer Gegenforderung, die der Hauptforderung zwar einmal aufrechenbar gegenüberstand, im Zeitpunkt der Aufrechnungserklärung aber erloschen war, nicht in Betracht kommt[791]. Nach § 387 BGB muss die zur Aufrechnung gestellte Gegenforderung nämlich zum Zeitpunkt der Aufrechnungs-

---

[790] Das verkennt *Gravenhorst* in jurisPR-ArbR 24/2005 Anm. 2.
[791] BAG 15.11.1967 - 4 AZR 99/67 - AP Nr. 3 zu § 390 BGB.

erklärung voll wirksam sein, was eine verfallene Forderung gerade nicht ist[792]. Konsequenz der Verrechnungsmethode der Rechtsprechung ist, dass auch nicht rechtzeitig eingeklagte und deshalb bereits verfallene Ansprüche berücksichtigt und tarifliche Verfallfristen somit bedeutungslos werden. Dabei hatte das BAG selbst mit Urteil vom 30.3.1973 betont, dass die Tarifvertragsparteien durch Vereinbarung einer Ausschlussfrist statt einer verkürzten Verjährungsfrist zum Ausdruck brächten, dass sie jede Geltendmachung der Ansprüche nach Ablauf der Verfallfrist endgültig ausschließen wollten und dass die Rechtsprechung dies zu berücksichtigen habe[793]. Abzuwarten bleibt, ob das BAG auch in künftigen Entscheidungen diese besondere Verrechnungsmethode anwenden wird oder ob hier lediglich die Anstalt vor einem weiteren Anspruch eines gierigen Arbeitnehmers geschützt werden sollte.

d) Kenntnis von der Nichtschuld

Das BAG prüft weiter, ob der Bereicherungsanspruch nach § 814 BGB ausgeschlossen ist[794]. Nach dieser Vorschrift kann das zum Zwecke der Erfüllung einer Verbindlichkeit Geleistete nicht zurückgefordert werden, wenn der Leistende positiv wusste, dass er nach der Rechtslage nicht zur Leistung verpflichtet ist. Dabei ist nicht ausreichend, dass er von den Tatsachen, aus denen sich das Fehlen einer rechtlichen Verpflichtung ergibt, Kenntnis hatte. Vielmehr muss der Leistende aus den ihm bekannten Tatsachen eine zutreffende rechtliche Schlussfolgerung ziehen, wofür eine „Parallelwertung in der Laiensphäre" genügt[795]. Demgegenüber ist nicht ausreichend, dass er mit dem Bestehen eines Arbeitsverhältnisses lediglich rechnen musste[796].

Allein die Kenntnis einer Rechtsabteilung des Senders über höchstrichterliche Entscheidungen in ähnlich gelagerten Fällen lässt das BAG für eine Kenntnis im Sinne des § 814 BGB nicht genügen, sondern die Verantwortlichen müssen auch das notwendige Wissen über die tatsächliche Sachlage im Einzelfall gehabt ha-

---

[792] Hierin besteht auch der Unterschied zu einer verjährten Forderung, die zwar einredebehaftet, aber weiterhin existent ist.
[793] BAG 30.03.1973 - 4 AZR 259/72 - AP Nr. 4 zu § 390 BGB.
[794] BAG 9.2.2005 - 5 AZR 175/04 - AP Nr. 12 zu § 611 BGB Lohnrückzahlung [III 2 der Gründe).
[795] BGH 7.5.1997 - IV ZR 35/96 - NJW 1997, 2381, 2382; BAG 9.2.2005 - 5 AZR 175/04 - AP Nr. 12 zu § 611 BGB Lohnrückzahlung [III 2a der Gründe].
[796] BAG 29.5.2002 - 5 AZR 680/00 - AP Nr. 27 zu § 812 BGB [I 1c der Gründe].

ben. Das LAG Brandenburg setzt sich in einem nächsten Schritt mit der Frage auseinander, auf wessen Wissen nach § 814 BGB abzustellen ist[797]. Große Beachtung schenkt das Gericht dem Organisationsrisiko der Rundfunkanstalt. Bei einer juristischen Person, die ihre Zuständigkeit für den Personalbereich auf verschiedene Stellen wie Personalabteilung, Rechtsabteilung und Programmleitung aufteilt, könne nicht lediglich das Wissen der gesetzlichen Vertreter zugerechnet werden. Andernfalls würde das Organisationsrisiko völlig auf den anderen Vertragspartner, der in der Regel eine natürliche Person ist, abgewälzt. Vielmehr müsse es in den Fällen, in denen der Arbeitgeber einheitliche Verfahrensweisen aufstellt (z. B. eine Dienstanweisung, wonach nicht programmgestaltende Tätigkeit von freien Mitarbeitern an nicht mehr als sechs Beschäftigungstagen im Monat verrichtet werden darf) für eine Zurechnung genügen, wenn einzelne Personen, die mit der Erledigung bestimmter Aufgaben betraut sind, von dieser Verfahrensweise abweichen. In der Entscheidung vom 19.5.2005 hatte die Rundfunkanstalt in einem Merkblatt darauf verwiesen, dass sich nicht programmgestaltende Tätigkeit in der Regel nur im Rahmen von Arbeitsverhältnissen durchführen lässt. Dabei hatte die Beklagte einen Katalog von Tätigkeiten aufgestellt, die nicht als programmgestaltende Tätigkeiten zu werten sind. Der Kläger wurde aber dennoch mit Hilfstätigkeiten als Archivmitarbeiter beschäftigt und dies ganz wesentlich über die festgelegten Prognosezeiträume hinaus. Das LAG bejahte in diesem Fall das positive Wissen gemäß § 814 BGB. Letztendlich ist es aber Sache des Arbeitnehmers nachzuweisen, dass die Rundfunkanstalt sowohl Kenntnis der tatsächlichen Umstände hatte als auch in ihrer rechtlichen Einschätzung vom Vorliegen eines Arbeitsverhältnisses ausgegangen ist[798].

e) Einwand des Arbeitnehmers: Entreicherung

Die bereicherungsrechtlichen Herausgabeansprüche sehen nach § 818 Abs. 3 BGB eine Ausnahme für den Fall vor, dass der Arbeitnehmer gutgläubig war (§ 819 BGB), also nicht wusste, dass er in Wahrheit zuviel Geld gezahlt bekommen und das Geld ausgegeben hat. § 818 Abs. 3 BGB beschränkt den Bereicherungsanspruch auf den Umfang der noch vorhandenen Bereicherung. Er

---
[797] 3 Sa 597/03 u. a. – n. v. (juris).
[798] BAG 29.5.2002 - 5 AZR 680/00 - AP Nr. 27 zu § 812 BGB [I 1c der Gründe].

ergibt sich ähnlich wie bei der Differenzhypothese beim Schadensersatz aus dem Überschuss der Aktiv- über die Passivposten, also dem verbleibenden Saldo[799].

In den genannten Entscheidungen wies das BAG den Einwand der Entreicherung ausnahmslos zurück. Zwar könne nach § 818 Abs. 3 BGB der Rückzahlungsanspruch ausgeschlossen sein, soweit der Empfänger nicht mehr bereichert ist. Dies sei der Fall, wenn das Erlangte ersatzlos weggefallen ist und kein Überschuss im Vermögen des Empfängers mehr besteht, das ohne den bereichernden Vorgang vorhanden wäre[800]. Dafür sei aber der Bereicherte darlegungs- und beweispflichtig[801]. Dem ist zuzustimmen, denn wer den Wegfall der Bereicherung geltend macht, hat nach allgemeinen Regeln die ihm günstigen Tatsachen dieser rechtsvernichtenden Einwendung darzulegen und im Streitfall zu beweisen. Dass der Mitarbeiter in der Vergangenheit davon ausging, er erhalte die gezahlten Honorare zu Recht, steht einem Bereicherungsanspruch nicht entgegen. Ob die Rückzahlungsverpflichtung entfällt, richtet sich allein nach § 818 Abs. 3 BGB.

Ein „Normalverdiener" kann sich bei einer nur geringfügigen Überzahlung nach der Rechtsprechung grundsätzlich auf Anscheinsbeweise berufen[802]. Ein konkreter Nachweis der Ausgaben ist dann entbehrlich. Dahinter steckt die Überlegung, dass geringe Zuvielzahlungen regelmäßig für den laufenden Lebensunterhalt verbraucht werden, erfahrungsgemäß aber kein Arbeitnehmer noch über einzelne Verwendungsnachweise (Kaufbelege, Rechnungen) verfügt. Zugunsten des Empfängers wird dann vermutet, dass er die Überzahlung zur Verbesserung seines Lebensstandards ausgegeben hat[803] und sich seine Vermögensverhältnisse dadurch nicht bleibend verbessert haben. Im Rundfunkbereich kann allerdings nicht ohne weiteres von einem Verbrauch des zuviel gezahlten Honorars für die laufende Lebensführung ausgegangen werden. An anderer Stelle wurde bereits darauf hingewiesen, dass die Vergütung eines freien Mitarbeiters im Extremfall dreimal so hoch sein kann wie die eines Arbeitnehmers mit vergleichbarer Tätigkeit. Von einer geringfügigen Überzahlung kann dann nicht mehr gesprochen

---

[799] BGH NJW 1995, 2627; BGH 16. 3. 1998 - II ZR 303-96 - NJW 1998, 1951, 1952.
[800] BAG 9.2.2005 - 5 AZR 175/04 - AP Nr. 12 zu § 611 BGB Lohnrückzahlung [III 4 der Gründe].
[801] BGH 19. März 1958 - V ZR 62/57 - NJW 1958, 1725.
[802] BAG 25.4.2001 - 5 AZR 497/99 - AP Nr. 46 zu § 242 BGB Verwirkung [II 2b der Gründe]; 18.1.1995 - 5 AZR 817/93 - AP Nr. 13 zu § 812 BGB [II 2 der Gründe].
[803] BGH 17.6.1992 - XII ZR 119/91 - NJW 1992, 2415, 2416.

werden. Hinzu kommt, dass bei „Besserverdienern"[804] eher nicht davon auszugehen ist, dass die zusätzlichen Mittel restlos zur Bestreitung des Lebensunterhalts verbraucht wurden. Der Mitarbeiter hat dann im Einzelnen die Verwendung der Gelder darzulegen. Dementsprechend hat das BAG bei Überzahlungen von 57 % und 18 % den Anscheinbeweis nicht genügen lassen[805].

3. Begrenzung durch tarifliche Ausschlussfristen

Von besonderer praktischer Relevanz sind in diesem Zusammenhang tarifliche Ausschlussfristen. Die Tarifwerke der Rundfunkanstalten stimmen im Wesentlichen darin überein, dass „alle Ansprüche aus dem Arbeitsvertrag" oder „aus dem Arbeitsverhältnis" spätestens sechs beziehungsweise zwölf Monate nach Fälligkeit schriftlich geltend gemacht werden müssen (einstufige Ausschlussfrist)[806]. Teilweise verkürzt sich die Frist bei Auflösung des Rechtsverhältnisses auf drei Monate nach dessen Beendigung[807], danach verfällt der Anspruch. Anders als Verjährungsfristen wirken Ausschlussfristen als rechtsvernichtende Einwendung, die das Gericht von Amts wegen beachten muss[808].

a) Tarifliche Ausschlussfristen

Mit Entscheidung vom 14.3.2001 stellte das BAG fest, dass die tarifvertraglichen Verfallklauseln auch für bereicherungsrechtliche Rückforderungsansprüche der Rundfunkanstalt gelten[809]. Bei dem Anspruch auf Rückzahlung überzahlter Mitarbeiterhonorare handele es sich um einen Anspruch aus dem Arbeitsverhältnis im Sinne der Verfallfristen. Kritisiert wird diese Rechtsprechung von Hochrathner, der eine Anwendbarkeit zu Lasten des Arbeitgebers verneint. Denn dieser habe „*gerade nicht auf Grund oder anlässlich eines Arbeitsverhältnisses geleistet sondern auf Grund eines freien Beschäftigungsverhältnisses*"[810].

---

[804] BAG 12.1.1994 - 5 AZR 597/92 - NZA 1994, 658, 660; dazu *Junker* ZIP 1994, 671; *Schwab* BB 1995, 2212 ff.
[805] BAG 9.2.2005 - 5 AZR 175/04 - AP Nr. 12 zu § 611 BGB Lohnrückzahlung [III 4b der Gründe].
[806] Vgl. Abschnitt 12 MTV MDR; Ziff. 810 MTV SWR; § 39 MTV WDR; Ziff. 810 MTV NDR.
[807] So z.B. § 49 MTV HR; zu Funktion und Wirkung tariflicher Ausschlussfristen *Löwisch/Rieble* (2004) § 1 TVG Rn. 640 ff; siehe *Schrader* NZA 2003, 345 ff.
[808] BAG 17.7.1958 – 2 AZR 312/57 - AP Nr. 10 zu § 611 BGB Lohnanspruch.
[809] 4 AZR 152/00 - AP Nr. 35 zu § 1 TVG Tarifverträge: Rundfunk.
[810] NZA 2000, 1083, 1086.

Dem Ansatz Hochrathners kann nicht gefolgt werden. Ansprüche des Arbeitgebers auf Rückzahlung von überzahltem Arbeitsentgelt sind Ansprüche aus dem Arbeitsvertrag beziehungsweise dem Arbeitsverhältnis im Sinne der tariflichen Regelung[811]. Welche Ansprüche eine tarifliche Verfallfrist erfassen will, ist durch Auslegung zu ermitteln. Die hier interessierenden Verfallklauseln gelten regelmäßig für alle Ansprüche, die sich aus dem Arbeitsverhältnis beziehungsweise Arbeitsvertrag ergeben. Damit gemeint sind nach ständiger Rechtsprechung aber nicht nur arbeitsvertragliche Ansprüche, die unmittelbar aus dem Arbeitsvertrag folgen, sondern *„alle Ansprüche, die die Arbeitsvertragsparteien aufgrund ihrer durch den Arbeitsvertrag begründeten Rechtsstellung gegeneinander haben. Dabei kommt es nicht auf die materiell-rechtliche Anspruchsgrundlage, sondern auf den Entstehungsbereich des Anspruchs an"*[812]. Unschädlich ist, dass die Rundfunkanstalt die Rechtsnatur des Vertragsverhältnisses anders, nämlich als Vertrag über freie Mitarbeit gewürdigt hat. Bei normativer Betrachtung fand der Leistungsaustausch nämlich im Rahmen eines Arbeitsverhältnisses statt. Wie bereits mehrfach erörtert, stehen die Rechtsfolgen einer Zusammenarbeit in persönlicher Abhängigkeit nicht zur Disposition der Parteien. Es kommt allein darauf an, dass objektiv ein Arbeitsverhältnis bestand, woran ein möglicherweise entgegenstehender Parteiwille nichts ändert.

Dass es sich nicht um einen vertraglichen, sondern um einen gesetzlichen Rückforderungsanspruch aus ungerechtfertigter Bereicherung handelt, ist ebenfalls ohne Belang. In der arbeitsrechtlichen Praxis wird nämlich nicht nach Anspruchsgrundlagen differenziert, sondern danach, ob der Anspruch aus der Rechtsbeziehung zwischen Arbeitgeber und Arbeitnehmer stammt[813]. Beispielsweise fallen unter § 2 Abs. 1 Nr. 3 ArbGG auch Ansprüche des Arbeitgebers auf Schadensersatz sowie Rückforderungsansprüche[814].

Eine allgemein gehaltene Klausel, wie sie in den Tarifverträgen der Rundfunkanstalten verwendet wird, will alle gegenseitigen Ansprüche erfassen, die die

---

[811] Im Ergebnis ebenso *Reinecke* RdA 2001, 357, 364 mit der Begründung, dass Tarifverträge ähnlich wie Gesetze auszulegen seien und deshalb die Beantwortung der Frage, ob es sich um von der Ausschlussfrist erfasste Ansprüche handele, nicht von den subjektiven Vorstellungen des Leistenden abhängen könne.
[812] BAG 26.2.1992 – 7 AZR 201/91 - NZA 1993, 423, 424.
[813] *Hromadka* FS Schaub S. 105, 122.
[814] ErfK/*Koch* (2006) § 2 ArbGG Rn. 18.

Arbeitsvertragsparteien aufgrund ihrer durch den Arbeitsvertrag begründeten Rechtsstellung aus Vertrag, aber auch aus Gesetz oder Tarifvertrag haben[815].

b) Beginn der Verfallfrist

Angesichts der oft kurz bemessenen Verfallfristen ist der Zeitpunkt des Fristbeginns von ganz entscheidender Bedeutung. Nach den tarifvertraglichen Bestimmungen laufen Ausschlussfristen ab Fälligkeit des Anspruchs, was grundsätzlich der Zeitpunkt der Entstehung des Anspruchs ist. Davon abweichend verlegt das BAG in aktuelleren Entscheidungen die Fälligkeit und damit den Beginn der Ausschlussfrist auf den Moment, in dem das Bestehen eines Arbeitsverhältnisses „feststeht"[816]. Erst von diesem Zeitpunkt an sei es dem Arbeitgeber zur Vermeidung eines Rechtsverlusts zumutbar, seine Ansprüche wegen Überzahlung geltend zu machen.

Diese Ansicht ist abzulehnen. Die Tarifvertragsparteien greifen für den Fristbeginn auf den Fälligkeitsbegriff in § 271 BGB zurück. Danach tritt Fälligkeit im Zweifel sofort nach Entstehung des Anspruchs ein, bei einem Anspruch aus ungerechtfertigter Bereicherung also im Zeitpunkt der Überzahlung. Von da an besteht die Verpflichtung des Bereicherten, das rechtsgrundlos Erlangte an den Bereicherungsgläubiger herauszugeben (§ 812 Abs. 1 S. 1 Alt. 1 BGB)[817]. Übertragen auf den Fall der Überweisung bedeutet das, dass der Arbeitnehmer die Zahlungen jeweils im Zeitpunkt der Gutschrift auf seinem Konto erlangt hat und somit von diesem Moment an der Rückforderungstatbestand objektiv erfüllt ist.

Selbst wenn man mit der Rechtsprechung für den Beginn von Ausschlussfristen verlangt, dass der Anspruchsteller die Möglichkeit gehabt haben muss, den Rechtsverlust zu verhindern[818], ist nicht nachvollziehbar, warum nach allgemeiner Ansicht im Bestandsschutzprozess die Fälligkeit von Vergütungsansprüchen nicht aufgeschoben wird, andererseits aber im Statusprozess der Streit über die

---

[815] Kempen/Zachert/*Stein* (2006) § 4 TVG Rn. 485 mit Einschränkungen für Ansprüche, die ausdrücklich nicht dispositiv sind Rn. 472.
[816] BAG 29.5.2002 – 5 AZR 680/00 – AP Nr. 27 zu § 812 BGB [I 1c der Gründe]; BAG 14. 3. 2001 – 4 AZR 152/00 – AP Nr. 35 zu § 1 TVG Tarifverträge: Rundfunk [V 4b der Gründe].
[817] Vgl. BAG 1.6.1995 – 6 AZR 912/94 – NZA 1996, 135, 136.
[818] BAG 16.11.1965 – 1 AZR 160/65 – AP Nr. 30 zu § 4 TVG Ausschlussfristen; BAG 12.7.1972 – 1 AZR 445/71 – AP Nr. 51 zu § 4 TVG Ausschlussfristen; BAG 26.5.1981 – 3 AZR 269/78 – AP Nr. 71 zu § 4 TVG Ausschlussfristen [I 2a der Gründe]; BAG 19.3.1986 – 5 AZR 86/85 – AP Nr. 67 zu § 1 LohnFG [II 3a der Gründe].

Arbeitnehmereigenschaft den Lauf der Verfallfristen hindern soll[819]. Nach dem BAG ist für eine wirksame Geltendmachung des Anspruchs erforderlich, dass die Forderung dem Grunde nach benennbar und wenigstens annähernd bezifferbar ist[820]. Der Berechtigte müsse die anspruchsbegründenden Tatsachen und Rechtsvorschriften kennen oder zumindest ohne Fahrlässigkeit kennen können[821]. Dabei sei nicht auf die persönlichen Erkenntnismöglichkeiten des Arbeitgebers oder einzelner Sachbearbeiter abzustellen, sondern ein objektiver Maßstab anzulegen[822]. In den hier interessierenden Fallgestaltungen dürfte der Sachverhalt der Rundfunkanstalt aber regelmäßig bekannt sein oder hätte es zumindest sein müssen. Statusprozesse im Rundfunkbereich sind keine Seltenheit. Wird eine Art und Weise der Zusammenarbeit gewählt, die nur in einem Arbeitsverhältnis möglich ist, ist dessen Entstehung zwingende Folge. Nur in Grenzfällen dürfte die Anstalt deshalb entschuldbar keine Kenntnis von der Existenz eines Arbeitsverhältnisses gehabt haben, so dass ein späterer Fristbeginn angebracht ist[823]. Die Wahl der falschen Rechtsform fällt typischerweise in die Sphäre der Anstalt. Selten ist es der Arbeitnehmer, der von sich aus auf einer Tätigkeit in freier Mitarbeit besteht. Mit Recht weist Reinecke darauf hin, dass die Rundfunkanstalt nicht einerseits durch Vorgabe der (falschen) Rechtsform die Unklarheiten verursachen und sich dann andererseits auf die Wahl der falschen Rechtsform berufen kann, um den Fristbeginn hinauszuschieben[824]. Zudem ist die Anstalt tatsächlich auch in der Lage, den überzahlten Betrag zu ermitteln. Sie kann das vereinbarte Honorar mit dem bei ihr üblichen Angestelltenlohn vergleichen und ihren Anspruch ungefähr beziffern. Die Verfallfristen im Rundfunkbereich sind verhältnismäßig lang. Macht die Rundfunkanstalt im Rahmen eines Statusprozesses hilfsweise überzahlten Lohn geltend, liegt darin nach allgemeiner Auffassung kein widersprüchliches Verhalten, obwohl sie sich gleichzeitig auf den Selbstständigenstatus des Klägers beruft. Warum sollte die

---

[819] So LAG Köln 13.8.1999 - 11 Sa 1318/98 – MDR 2000, 340; zustimmend *Reinecke* RdA 2001, 364.
[820] Zur Subjektivierung des Fälligkeitsbegriffs *Krause* RdA 2004, 106, 107.
[821] BAG v. 19. 3. 1986, AP Nr. 67 zu § 1 LohnFG; BAG v. 16. 11. 1989, AP Nr. 8 zu § 29 BAT; BAG v. 14. 9. 1994, AP Nr. 127 zu § 4 TVG Ausschlussfristen; BAG v. 1. 6. 1995, AP Nr. 16 zu § 812 BGB; BAG v. 27. 4. 1996, AP Nr. 26 zu 70 BAT.
[822] BAG v. 27. 4. 1996, AP Nr. 26 zu 70 BAT; BAG 23. 8. 1990 - 6 AZR 124/89 - AP Nr. 93 zu § 1 TVG Tarifverträge: Metallindustrie; ebenso *Reinecke* FS Schaub S. 593, 597; s. auch *Vögele* NZA 1988, 190, 191ff.
[823] *Reinecke* RdA 2001, 357, 364.
[824] *Reinecke* RdA 2001, 357, 365.

Anstalt ihren Bereicherungsanspruch dann nicht außergerichtlich einfordern können. Etwas anderes kann nur für solche Zeiträume gelten, in denen sich die Parteien in einem entschuldbaren Rechtsirrtum befinden. Schließlich dürfte sich die vom BAG angesprochene Problematik einer bedingten Klage im Rundfunkbereich nicht stellen, da die Tarifwerke üblicherweise nur einstufige Ausschlussfristen vorsehen. Daraus folgt, dass Beginn der Verfallfrist regelmäßig der Zeitpunkt der Überzahlung ist.

c) Anwendbarkeit auf die Nichtorganisierten

In den zu diesem Problemkreis ergangenen Entscheidungen musste sich das BAG bisher nicht mit der Frage auseinandersetzen, inwieweit tarifliche Ausschlussfristen anwendbar sind, wenn eine normative Geltung ausscheidet. Hintergrund der folgenden Überlegung ist, dass die Rundfunkanstalten auf alle Beschäftigungsverhältnisse eigene Tarifverträge anwenden[825]. Dies geschieht zumindest durch Bezugnahme in den Honorarverträgen. Die vertragliche Verweisung auf einen Tarifvertrag für freie Mitarbeiter kann aber nur so verstanden werden, dass der Tarifvertrag insgesamt und damit auch der persönliche Geltungsbereich Vertragsinhalt wurde. In diesem Fall geht die Bezugnahme tariflicher Bestimmungen für arbeitnehmerähnliche Personen ins Leere, weil Festangestellte ausdrücklich von dessen Anwendungsbereich ausgenommen sind. Die Einbeziehung kann grundsätzlich auch durch betriebliche Übung erfolgen, wenn die Rundfunkanstalt die von ihr abgeschlossenen Tarifwerke auf alle Arbeitsverhältnisse der bei ihr beschäftigten Arbeitnehmer anwendet[826]. Im konkreten Einzelfall gilt es dann festzustellen, ob die Voraussetzungen einer betrieblichen Übung vorliegen. Dass eine betriebliche Übung in den typischen Fallkonstellationen im Rundfunkbereich regelmäßig nicht in Betracht kommt, wurde an anderer Stelle bereits ausführlich dargestellt.

d) Arbeitsrechtlicher Gleichbehandlungsgrundsatz

Die tariflichen Ausschlussfristen könnten über den arbeitsrechtlichen Gleichbehandlungsgrundsatz auch zugunsten des „neuen" Arbeitnehmers gelten. Wie o-

---

[825] Für Arbeitnehmer beim WDR: „Im Übrigen richten sich die Rechte und Pflichten des AN nach den jeweils beim WDR geltenden tariflichen Vereinbarungen".
[826] BAG 19.1.1999 - 1 AZR 606/98 - AP TVG § 1 Bezugnahme auf Tarifvertrag Nr. 9; Hanau/Kania FS Schaub S 239, 258 ff.; Wiedemann/Oetker TVG (1999) § 3 TVG Rn. 271.

ben ausführlich erörtert wurde, gelangt der Grundsatz der Gleichbehandlung immer dann zur Anwendung, wenn der Arbeitgeber ausdrücklich oder an seinem Verhalten ersichtlich nach einer allgemeinen Regel verfährt und dabei aus sachfremden Gründen einzelne Arbeitnehmer von Ansprüchen oder Rechten ausnimmt[827]. Verboten ist nicht die Begünstigung, sondern nur die willkürliche, d. h. sachfremde Schlechterstellung einzelner Arbeitnehmer gegenüber anderen Arbeitnehmern in vergleichbarer Lage[828]. Liegen die Voraussetzungen des Gleichbehandlungsgrundsatzes vor, bildet er einen Verhaltensmaßstab für den Arbeitgeber. Bei der Anstalt bestehen insofern einheitliche Arbeitsvertragsbedingungen, als die tarifvertraglichen Regelungen auch auf nicht tarifgebundene Arbeitnehmer angewendet werden. Ein Gesamtvergleich scheidet aus Praktikabilitätsgründen aus. Der Arbeitgeber könnte aber verpflichtet sein, auch mit dem „neuen" Arbeitnehmer die Geltung tariflicher Ausschlussfristen zu vereinbaren. Fraglich ist allerdings, ob der Gleichbehandlungsgrundsatz isoliert für den Bereich tariflicher Verfallfristen anwendbar ist. In erster Linie dient er dazu, dem zu Unrecht von einer allgemein gewährten betrieblichen Leistung ausgeschlossenen Arbeitnehmer einen Anspruch auf Gleichstellung einzuräumen[829]. Verfallfristen hingegen begründen keinen Leistungsanspruch, sondern sind rechtsvernichtende Normen[830]. Hinzu kommt, dass Verfallfristen im Zusammenhang mit tariflichen Ansprüchen stehen. Genauso wenig, wie ein Arbeitnehmer nach dem allgemeinen Gleichbehandlungsgrundsatz einen Anspruch auf eine freiwillige tarifliche Leistung ohne gleichzeitige Gültigkeit tariflicher Verfallfristen erlangen kann, kommt umgekehrt eine Anwendung lediglich der Ausschlussfrist in Betracht. Zusammenhängende Sachkomplexe können nicht dadurch auseinander gerissen werden, dass sich der Arbeitnehmer die für ihn günstigen Bestandteile herauspickt. Ein solcher Einzelvergleich ist abzulehnen. Ein Anspruch besteht folglich nicht.

---

[827] BAG 25.6.1998 - 6 AZR 515/97 - AP nr. 1 zu § 1 TV Arb Bundespost [II 2 a der Gründe]; BAG 25.4.1995 - 3 AZR 446/94 - AP Nr 25 zu § 1 BetrAVG Gleichbehandlung [II 2 der Gründe].
[828] BAG 10.4.1973 - 4 AZR 180/72 - EzA § 242 BGB Gleichbehandlung Nr 3; BAG 11.9.1974 - 5 AZR 567/73 - EzA § 242 BGB Gleichbehandlung Nr 9; BAG 4.2.1976 – 5 AZR 83/75 – BB 1976, 744.
[829] 28.4.1982 - 7 AZR 1139/79 - AP Nr. 3 zu § 2 KSchG 1969 [I 2b der Gründe].
[830] Wiedemann/*Wank* (1999) § 4 TVG Rn. 715.

4. Verjährung des Bereicherungsanspruchs

Offen ist, ob die höchstrichterliche Rechtsprechung ihre Überlegungen zum Fristbeginn tariflicher Ausschlussfristen auch auf die Verjährung übertragen wird. Bisher musste sich das BAG mit dieser Problematik nicht auseinandersetzen, da in den einschlägigen Entscheidungen tarifliche Verfallfristen anwendbar waren. Nach § 195 BGB beträgt die regelmäßige Verjährungsfrist drei Jahre. Sie beginnt unter anderem gemäß § 199 Abs. 1 Nr. 1 BGB mit dem Schluss des Jahres, in dem der Anspruch entstanden ist. Entstanden ist der Anspruch, sobald er im Wege der Klage geltend gemacht werden kann[831]. Voraussetzung dafür ist grundsätzlich, dass der Anspruch fällig ist[832]. Fälligkeit tritt regelmäßig zum Zeitpunkt der Entstehung des Anspruchs ein (§ 271 BGB). Nach dem BAG wäre die Fälligkeit auf den Moment zu verschieben, in dem das Bestehen eines Arbeitsverhältnisses „feststeht"[833]. Diese Ansicht ist abzulehnen. Zur Begründung kann auf die ausführlichen Ausführungen zum Fristbeginn tarifvertraglicher Verfallfristen verwiesen werden.

II. Erstattung der Arbeitnehmeranteile

Wie oben bereits dargestellt wurde, ist der Arbeitgeber im Außenverhältnis alleiniger Schuldner des Gesamtsozialversicherungsbeitrags (§ 28e Abs. 1 SGB IV), die Beitragspflicht trifft folglich zunächst die Rundfunkanstalt. Zu klären ist, ob diese im Innenverhältnis beim Arbeitnehmer Regress nehmen und sich auf irgendeine Weise zumindest den vom Arbeitnehmer zu tragenden Teil erstatten lassen kann[834].

---

[831] BGH 17.2.1971 - VIII ZR 4/70 - BGHZ 55, 340; BGH 22.2.1979 - VII ZR 256/77 - BGHZ 73, 365; BGH 18.12.1980 - VII ZR 41/80 - BGHZ 79, 178.
[832] Palandt/*Heinrichs* (2007) § 199 BGB Rn. 3.
[833] BAG 29.5.2002 - 5 AZR 680/00 - AP Nr. 27 zu § 812 BGB [I 1c der Gründe; BAG 14. 3. 2001 - 4 AZR 152/00 - AP Nr. 35 zu § 1 TVG Tarifverträge: Rundfunk [V 4b der Gründe].
[834] Über Ansprüche des Arbeitgebers gegen den Arbeitnehmer auf Erstattung von Sozialversicherungsbeiträgen haben nach ständiger Rechtsprechung des BAG die Arbeitsgerichte zu entscheiden, da es sich um bürgerlich- rechtliche Ansprüche handelt, vgl. BAG 3.4.1958 - 2 AZR 469/56 - AP Nr. 1 zu §§ 394, 395 RVO [I der Gründe] und BAG 12.10.1977 - 5 AZR 443/76 - AP Nr. 3 zu §§ 394, 395 RVO [I 2b, c der Gründe].

1. Lohnabzugsverfahren

Eine passende Anspruchsgrundlage ist in § 28g S. 1 SGB IV normiert. Danach kann der Arbeitgeber von den entrichteten Beiträgen grundsätzlich den auf den Arbeitnehmer entfallenden Beitragsanteil zurückfordern. Die Vorschrift betrifft als eigenständige Anspruchsgrundlage jene sozialrechtlichen Regelungen, die die hälftige Aufbringung der Beiträge zwischen den Arbeitsvertragsparteien vorsehen[835]. Der Rückgriffsanspruch kann aber gemäß § 28g S. 2 SGB IV nur durch Abzug vom Arbeitsentgelt geltend gemacht werden und darf grundsätzlich nur bei den nächsten drei Lohn- oder Gehaltszahlungen nachgeholt werden[836]. Danach, d. h. für einen Zeitraum, der über die nächsten drei Zahlungen hinausgeht, ist eine Einbehaltung nur dann möglich, wenn der Abzug ohne Verschulden des Arbeitgebers unterblieben ist (§ 28g S. 3 SGB IV). Aber auch in diesem Fall können Rückzahlungsansprüche nicht außerhalb des Lohnabzugsverfahrens geltend gemacht werden. Eine Nachholung kommt somit nicht in Betracht, wenn der Arbeitnehmer bereits aus dem Arbeitsverhältnis ausgeschieden ist.

Diese strengen Voraussetzungen gelten auch dann, wenn sich der Arbeitgeber über die Beitragspflicht in einem Rechtsirrtum befunden hat[837]. Die Rundfunkanstalt kann sich gemäß §§ 14, 15 SGB I in Zweifelsfällen bei der zuständigen Krankenkasse („Einzugsstelle", vgl. §§ 173 ff. SGB V) erkundigen und sollte dies auch tun[838]. Dann wäre ein Rechtsirrtum in der Regel unverschuldet[839].

Hat der Arbeitnehmer vorsätzlich oder grob fahrlässig seine Meldepflichten nach § 28o SGB IV verletzt, besteht die Möglichkeit, den Erstattungsanspruch aus § 28g S.1 SGB IV über die zeitliche Beschränkung in § 28g S. 3 SGB IV hinaus und auch gegen einen ausgeschiedenen Arbeitnehmer geltend zu machen (§ 28g S. 4SGB IV). Die Voraussetzungen des § 28g S. 4SGB IV dürften allerdings in den Fällen des verdeckten Arbeitsverhältnisses eher selten vorliegen.

---

[835] Beispielsweise § 249 Abs. 1 SGB V für die Krankenversicherung, § 168 Abs. 1 Nr. 1 SGB VI für die Rentenversicherung oder § 58 Abs. 1 SGB XI für die Pflegeversicherung.
[836] Etwas anderes würde gemäß § 28 g S. 4 SGB IV nur dann gelten, wenn der Beschäftigte seinen Auskunfts- und Vorlagepflichten nach § 28 o SGB IV nicht nachgekommen ist; das dürfte hier aber kaum relevant werden.
[837] BT-Drs. 11/2221, S. 24; *Krasney* NJW 1989, 1007, 1009 f; Kasseler Kom./*Seewald* (2006) § 28g SGB IV Rn. 6.
[838] BAG 12.7.1963 - 1 AZR 514/61 - BB 1963, 1256.
[839] BT-Drs. 11/2221, S. 24; LAG Bremen 2.11.1966 1 Sa 105/66 - BB 1967, 1126; MünchArbR/*Hanau* § 62 Rn. 73.

Selbst dann, wenn die Parteien bewusst sozialrechtliche Regelungen umgehen wollten, wird man eine Pflichtverletzung des Mitarbeiters hinsichtlich seiner Meldepflichten, wie sie § 28o SGB IV meint, nicht annehmen können[840]. Geschaffen wurde die Norm vor dem Hintergrund der geringfügigen Beschäftigungsverhältnisse (§ 8 SGBIV). Es wurde als unbillig empfunden, den Arbeitgeber auf das Lohnabzugsverfahren zu verweisen, obwohl der Mitarbeiter weitere Beschäftigungsverhältnisse verschwiegen und damit die Nachentrichtungsverpflichtung mitverursacht hatte[841]. Die Sachverhaltslage ist hier anders, denn der Rundfunkmitarbeiter verschweigt regelmäßig nichts.

Eine Abrede, nach der sich der Arbeitnehmer im Falle der Statusverfehlung zur Erstattung der Beitragsanteile in anderem Umfang, als in § 28g SGB IV vorgesehen, verpflichtet, kommt nicht in Betracht. Als Verstoß gegen das gesetzliche Gebot des § 32 SGB I würde sie an § 134 BGB scheitern[842].

2. Anspruchsbeschränkung durch Pfändungsfreigrenze

Im Rahmen des § 28g SGB IV stellt sich weiter die Frage, ob bei Ermittlung der Schranken des Lohnabzugs auch die Pfändungsfreigrenze des § 850c ZPO berücksichtigt werden muss. Dagegen wird mit Recht eingewandt, der Lohnabzug sei auch in den Fällen zulässig, in denen der Arbeitnehmer ohnehin weniger als den Pfändungsfreibetrag verdiene[843]. Außerdem müsse man an der Schutzwürdigkeit des bereicherten Arbeitnehmers zweifeln.

Andererseits stellt sich der Beitragsabzug vom Arbeitslohn aus rechtstechnischer Sicht als eine Aufrechnung gemäß § 387 S. 1 BGB dar: Der Arbeitgeber kürzt den Anspruch des Arbeitnehmers auf Lohn mit einer eigenen Forderung auf die ausstehenden Arbeitnehmeranteile zum Gesamtsozialversicherungsbeitrag. Im Abzug vom Arbeitslohn liegt dann zugleich die konkludente Aufrechnungserklärung des Arbeitgebers[844]. Es greift daher das Aufrechnungsverbot des § 394 S. 1 BGB. Danach ist die Aufrechnung gegen eine unpfändbare Forderung nicht möglich. § 850c ZPO wiederum bestimmt, dass das Arbeitseinkommen (§ 850

---

[840] Ebenso *Hohmeister* NZA 1999, 1009, 1014.
[841] BT-Drs. 11/2221 S. 24.
[842] Nach unzutreffender Ansicht des AG Köln 22.9.1997 – 20 Ca 9529/96 – (n. v.) ist eine solche Klausel wirksam, da sie der Rechtssicherheit dient.
[843] *Kolmhuber* ArbRB 2003, 12, 14.
[844] So auch BSG 25. 10. 90 – 12 RK 27/89 – NZA 1991, 493; BSG 23.5.1989 - 12 RK 66/87 - BB 1990, 142.

Abs. 2 ZPO) bis zu einem bestimmten Betrag unpfändbar ist. Auch nach der Begründung des Regierungsentwurfs zu § 28g SGB IV hat der Arbeitgeber bei einem nachträglichen Abzug den Grundsatz des § 394 S. 1 BGB zu beachten[845]. Folge ist, dass der Arbeitgeber die nachzuentrichteten Beitragsanteile nur für die nächsten drei Monate aus der Differenz zwischen Arbeitslohn und Pfändungsfreigrenze erstattet bekommt.

3. Anspruch aus § 826 BGB

Denkbar wäre zwar auch ein zivilrechtlicher Schadensersatzanspruch der Rundfunkanstalt auf Erstattung der Arbeitnehmeranteile nach § 826 BGB[846]. Dazu müsste der Mitarbeiter die Rundfunkanstalt in einer gegen die guten Sitten verstoßenden Weise vorsätzlich geschädigt haben. Die Voraussetzungen des § 826 BGB dürften in den hier relevanten Fallkonstellationen kaum jemals erfüllt sein, zumal der Rundfunkanstalt die tatsächlichen Umstände der Durchführung des Rechtsverhältnisses bekannt und in der Regel von ihr vorgegeben sind[847].

4. Anspruch aus § 812 Abs. 1 S. 1 Alt. 1 BGB

Hochrathner zieht in Fällen der vorliegen Art einen bereicherungsrechtlichen Anspruch der Rundfunkanstalt in Betracht. Er vertritt die Auffassung, die sozialversicherungsrechtlichen Bestimmungen regelten die Erstattung rückständiger Arbeitnehmeranteile dann nicht abschließend, wenn der Arbeitgeber vom Vorliegen einer sozialversicherungspflichtigen Tätigkeit erst mit Abschluss des Statusverfahrens erfahren habe. In dieser speziellen Situation greife der der Regelung des § 28g SGB IV zugrunde liegende Schutzgedanke gerade nicht. Zum anderen passe der Verweis auf das Lohnabzugsverfahren hier evidentermaßen nicht, weil es im Zeitpunkt der Statusfeststellung gar kein Lohnabzugsverfahren gäbe.

Das ist abzulehnen. Ansprüche aus §§ 812 ff BGB sind grundsätzlich nicht subsidiär, sondern bestehen, sofern das Gesetz nichts anderes anordnet, auch neben anderen Ansprüchen[848]. Verdrängt werden bereicherungsrechtliche Ansprüche

---

[845] BT-Drucks 11/2221 S 24.
[846] BAG 14.1.1988 - 8 AZR 238/85 - NZA 1988, 803, 804.
[847] Dazu BAG 14.1.1988 BB 1988, 1673; BSG 23.2.1988; *v. Einem* BB 1989, 1614, 1617.
[848] Palandt/*Sprau* (2007) vor § 812 Rn. 10.

aber dann, wenn eine Regelung abschließenden Charakter hat und deshalb weitergehende Ansprüche ausschließt.

Sinn und Zweck des § 28 g SGB IV ist es, den Arbeitnehmer vor einer Anhäufung von ihm zu erstattender Beitragsanteile sowie vor einer Erstattungspflicht unmittelbar aus seinem Vermögen zu schützen[849]. Insoweit ist Hochrathner zuzugeben, dass ein Arbeitnehmer, der eine rückwirkende Statusklage erhebt, nur bedingt schutzwürdig ist. Er kann nicht darauf vertrauen, dass ihn in dieser Konstellation § 28g SGB IV vor einer Erstattungspflicht der Arbeitnehmeranteile schützt, während er gleichzeitig die Vorteile einer freien Mitarbeit beansprucht. Dies ändert aber nichts am abschließenden Charakter dieser Regelung[850]. § 28g SGB IV verweist den Arbeitgeber ausdrücklich auf das Lohnabzugsverfahren. Andere Formen der Rückerstattung der vom Arbeitgeber gezahlten Arbeitnehmeranteile sind ausgeschlossen.

III. Erstattung der Arbeitgeberanteile

Im Falle einer rückwirkenden Beitragspflicht hat der Arbeitgeber nicht nur den auf den Arbeitnehmer entfallenden Anteil am Gesamtsozialversicherungsbeitrag, sondern auch den Arbeitgeberanteil nachzuentrichten. Diesen müsste die Anstalt zwar im Arbeitsverhältnis von Gesetzes wegen selbst tragen[851]. Es kann aber nicht ausgeschlossen werden, dass bei Festsetzung der Vergütungshöhe eines freien Mitarbeiters auch der „gesparte" Anteil an Sozialversicherungsbeiträgen berücksichtigt wurde und das Honorar deshalb verhältnismäßig höher ausgefallen ist. Es erscheint deshalb auf den ersten Blick nicht richtig, dass der Arbeitnehmer in der Vergangenheit von den Vorteilen des Selbstständigenstatus profitiert hat und nun im Rahmen der Rückabwicklung allein die Rundfunkanstalt das Risiko der Rechtsformverfehlung trifft.

---

[849] BAG 15.12.1993 - 5 AZR 326/93 AP Nr. 9 zu §§ 394, 395 RVO [II 3 der Gründe]; BAG 8.12.1981 - 3 AZR 71/79 - AP Nr. 5 zu §§ 394, 395 RVO [II 1a der Gründe]; BAG 12.10.1977 - 5 AZR 443/76 - AP Nr. 3 zu §§ 394 RVO [II 2 der Gründe].
[850] *Reinecke* RdA 2001, 357, 363.
[851] § 249 Abs. 1 SGB V für die Krankenversicherung, § 168 Abs. 1 Nr. 1 SGB VI für die Rentenversicherung , § 58 Abs. 1 SGB XI für die Pflegeversicherung, § 346 Abs. 1 SGB III für die Arbeitslosenversicherung.

Eine § 28g SGB IV vergleichbare Vorschrift, die eine Erstattung der Arbeitgeberanteile ausdrücklich regelt, gibt es nicht[852]. Das ist nur konsequent, da der Arbeitgeberanteil den Solidarbeitrag des Arbeitgebers zur Sozialversicherung darstellt.

Auch ein Anspruch auf ungerechtfertigte Bereicherung (§ 812 Abs. 1 S. 1 1.Alt. BGB) kommt nicht in Betracht, da die Rundfunkanstalt die Sozialversicherungsbeiträge an die zuständige Einzugsstelle geleistet hat. Hat der Arbeitgeber an einen Dritten geleistet, scheidet eine Leistungskondiktion schon deswegen aus, weil darin nicht gleichzeitig ein Eingriff zu Lasten der Anstalt durch den Arbeitnehmer gesehen werden kann. Die Sozialversicherungsbeiträge (Arbeitgeberanteil) sind dem Mitarbeiter nicht zugeflossen.

Denkbar wäre aber ein Schadensersatzanspruch aus § 280 Abs. 1 BGB oder §§ 823 ff BGB. In der Literatur wird die Möglichkeit eines Ersatzanspruchs des Arbeitgebers befürwortet[853]. Es müsse sichergestellt werden, dass die Beitragsbelastung durch den vom Arbeitgeber nachentrichteten Gesamtsozialversicherungsbeitrag verschuldensgerecht zugewiesen werde.

Die Rechtsprechung hatte sich mit der Frage einer Erstattungspflicht des Arbeitnehmers bislang nur im Bereich geringfügiger Beschäftigungsverhältnisse zu befassen. In zwei Entscheidungen des BAG aus den Jahren 1988[854] und 1995[855] ging es um eine geringfügig beschäftigte Arbeitnehmerin, die es unterlassen hatte, eine weitere geringfügige Beschäftigung beim Arbeitgeber anzuzeigen. Durch Zusammenrechnung nach § 8 Abs. 2 S. 1 SGB IV trat Sozialversicherungspflichtigkeit beider Beschäftigungsverhältnisse ein und der Arbeitgeber wurde auf Nachentrichtung des Gesamtsozialversicherungsbeitrags in Anspruch genommen. Das BAG verneinte in beiden Fällen einen Schadensersatzanspruch des Arbeitgebers. Nach Auffassung des Gerichts stellt die Nachentrichtung der Arbeitgeberanteile grundsätzlich keinen Schaden dar, da der Arbeitgeber die Beiträge ohnehin kraft Gesetzes tragen müsse.

Es überrascht allerdings, dass das BAG in der erstgenannten Entscheidung eine schuldhafte Pflichtverletzung der Arbeitnehmerin noch bejahte, weil sie gegen-

---

[852] Ausführlich Hohmeister NZA 1999, 1009, 1015.
[853] V.Einem BB 1989, 1614, 1616 f; Köster NZA 1994, 54, 57.
[854] BAG 18.11.1988 - 8 AZR 12/86 - NZA 1989, 389.
[855] BAG 27.4.1995 - 8 AZR 382/94 - NZA 1995, 935.

über ihrem Arbeitgeber zur unverzüglichen Anzeige der weiteren Beschäftigung verpflichtet gewesen sei, später aber die Auffassung vertreten hat, ein bloßer Verstoß gegen § 28o SGB IV bedeute noch keine Pflichtverletzung. Übertragen auf die Fälle der Statusverfehlung bedeutet das, dass der Arbeitnehmer schuldhaft eine Pflicht aus dem Schuldverhältnis verletzt haben müsste, wodurch bei der Rundfunkanstalt ein kausaler Schaden entstanden ist. Vorwerfen könnte man dem Arbeitnehmer hier allenfalls, dass er die Rundfunkanstalt nicht über ihren Rechtsirrtum bei Einordnung des Beschäftigungsverhältnisses aufgeklärt hat. Allerdings lässt sich nur schwerlich eine entsprechende vertragliche Aufklärungspflicht des Arbeitnehmers begründen. Unterlag dieser selbst einem Irrtum über die Natur seines Beschäftigungsverhältnisses, scheidet eine schuldhafte Pflichtverletzung von vornherein aus[856]. In den übrigen Fällen darf nicht übersehen werden, dass auch der Rundfunkanstalt die tatsächlichen Umstände der Beschäftigung bekannt waren und diese eher in der Lage ist, das praktizierte Rechtsverhältnis rechtlich zutreffend einzuordnen als ihr Vertragspartner. Ein zivilrechtlicher Anspruch dürfte daher bereits an einer Vertragsverletzung scheitern. Ein Schaden der Rundfunkanstalt kann mit der Argumentation des BAG abgelehnt werden, dass die Rundfunkanstalt die Arbeitgeberanteile auch bei zutreffender rechtlicher Einordnung des Vertragsverhältnisses hätte tragen müssen. Eine gegebenenfalls in der Honorarhöhe zum Ausdruck gekommene Beitragsersparnis wird nach der hier vertretenen Auffassung bereits bei der Vergütungshöhe berücksichtigt, so dass sich die Rundfunkanstalt an dieser Stelle nicht darauf berufen kann.

Eine Vereinbarung zwischen Anstalt und Arbeitnehmer auf Erstattung der Arbeitgeberanteile im Falle einer Statusverfehlung kommt nicht in Betracht (§ 134 BGB), da eine solche Abrede als vertragliche Abbedingung der gesetzlich vorgesehenen hälftigen Beitragstragung gegen § 32 SGB I verstoßen würde[857].

Die Rundfunkanstalt hat folglich in den Fällen der nachträglichen Statuskorrektur keinen Anspruch auf Erstattung des Arbeitgeberanteils. Praktisch kann sie die Einbuße aber durch Rückforderung der überzahlten Vergütung decken[858].

---

[856] In diesem Sinne *Hohmeister* NZA 1999, 1009, 1015 f.
[857] *Hanau/Peters-Lange* NZA 1998, 785, 788; *Einem* BB 1989, 1614, 1616.
[858] Ebenso *Hanau/Peters-Lange* NZA 1998, 785, 788.

IV. Lohnsteuererstattungsanspruch

Musste die Rundfunkanstalt für die Lohnsteuer des Arbeitnehmers aufkommen, stellt sich die Frage, ob sie gegenüber dem Arbeitnehmer einen Rückforderungsanspruch durchsetzen kann oder für die Steuerschuld selbst aufkommen muss.

1. Anspruchsgrundlagen

Während früher ein Anspruch auf ein gesetzliches auftragsähnliches Schuldverhältnis gestützt wurde (§ 670 BGB)[859], leitet die neuere Rechtsprechung den Regressanspruch aus § 426 Abs. 1 S. 1 BGB i. V. m. § 42d Abs. 1 Nr. 1 EStG ab[860]. Der Arbeitgeber hafte zwar gemäß § 42d Abs. 1 Nr. 1 EStG für die Lohnsteuer, die er einzubehalten und abzuführen habe. Soweit die Haftung des Arbeitgebers reiche, seien Arbeitgeber und Arbeitnehmer gemäß § 42d Abs. 3 EStG Gesamtschuldner. Beim Einbehalt und der Abführung der Lohnsteuer erfülle der Arbeitgeber jedoch eine fremde Schuld[861]. Dem ist zuzustimmen, da § 426 Abs. 1 BGB die Gesamtschuldner im Verhältnis zueinander zu gleichen Teilen verpflichtet, soweit nicht ein anderes bestimmt ist. Etwas anderes ergibt sich hier aber regelmäßig aus dem Arbeitsvertrag. Zu klären ist, welche der Vertragsparteien im Innenverhältnis die Steuerlast letztendlich tragen sollte. Zur Auslegung herangezogen werden kann § 38 Abs. 2 S. 1 EStG, wonach der Arbeitnehmer der eigentliche Steuerschuldner ist. Regelmäßig ist deshalb davon auszugehen, dass die vereinbarte Vergütung Bruttovergütung ist[862]. Der Erstattungsanspruch nach § 426 Abs. 1 BGB geht dann auf den gesamten von der Rundfunkanstalt an das Finanzamt gezahlten Betrag[863]. Nichts anderes ergibt

---

[859] BAG 14.6.1974 - 3 AZR 456/73 - AP Nr. 5 zu § 670 BGB; vgl. dazu die ablehnende Anmerkung von *Schnorr von Carolsfeld* zu AP Nr. 5 zu § 670 BGB. Die Annahme eines gesetzlichen Auftragsverhältnisses führt u. a. dazu, dass damit zusammenhängende Rückgriffsansprüche grundsätzlich nicht von tarifvertraglichen Verfallfristen erfaßt werden.

[860] BAG 16.6.2004 - 5 AZR 521/03 - NZA 2004, 1274, 1275.

[861] BAG 11. Oktober 1989 - 5 AZR 585/88 - NZA 1990, 309 ; BAG 15. März 2000 - 10 AZR 101/99 - BAGE 94, 73.

[862] MünchArbR/*Hanau* (2000) § 64 Rn. 50; für eine Nettolohnvereinbarung bedarf es vor allem wegen der beachtlichen finanziellen Auswirkungen auf Arbeitgeberseite einer eindeutigen „Brutto für Netto-Abrede.

[863] Der Erstattungsanspruch entsteht erst, wenn die Rundfunkanstalt die Steuerschuld an Stelle des Arbeitnehmers begleicht. Vor diesem Zeitpunkt ist der Anspruch auf Freistel-

sich aus § 426 Abs. 2 BGB. Danach geht die Forderung des Gläubigers auf den zahlenden Gesamtschuldner über, soweit er Ausgleich verlangen kann. Damit wird die Rundfunkanstalt durch gesetzlichen Forderungsübergang Inhaberin des öffentlich-rechtlichen Steueranspruchs[864]. Beide Forderungen stehen in Anspruchskonkurrenz nebeneinander.

Gestützt werden kann der Anspruch auch auf § 812 Abs. 1 S. 1 Alt. 1 BGB[865]. Danach ist zur Herausgabe verpflichtet, wer durch Leistung eines anderen etwas ohne rechtlichen Grund erlangt hat. Der Arbeitnehmer wurde durch die Nachzahlung der Rundfunkanstalt von seiner Steuerschuld befreit. Eine gesetzliche Pflicht zur Übernahme der Lohnsteuer im Innenverhältnis besteht nicht. Der Arbeitnehmer wurde somit ohne rechtlichen Grund von seiner Lohnsteuerschuld befreit. Der Anspruch entsteht durch Übernahme der Lohnsteuer.

Sieht die Anstalt davon ab, den Erstattungsanspruch geltend zu machen, bedeutet dieser Verzicht nach der Finanzgerichtsrechtsprechung die Zuwendung eines geldwerten Vorteils, der als zusätzlicher Arbeitslohn versteuert werden muss[866]. Etwas anderes gilt nur für den Fall, dass der Arbeitgeber deshalb auf einen Rückgriff verzichtet, weil sein Erstattungsanspruch nicht durchsetzbar wäre.

2. Tarifliche Ausschlussfrist

Auch hier muss die Rundfunkanstalt aber darauf achten, dass sie eine möglicherweise bestehende tarifliche Ausschlussfrist einhält.

a) Anspruch aus dem Arbeitsverhältnis

Der Ausgleichsanspruch aus § 42d EStG i. V. m. § 426 Abs. 1 BGB fällt als Anspruch aus dem Arbeitsverhältnis unter die tarifvertraglichen Ausschlussfristen. Er ist rechtliche Folge der nach § 42d Abs. 3 S. 1 EStG angeordneten Gesamtschuldnerschaft der Vertragsparteien im Arbeitsverhältnis und gehört somit zum Lebenssachverhalt Arbeitsverhältnis. Nicht so eindeutig ist das für die übergegangene öffentlich-rechtliche Steuerforderung. Durch den gesetzlichen Forde-

---

lung gegenüber dem Finanzamt gerichtet, dazu *Isele* Anm. zu BAG 1.12.1967 - 3 AZR 459/66 - AP Nr. 17 zu § 670 BGB.
[864] Infolge der öffentlich-rechtlichen Natur des Anspruchs bemisst sich auch die Verjährungsfrist nach öffentlichem Recht; sie beträgt gemäß § 228 AO fünf Jahre.
[865] Anders *Heldmann* NZA 1992, 489, 490.
[866] *Kunz/Kunz* DB 1993, 329; BFH VI 219/60 U; vgl. auch Schmidt/*Drenseck* (2005) § 42d EStG Rn. 64.

rungsübergang wird nämlich die öffentlich-rechtliche Natur des Anspruchs nicht verändert. Eine Verfallfrist, nach der alle Ansprüche aus dem Arbeitsverhältnis innerhalb von zwölf Monaten geltend gemacht werden müssen, könnte deshalb dafür sprechen, dass die Tarifvertragsparteien nur Ansprüche aus der gegenseitigen Leistungsbeziehung im Arbeitsvertrag erfassen wollten[867]. Andererseits ist auch der Forderungsübergang kraft Gesetzes rechtliche Konsequenz der im Arbeitsverhältnis angeordneten Gesamtschuldnerschaft. Auch nach der Rechtsprechung fallen unter entsprechende Verfallklauseln alle Ansprüche, die die Arbeitsvertragsparteien aufgrund ihrer durch den Arbeitsvertrag begründeten Rechtsstellung gegeneinander haben[868]. Entscheidend für die Einbeziehung eines Anspruchs in die tarifliche Ausschlussklausel sei die enge Verknüpfung eines Lebensvorgangs mit dem Arbeitsverhältnis[869]. Das trifft ebenfalls auf die Steuerforderung zu[870].

b) Fristbeginn

Die Tarifwerke sehen regelmäßig vor, dass die Verfallfrist mit Fälligkeit des Anspruchs beginnt. Sie läuft grundsätzlich ab Entstehung des Anspruchs, soweit keine abweichende Leistungszeit bestimmt oder den Umständen zu entnehmen ist (§ 271 BGB). Der Ausgleichsanspruch aus § 426 Abs. 1 BGB entsteht mit Begründung des Gesamtschuldverhältnisses[871], also zum Zeitpunkt der Honorarzahlung. Nach der Rechtsprechung ist für den Beginn tariflicher Ausschlussfristen aber nicht nur Fälligkeit im Sinne des § 271 BGB erforderlich, sondern weitere Voraussetzung ist, dass dem Gläubiger die Geltendmachung möglich sein muss[872]. Der Ausgleichsanspruch wird somit fällig im Sinne der tariflichen Verfallfrist, sobald und soweit der Arbeitgeber vom Finanzamt an Stelle des Arbeitnehmers durch Haftungsbescheid in Anspruch genommen wird. Denn ab diesem Zeitpunkt stehen die persönliche Inanspruchnahme des Arbeitgebers und deren

---

[867] So *Weber* Anm. zu BAG 20.3.1984 – 3 AZR 124/82 - AP Nr. 22 zu § 670 BGB, der u. a. darauf hinweist, dass der Arbeitnehmer hierdurch keinen unbilligen Nachteil erfahre, denn er hätte vom Finanzamt auch gleich an Stelle der Rundfunkanstalt in Anspruch genommen werden können.
[868] BAG 26.2.1992 – 7 AZR 201/91 - NZA 1993, 423, 424.
[869] BAG 26.2.1992 – 7 AZR 201/91 - NZA 1993, 423, 424.
[870] Im Ergebnis auch *Heldmann* NZA 1992, 489; *Wiedemann* Anm. zu BAG 14.6.1974 - 3 AZR 456/73 – AP Nr. 20 zu § 670 BGB.
[871] Statt vieler Staudinger/*Noack* (2005) § 426 Rn. 6 m. w. N.
[872] BAG 22.10.1999 – 10 AZR 801/98 – n. v. (juris); BAG 3.3.1993 - 10 AZR 36/92 - n. v. (juris).

Umfang fest. Auch hinsichtlich des übergegangenen Steueranspruchs ist für den Fristbeginn auf den Zeitpunkt abzustellen, zu dem der Sender durch den Haftungsbescheid Kenntnis von den anspruchsbegründenden Tatsachen erhält.

V. Ergebnis

Nach der neuen Linie des BAG können auf den Arbeitnehmer, der seinen Arbeitnehmerstatus rückwirkend einklagt, beträchtliche Rückforderungsansprüche der Rundfunkanstalt zukommen. Die Rechtsprechung schützt den Arbeitgeber unter dem Gesichtspunkt der „Rosinentheorie" vor Mitarbeitern, die hohe Vergütung und Arbeitnehmerschutz gleichzeitig für sich beanspruchen wollen.

Dem ist im Ergebnis zuzustimmen, denn ein Arbeitnehmer kann nicht einerseits die Vorzüge eines freien Dienstverhältnisses genießen und sich gleichzeitig auf seine Arbeitnehmerschutzrechte berufen. Während dem Freien ein höheres Honorar insbesondere als Ausgleich für fehlenden Bestandsschutz und soziale Absicherung gewährt wird, besteht im Rahmen eines Arbeitsverhältnisses gerade kein Bedürfnis mehr nach einer Kompensation. Ein Rückzahlungsanspruch der Rundfunkanstalt für den Zeitraum, für den der Arbeitnehmerstatus zugesprochen wurde, ist dann nur konsequente Folge.

Treffend formulierte das LAG Köln „*wer A sagt, muss auch B sagen*"[873]. Trotz der verhältnismäßig langen Verfallfristen sollte die Anstalt Ansprüche auf überzahltes Honorar unverzüglich geltend machen, sobald Zweifel an ihrer Rechtsauffassung auftreten.

Zu hoffen bleibt, dass die im Urteil vom 29.5.2002 entwickelte Verrechnungsmethode eine Einzelfallentscheidung bleibt, da sie im Gesetz keine Stütze findet und den Prozessausgang für den beklagten Arbeitnehmer unkalkulierbar macht. Vermutlich lagen der Entscheidung des BAG auch Gerechtigkeitserwägungen zugrunde.

Weniger einschneidend sind für den Arbeitnehmer die sozialversicherungsrechtlichen Auswirkungen eines gewonnenen Statusprozesses. Die Rundfunkanstalt kann nachentrichtete Arbeitnehmerbeiträge regelmäßig nur im Lohnabzugsver-

---

[873] 10.10.1996 – 10 Sa 194/96 - MDR 1997, 755; im Ergebnis auch LAG Köln 7.10.1998 – 2 Sa 623/98 (LS juris).

fahren nach § 28g SGB IV erstattet verlangen. Folge in der Praxis ist, dass die Anstalt zumindest für die letzten vier Jahre auch für den Arbeitnehmeranteil aufzukommen hat. Hinsichtlich der Arbeitgeberanteile besteht keine Rückgriffsmöglichkeit.

Macht das Finanzamt gegenüber der Rundfunkanstalt rückständige Lohnsteuer geltend, kann sie den Arbeitnehmer in Regress nehmen (Freistellung oder Erstattung). Denn der Arbeitgeber ist hinsichtlich des Steuerabzugs nur Entrichtungsverpflichteter, der Arbeitnehmer hingegen ist der Steuerschuldner (§§ 38 Abs. 2 und 3 EStG). Als Anspruchsgrundlagen zu erwähnen sind hier insbesondere § 426 Abs. 1 und Abs. 2 BGB i.V.m. § 42d Abs. 3 EStG sowie § 812 Abs. 1 S. 1 Alt. 1 BGB. Im Falle eines Rechtsstreits muss der Sender nicht ausdrücklich bestimmen, auf welche Anspruchsgrundlage er seinen Erstattungsanspruch stützen möchte, da das Gericht den Sachverhalt unter allen rechtlichen Gesichtspunkten zu überprüfen hat. Im Hinblick auf Verjährung und tarifliche Ausschlussfristen ergeben sich zwischen den Anspruchsgrundlagen erhebliche Unterschiede.

B. Ansprüche des Arbeitnehmers für die Vergangenheit

Auf Arbeitnehmerseite kommen beispielsweise Ansprüche auf Mehrarbeitsvergütung[874], Sonn- und Feiertagszuschlag, Erholungsurlaub, Entgeltfortzahlung bei nur kurzer Verhinderung (§ 616 S. 1 BGB) sowie Entgeltfortzahlung im Krankheitsfall (§ 3 Abs. 1 S. 1 EFZG) oder wegen Annahmeverzug (§ 615 S. 1 BGB) in Betracht, die diesem in der Vergangenheit nicht eingeräumt wurden. Auch hier soll sich die Darstellung auf die in der Praxis relevanten Ansprüche – Annahmeverzugslohn, Erholungsurlaub und Entgeltfortzahlung im Krankheitsfall – beschränken, zumal sich die Ausgangslage der Arbeitnehmerähnlichen angesichts bestehender Tarifverträge von der der freien Freien unterscheiden dürfte.

---

[874] Zur gestuften Darlegungs- und Beweislast des Arbeitnehmers BAG - 5 AZR 644/00 - NZA 2002, 1340, 1343.

I. Anspruch auf Annahmeverzugslohn (§§ 611, 615 BGB)

Zunächst sind Gehaltsansprüche des Arbeitnehmers wegen Annahmeverzug (§§ 611, 615 BGB) denkbar. Entgegen dem Grundsatz „ohne Arbeit kein Lohn" (§§ 326 Abs. 1 Hs. 1, 614 BGB) bleibt dem Arbeitnehmer nach § 615 S. 1 BGB der Vergütungsanspruch (§ 611 BGB) erhalten, wenn ihn die Rundfunkanstalt zu Unrecht nicht beschäftigt hat. Nach dem so genannten Lohnausfallprinzip hat der Arbeitnehmer Anspruch auf die Vergütung, die er bei Weiterarbeit erzielt hätte[875]. Unter Annahmeverzugsgesichtspunkten kann der Arbeitgeber auch nur anteilig Arbeitslohn schulden, wenn er den Beschäftigungsumfang einseitig reduziert und die angebotenen Dienste nicht generell, sondern nur zum Teil abgelehnt hat[876]. Die Voraussetzungen des Annahmeverzugs bestimmen sich nach allgemeinen Grundsätzen (§§ 293 ff BGB). Gemäß § 293 BGB gerät der Gläubiger in Verzug, wenn er die ihm angebotene Leistung nicht annimmt. Dabei ist im Arbeitsverhältnis nach § 296 S.1 BGB sogar ein wörtliches Angebot des Arbeitnehmers entbehrlich[877]. Nach der Rechtsprechung hat der Arbeitgeber seinem Arbeitnehmer zu Beginn eines jeden Arbeitstages einen funktionsfähigen Arbeitsplatz zur Verfügung zu stellen. Folglich ist seine Mitwirkungshandlung kalendermäßig bestimmt und es genügt, dass der Arbeitnehmer seine Leistungsbereitschaft in irgendeiner Weise zum Ausdruck bringt[878]. Ohne Bedeutung für den Eintritt des Gläubigerverzugs ist, dass die Anstalt die Annahme der angebotenen Arbeitsleistung möglicherweise schuldlos verweigert hat, weil sie von der Beendigung des Vertragverhältnisses ausgegangen ist[879].

Zeitlich begrenzt wird die Geltendmachung von Ansprüchen auf Annahmeverzugslohn durch die regelmäßige Verjährung nach §§ 195, 199 Abs. 1 BGB (drei Jahre)[880] oder bei beiderseitiger Tarifbindung (§§ 3 Abs. 1, 4 Abs. 1 TVG) durch

---

[875] Staudinger/*Richardi* (1999) § 615 Rn. 120.
[876] Schaub/*Linck* (2005) § 95 Rn. 1.
[877] BAG 9.8.1984 - 2 AZR 374/83 - NZA 1985, 119, 120; BAG 21.01.1993 - 2 AZR 309/92 - NZA 1993, 550, 551.
[878] BAG 24.10.1991 - 2 AZR 112/91 - AP Nr. 50 zu § 615 BGB [II 1 der Gründe]; kritisch *Kaiser* Anm. zu BAG 24.10.1991 - 2 AZR 112/91 - EzA § 615 BGB Nr. 70.
[879] Allg. zum Eintritt des Gläubigerverzugs BAG 10.5.1973 - 5 AZR 493/72 - NJW 1973, 1949.
[880] BAG 13.2.2003 - 8 AZR 236/02 - ZTR 2003, 462, 463: die Fälligkeit tritt ein, wie wenn die Dienste tatsächlich geleistet worden wären.

tarifvertragliche Verfallfristen[881]. Im Urteil vom 14.3.2001 hat das BAG betont, dass der Statusstreit den Lauf der Verfallfristen für etwaige sich daraus ergebende Ansprüche des Arbeitnehmers nicht hindert[882]. Denn während ein Schadensersatzanspruch ohne Kenntnis des Schadens und des Ersatzpflichtigen nicht konkret geltend gemacht werden könne, sei dies bei Entgeltansprüchen aus einem Arbeitsverhältnis jederzeit möglich. Zur Wahrung der Frist genügt die unbedingte Aufforderung an den Gläubiger, den Anspruch zu erfüllen[883]. Eine genaue Bezifferung des Anspruchs ist hier entbehrlich, da für den Schuldner die Höhe der Entgeltforderung ohne weiteres errechenbar ist.

II. Unterbliebene Entgeltfortzahlung im Krankheitsfall

Weiter ist zu untersuchen, ob der Scheinselbstständige rückwirkend Entgeltfortzahlungsansprüche geltend machen kann. Die Anspruchsvoraussetzungen wurden an anderer Stelle ausführlich dargestellt. Da von den Vorschriften des EFZG (abgesehen von §§ 4 Abs. 4, 12 EFZG) nur zugunsten des Arbeitnehmers abgewichen werden kann, ist es unschädlich, wenn die Parteien in der Vergangenheit eine eigenständige Regelung über Zahlungen im Krankheitsfall getroffen haben[884]. Nach § 3 Abs. 1 EFZG behält ein erkrankter Arbeitnehmer abweichend von § 326 Abs. 1 S. 1 BGB seinen Anspruch auf Arbeitslohn. Der Entgeltfortzahlungsanspruch ist nichts anderes als der vertraglich geschuldete Anspruch auf Arbeitsvergütung. Er unterliegt den allgemeinen Regeln über Fälligkeit und Verjährung und kann somit grundsätzlich auch für die Vergangenheit geltend gemacht werden[885].

Für das Vorliegen einer Krankheit ist der Arbeitnehmer darlegungs- und beweispflichtig. Die Realisierung des Entgeltfortzahlungsanspruchs dürfte in der Praxis davon abhängen, ob der Arbeitnehmer für den konkreten Zeitraum eine Arbeitsunfähigkeitsbescheinigung vorlegen kann, die bereits in der Vergangen-

---

[881] Zur Frage, welche Ansprüche eine Ausschlussklausel erfassen will *Oesterle* jurisPR-ArbR 19/2006 Anm. 3.
[882] 4 AZR 152/00 - AP Nr. 35 zu § 1 TVG Tarifverträge: Rundfunk [I 2b cc der Gründe].
[883] Kempen/Zachert/*Stein* (2006) § 4 TVG Rn. 507.
[884] Vgl. den Ergänzungstarifvertrag zum Bestandsschutztarifvertrag des ZDF für arbeitnehmerähnliche Personen.
[885] MünchArbR/*Boecken* (2000) § 85 Rn. 68.

heit ausgestellt wurde. Nach der Rechtsprechung und der überwiegenden Ansicht in der Literatur kommt einer Arbeitsunfähigkeitsbescheinigung ein hoher Beweiswert zu[886].

Der Arbeitgeber kann sich nicht auf sein Leistungsverweigerungsrecht aus § 7 Abs. 1 EFZG berufen, wenn es der Arbeitnehmer schuldlos versäumt hat, einen ärztlichen Nachweis für die Arbeitsunfähigkeit zu erbringen oder diese auf andere Weise nachgewiesen ist[887].

Hinsichtlich der Verjährungs- und Verfallfristen gelten die eben dargestellten Grundsätze. Zwar kann nach § 12 EFZG von den Vorschriften des Entgeltfortzahlungsgesetzes (mit Ausnahme von § 4 Abs. 4 EFZG) nicht zuungunsten des Arbeitnehmers abgewichen werden. Die Norm verbietet den Tarifvertragsparteien aber nicht, bereits entstandene Entgeltfortzahlungsansprüche durch eine tarifliche Ausschlussfrist zeitlich zu begrenzen[888]. Das Entgeltfortzahlungsgesetz selbst enthält keine Regelungen über eine Befristung des Entgeltfortzahlungsanspruchs. Es ist aber auch nicht ersichtlich, dass der Gesetzgeber die Durchsetzung des Anspruchs zeitlich unbefristet gewähren wollte.

Andernfalls hätte er wie in § 194 Abs. 2 BGB eine dauernde Rechtsdurchsetzung oder eine Mindestfrist vorgesehen[889]. Somit steht § 12 EFZG tariflichen Ausschlussfristen nicht entgegen.

III. Unterbliebene Gewährung von Urlaub

Fraglich ist weiter, ob der Arbeitnehmer Urlaubsansprüche für die Vergangenheit geltend machen kann.

1. Befristung des gesetzlichen Urlaubsanspruchs

§ 7 Abs. 3 S. 1 BUrlG bestimmt, dass der Urlaub im laufenden Kalenderjahr gewährt und genommen werden muss. Sofern ein Übertragungsgrund des § 7

---

[886] BAG 15.7.1992 - 5 AZR 312/91 - AP Nr. 98 zu § 1 LohnFG [II 1 der Gründe] m. w. N.
[887] ErfK/*Dörner* (2006) § 7 EFZG Rn. 15 und 29.
[888] Im Ergebnis ebenso BAG 25.5.2005 NZA 2005, 1111; BAG 16. 1. 2002 NZA 2002, 746; ähnlich Wiedemann/*Wank* (1999) § 4 TVG Rn 757; *Löwisch/Rieble* (2004) § 1 TVG Rn. 663 ff; aA Kempen/Zachert/*Stein* (2006) § 4 TVG Rn. 470 ff.
[889] *Löwisch/Rieble* (2004) § 1 TVG Rn. 664.

Abs. 3 S. 2 BUrlG vorliegt, kann er ausnahmsweise auf das erste Quartal des Folgejahres übertragen werden. Für den Arbeitnehmer bedeutet das, dass er ausstehenden Urlaub lediglich bis zum 31. März für das letzte Kalenderjahr beanspruchen kann, nach Ablauf dieser Frist verfällt der Urlaubsanspruch in jedem Fall[890].

2. Ersatzurlaubsanspruch

Eine Urlaubsabgeltung kommt nach der ausdrücklichen Regelung in § 7 Abs. 4 BUrlG nur in Betracht, wenn das Arbeitsverhältnis beendet worden ist. Denkbar ist aber ein Schadensersatzanspruch nach §§ 280 Abs. 1 und Abs. 3, 283 BGB, weil der Urlaubsanspruch am Ende des Urlaubsjahres oder des Übertragungszeitraums erloschen und damit seine Erfüllung in natura im Sinne von § 275 Abs. 1 BGB rechtlich unmöglich geworden ist.

Die nach § 280 Abs. 1 BGB erforderliche Pflichtverletzung ist in der Nichtgewährung des seit Jahresbeginn fälligen Urlaubs zu sehen. Weiter müsste die Rundfunkanstalt die Pflichtverletzung aber nach § 280 Abs. 1 S. 2 BGB zu vertreten haben, also gemäß § 276 Abs. 1 S. 1 BGB die Unmöglichkeit vorsätzlich oder fahrlässig herbeigeführt haben. Die Frage des Vertretenmüssens dürfte in der Praxis nicht einfach zu beantworten sein. Denn zunächst ist der Arbeitgeber als Schuldner der Leistung nicht verpflichtet, ohne Aufforderung des Arbeitnehmers den Urlaub zu gewähren[891]. Die rechtzeitige Geltendmachung des Urlaubsanspruchs stellt vielmehr eine Obliegenheit des Arbeitnehmers dar. Der Arbeitgeber muss den Urlaub gemäß § 7 Abs. 1 BUrlG erst gewähren, wenn der Arbeitnehmer beziehungsweise der Arbeitnehmerähnliche seinen Urlaub geltend macht. Im verdeckten Arbeitsverhältnis kann ein Schadensersatzanspruch deshalb an einem Urlaubswunsch des Mitarbeiters scheitern. Sollte der Mitarbeiter in der Vergangenheit Urlaub beantragt haben, müsste die Rundfunkanstalt darlegen, dass sie die Verfristung und damit die Unmöglichkeit nicht zu vertreten hat (§ 280 Abs. 1 S. 2 BGB).

---

[890] BAG 19.4.1994 - 9 AZR 671/92 - n. v. (juris); auf eine anderslautende betriebliche Übung soll hier nicht näher eingegangen werden.
[891] MünchArbR/*Leinemann* (2000) § 89 Rn 74; Leinemann/Linck § 1 Rz 76; anders *Weber* RdA 1995, 229, 230.

Das BAG behilft sich in vergleichbaren Fällen mit § 287 S. 2 BGB[892]. Danach hat der Arbeitgeber auch den zufälligen Untergang des Urlaubsanspruchs am Ende der Verfallfrist zu vertreten, sofern er sich mit der Urlaubsgewährung in Schuldnerverzug befand. Nach § 286 Abs. 1 BGB ist dafür erforderlich, dass er den Urlaub trotz Möglichkeit, Fälligkeit und Mahnung nicht gewährt hat. Die Mahnung kann zwar nach § 286 Abs. 2 Nr. 3 BGB entbehrlich sein; Voraussetzung dafür wäre allerdings, dass die Anstalt die Erfüllung des Urlaubsanspruchs ernsthaft und endgültig verweigert hat. In den übrigen Fällen ist wiederum entscheidend, dass der Arbeitnehmer den Arbeitgeber in der Vergangenheit ausdrücklich zur Urlaubsgewährung aufgefordert hat. Das das BAG im Falle eines Schadensersatzanspruchs entgegen allgemeinen leistungsstörungsrechtlichen Grundsätzen einen Anspruch auf Ersatzurlaub im Wege der Naturalrestitution (§ 249 Abs. 1 BGB) gewährt[893], ist auf den Schutzgedanken in § 7 Abs. 4 BUrlG zurückzuführen. Im bestehenden Arbeitsverhältnis sollen Urlaubsansprüche nicht durch eine Urlaubsabgeltung in Geld abgelöst werden[894]. Aus gesundheitspolitischen Erwägungen kommt ein Schadensersatz in Geld nur im Falle der Beendigung des Arbeitsverhältnisses in Betracht.

3. Anwendbarkeit tariflicher Verfallfristen

Fraglich ist, ob der Schadenersatzanspruch im Falle einer beiderseitigen Tarifbindung innerhalb tariflicher Ausschlussfristen geltend gemacht werden muss. Gegen eine Anwendbarkeit tariflicher Verfallfristen könnte § 13 Abs. 1 S. 1 BUrlG sprechen. Danach kann durch Tarifverträge nicht vom gesetzlichen Urlaubsanspruch in § 1 BUrlG abgewichen werden.

Ebenso wie bei § 12 EFZG ist durch Auslegung zu ermitteln, ob durch die in § 13 BUrlG bestimmte Unabdingbarkeit der Urlaubsrechte auch tarifliche Fristen für die Durchsetzung des Ersatzurlaubsanspruchs ausgeschlossen sind. Aufgrund der in § 1 BUrlG vorgesehenen Befristung des Urlaubsanspruchs auf das Urlaubsjahr ist der Arbeitnehmer gezwungen, den Urlaub rechtzeitig vor Ablauf des Urlaubsjahres beziehungsweise des Übertragungszeitraums zu nehmen. Die Anwendung einer sechsmonatigen tariflichen Ausschlussfrist würde diese zeitli-

---

[892] BAG 16.3.1999 - 9 AZR 428/98 - AP Nr. 25 zu § 7 BUrlG Übertragung [II 2 der Gründe] m. w. N.
[893] BAG 1.10.1991 - 9 AZR 290/90 - NZA 1992, 1078, 1079.
[894] *Leinemann/Linck* (2001) § 7 BUrlG Rn. 165.

che Beschränkung noch verkürzen und dazu führen, dass der Arbeitnehmer bereits zur Jahreshälfte seine Urlaubsansprüche verlangen müsste. Eine solche Einschränkung ist mit § 1 BUrlG nicht zu vereinbaren[895].

Davon zu unterscheiden ist aber der Schadensersatzanspruch, in den sich der Urlaubsanspruch durch Zeitablauf umwandelt. Er hat seine Rechtsgrundlage nicht in § 1 BUrlG, sondern beruht auf den §§ 280 Abs. 1 und Abs. 3, 283 BGB[896]. § 13 Abs. 1 S. 1 BUrlG steht der Anwendbarkeit tariflicher Verfallfristen deshalb nicht entgegen. Ob der Betroffene die Verfallfrist kannte oder kennen musste, ist ohne Bedeutung[897].

Das BAG hat in diesem Zusammenhang darauf hingewiesen, dass eine schriftliche Mahnung des Arbeitnehmers, ihm Urlaub zu gewähren, auch eine tarifliche Ausschlussfrist für den Ersatzurlaubsanspruch wahrt[898].

IV. Schadensersatzanspruch wegen Verletzung der Nachweispflicht

Die Rechtsprechung bejaht außerdem einen Schadensersatzanspruch gemäß §§ 280 Abs. 2, 286 Abs. 2 Nr. 1, 249 S. 1 BGB, wenn sich der Arbeitgeber mit der Aushändigung der Vertragsniederschrift im Sinne des § 2 Abs. 1 S. 1 NachwG in Verzug befand und deshalb ein Anspruch des Arbeitnehmers verfallen ist[899]. Zugunsten des Arbeitnehmers wird vermutet, dass dieser die tarifliche Ausschlussfrist beachtet hätte, wenn er auf die Geltung des Tarifvertrags hingewiesen worden wäre. Der Arbeitgeber komme nach § 286 Abs. 2 Nr. 1 BGB ohne Mahnung in Verzug, da für die Nachweiserteilung eine Zeit nach dem Kalender bestimmt sei. Übertragen auf die hier übliche Ausgangslage ist hingegen fraglich, ob sich die Anstalt in Verzug befindet. Eine Zeit nach dem Kalender ist gerade nicht bestimmt, wenn das Beschäftigungsverhältnis erst später unter den

---

[895] *Leinemann/Linck* (2001) § 7 BUrlG Rn. 33.
[896] So auch *Leinemann/Linck* (2001) § 7 BUrlG Rn. 234.
[897] BAG 23.1.2002 - 4 AZR 56/01 - NZA 2002, 800 ff; Kempen/Zachert/*Stein* § 4 TVG (2006) Rn. 487. Denkbar ist ein Schadensersatzanspruch gegen die Anstalt, wenn sie es versäumt hat, den nach § 2 Abs. 1 Nr. 10 NachwG erforderlichen Hinweis auf den einschlägigen Tarifvertrag zu erteilen und der Arbeitnehmer deshalb einen Anspruch nicht im Rahmen der Ausschlussfrist geltend gemacht hat.
[898] BAG 24.11.1992 - 9 AZR 549/91 - AP Nr. 23 zu § 1 BUrlG [6 der Gründe].
[899] BAG 17.4.2002 - 5 AZR 89/01 - AP Nr. 6 zu § 2 NachwG [II 2 der Gründe]; BAG 24.10.2002 - 6 AZR 743/00 - AP Nr. 2 zu § 4 BBiG [III 6 der Gründe].

Anwendungsbereich des Nachweisgesetzes fiel. Dann bedarf es einer Mahnung des Mitarbeiters. Auch kann die Anstalt nur in Verzug kommen, wenn sie die unterbliebene Aushändigung der Niederschrift zu vertreten hat.

V. Schadensersatzanspruch wegen Rentenkürzung

Ist eine Beitragsnachentrichtung in die gesetzliche Rentenversicherung nicht mehr möglich, kann dem Arbeitnehmer gegen die Rundfunkanstalt nach § 280 Abs. 1 BGB wegen Verletzung einer vertraglichen Nebenpflicht ein Schadensersatzanspruch zustehen. Es ist allgemein anerkannt, dass der Arbeitgeber zur ordnungsgemäßen Abführung von Sozialversicherungsbeiträgen verpflichtet ist[900]. Nach § 280 Abs. 1 S. 2 BGB müsste die Anstalt darlegen und beweisen, dass sie die Pflichtverletzung nicht zu vertreten hat.

Weitere Voraussetzung ist, dass ein Schaden des Arbeitnehmers eingetreten ist, dieser also später infolge der unterbliebenen Beitragszahlung eine geringere Rente erhält.

Für Zeiträume, für die die Rundfunkanstalt in den Grenzen des § 25 SGB IV Sozialversicherungsbeiträge nachentrichtet hat, fehlt es bereits an einem Versorgungsschaden des Arbeitnehmers. Da für die ständigen Freien üblicherweise Sozialversicherungsbeiträge abgeführt werden, dürften Schadensersatzansprüche wegen Rentenkürzung im Rundfunkbereich kaum relevant werden. Der restliche Teil der programmgestaltenden Mitarbeiter dürfte nach dem KSVG pflichtversichert gewesen sein[901].

VI. Ergebnis

Klagt ein Mitarbeiter seinen Arbeitnehmerstatus rückwirkend ein, können ihm eine Reihe arbeitsvertraglicher Ansprüche zustehen, sofern die jeweiligen Voraussetzungen gegeben sind und noch keine Verjährung eingetreten ist. Zu denken ist insbesondere an Ansprüche auf Annahmeverzugslohn, Entgeltfortzah-

---

[900] BAG 13.5.1970 - 5 AZR 385/69 - AP Nr. 79 zu § 611 BGB Fürsorgepflicht; *Hueck/Nipperdey* Bd. I S. 470.
[901] *Ory/Schmittmann* Rn. 138.

lung im Krankheitsfall oder Schadensersatz wegen unterbliebener Urlaubsgewährung. Tarifliche Verfallfristen können den Anspruch ausschließen, wobei es nach der Rechtsprechung nicht darauf ankommt, ob der Arbeitnehmer die Geltung der Ausschlussfrist kannte. Das BAG geht davon aus, dass es grundsätzlich jedem Arbeitnehmer zugemutet werden kann, sich selbst über etwaige Ansprüche beziehungsweise Ausschlussfristen zu informieren. Der Statusprozess hindert nicht den Lauf tariflicher Verfallfristen für daraus folgende Ansprüche des Arbeitnehmers. Für den Statuskläger ist es daher von Interesse, zusammen mit der Statusklage auch potentielle Leistungsansprüche einzuklagen.

Achtes Kapitel: Zusammenfassung der Ergebnisse und Schlussbetrachtung

A. Zusammenfassung der Ergebnisse

1. Die Rundfunkanstalten beschäftigen neben festangestellten Arbeitnehmern einen weit größeren Teil ihres Personals als freie Mitarbeiter. Hintergrund dieser Personalpraxis ist das von den Anstalten betonte Bedürfnis nach Flexibilität beim Einsatz programmgestaltender Mitarbeiter. Aus sozial- und steuerrechltischer Sicht behandeln die Rundfunkanstalten ihre ständigen freien Mitarbeiter abweichend von der arbeitsrechtlichen Einordnung regelmäßig als abhängig Beschäftigte. Nur bei den freien Freien wird das Beschäftigungsverhältnis als Rechtsverhältnis zwischen selbstständigen Unternehmern abgewickelt.

2. Zur Aufdeckung eines Arbeitsverhältnisses kommt es oftmals im Rahmen von Bestandsstreitigkeiten (wesentliche Einschränkung oder Beendigung der Zusammenarbeit).

3. Entgegen einigen Literaturstimmen ist im Medienbereich nicht von einem abweichenden Arbeitnehmerbegriff auszugehen. Nach allgemeiner Definition ist auch hier Arbeitnehmer, wer aufgrund eines privatrechtlichen Vertrages im Dienste eines anderen zur Leistung weisungsgebundener, fremdbestimmter Arbeit in persönlicher Abhängigkeit verpflichtet ist. Der Beschluss des BVerfG und seine arbeitsgerichtliche Umsetzung haben aber dennoch im Rundfunkbereich zu einer eigenen Vorgehensweise geführt.

4. Ist ein Mitarbeiter in Wirklichkeit Arbeitnehmer, gelangen sämtliche arbeitsrechtlichen Bestimmungen zur Anwendung. Die Falschbezeichnung ist unbeachtlich. Da das Arbeitsrecht den besonderen Schutz des Arbeitnehmers nur gewährleisten kann, wenn das Eingreifen arbeitsrechtlicher Bestimmungen nicht zur Disposition der Vertragsparteien steht, sind die Rechtsfolgen eines Arbeitsverhältnisses unabdingbar (Rechtsformzwang).

5. Der Inhalt des Arbeitsverhältnisses folgt auch nach der Statusfeststellung in erster Linie aus dem Individualvertrag. Von entscheidender Bedeutung sind in

diesem Zusammenhang durch konkludentes Verhalten festgelegte Vereinbarungen. Die einzelnen Arbeitsbedingungen sind anhand der praktischen Durchführung zu ermitteln. Dabei ist grundsätzlich ein Zeitraum von zwei bis drei Jahren zu begutachten. Die Art der geschuldeten Tätigkeit richtet sich nach der früher in freier Mitarbeit überwiegend verrichteten Tätigkeit. Der Arbeitnehmer hat einen Anspruch auf Beschäftigung in Höhe der bisherigen Arbeitsdauer und nicht automatisch auf eine Vollzeitbeschäftigung.

6. Regelmäßig kann nicht angenommen werden, dass die Vertragsparteien ihre Honorarvereinbarung auch für den Fall eines Arbeitsverhältnisses treffen wollten. Darauf folgt, dass die Vergütungshöhe im Arbeitsverhältnis nicht bestimmt ist. Diese Vertragslücke kann durch ergänzende Auslegung oder über § 612 Abs. 2 BGB geschlossen werden. Häufig hat der Mitarbeiter dann nur noch Anspruch auf die für Arbeitnehmer übliche Vergütung (§ 612 Abs. 2 BGB).

7. Gesetz oder Tarifvertrag sowie Betriebs- beziehungsweise Dienstvereinbarung können zwingend auf den Inhalt des Arbeitsverhältnisses einwirken. So verpflichtet das BUrlG den Arbeitgeber, den Arbeitnehmer jährlich für mindestens vier Wochen bezahlt von der Arbeit freizustellen. Die Vorschriften des EfZG regeln die Lohnzahlung an gesetzlichen Feiertagen und im Krankheitsfall unabhängig von einer Arbeitgeberentscheidung. Diese Ansprüche kann der Arbeitnehmer auch für die Vergangenheit geltend machen. Verjährung und tarifliche Verfallfristen setzen der Durchsetzung von rückwirkenden Ansprüchen allerdings Grenzen. Die Erhebung der Statusklage hindert nicht den Fristlauf.

8. Die individualvertragliche Verweisung auf einen Tarifvertrag für freie Mitarbeiter führt nicht zur Anwendbarkeit der tariflichen Bestimmungen im Rahmen eines Arbeitsverhältnisses. Bestehen bei den Rundfunkanstalten schon verschiedene Tarifwerke, die danach differenzieren, ob der Beschäftigte Festangestellter oder Freier ist, kann die Bezugnahmeklausel nur so verstanden werden, dass auf das vollständige Tarifwerk und somit auf die Anwendungsvoraussetzungen verwiesen werden sollte. Konsequenz ist, dass der Festangestellte aus dem vertraglich vereinbarten Geltungsbereich hinausfällt und der Tarifvertrag für freie Mitarbeiter im Rahmen des Arbeitsverhältnisses keine Geltung entfacht. Die Verweisung geht ins Leere.

9. Entgegen der Ansicht der Rechtsprechung erfolgen Anpassungen im Arbeitsverhältnis nicht nach den Grundsätzen über den Wegfall der Geschäftsgrundlage (§ 313 BGB), sondern über das Direktionsrecht oder die Änderungskündigung.

10. Klagt ein Mitarbeiter seinen Arbeitnehmerstatus auch für die Vergangenheit ein, können der Rundfunkanstalt beträchtliche Rückforderungsansprüche auf den Differenzbetrag zwischen gezahlter und im Arbeitsverhältnis tatsächlich geschuldeter Vergütung zustehen. Entsprechendes gilt, wenn sich der Mitarbeiter im Rahmen des Prozesses auf seine Arbeitnehmereigenschaft in der Vergangenheit beruft.

Bei der Geltendmachung von Rückerstattungsansprüchen hat die Rundfunkanstalt insbesondere tarifvertragliche Ausschlussfristen zu beachten. Entgegen der Rechtsprechung beginnt der Lauf tariflicher Verfallfristen regelmäßig bereits im Zeitpunkt der Überzahlung, falls die Anstalt damit rechnen musste, dass die Zusammenarbeit in Wirklichkeit als Arbeitsverhältnis einzuordnen ist.

11. Die Feststellung eines Arbeitsverhältnisses und damit in der Regel auch eines sozialversicherungspflichtigen Beschäftigungsverhältnisses führt dazu, dass die Anstalt gemäß § 28e Abs. 1 SGB IV zur Zahlung des Gesamtsozialversicherungsbeitrages verpflichtet ist. Den Arbeitnehmeranteil kann sie sich nach den Vorschriften des SGB IV im Lohnabzugsverfahren erstatten lassen.

Wurden in der Vergangenheit keine Beiträge abgeführt, können die Sozialversicherungsträger diese von der Anstalt in den Grenzen des § 25 SGB IV zumindest für die letzten vier Jahre nachfordern. Gegenüber dem Arbeitnehmer ist eine Geltendmachung der nachentrichteten Arbeitnehmeranteile regelmäßig nur im Rahmen der nächsten drei Lohnzahlungen möglich. Andere Erstattungsmöglichkeiten bestehen nicht.

12. Ein Wechsel der Einkunftsart beeinflusst regelmäßig die Höhe der Steuerschuld. Die bereits als freier Mitarbeiter entrichtete Einkommensteuer kann mit der Lohnsteuer verrechnet werden. Kommt es für die Vergangenheit zu Nachforderungen des Finanzamtes, weil der Arbeitnehmer Einkommensteuer nicht in ausreichender Höhe bezahlt hat, sind Rundfunkanstalt und Mitarbeiter Gesamtschuldner.

Es steht im Ermessen der Finanzverwaltung, welche der Arbeitsvertragsparteien sie für Lohnsteuernachforderungen in Anspruch nimmt (§ 42d Abs. 3 S. 2

EstG). Wird die Rundfunkanstalt zur Begleichung der Steuerschuld herangezogen, steht ihr gegen den Arbeitnehmer ein Steuererstattungsanspruch zu.

B. Schlussbetrachtung

Die Untersuchung hat gezeigt, dass eine Statusverfehlung für beide Arbeitsvertragsparteien mit nicht unerheblichen Risiken verbunden ist. Denn abgesehen davon, dass sich die Arbeitnehmereigenschaft auf die künftige Behandlung des Vertragsverhältnisses auswirkt, sind die Rechtsfolgen, die durch eine rückwirkende Statusklärung eintreten, nicht zu unterschätzen. Der Arbeitnehmer, der die für ihn ungünstigen Konsequenzen erst nach Abschluss des Statusverfahrens erkennt, wird vermutlich nicht mehr von einem gewonnenen Statusprozess sprechen. Während die sozial- und steuerrechtlichen Folgen aus Arbeitnehmersicht häufig weniger gravierend sind, kann das Statusurteil je nach Fallgestaltung zu oftmals enttäuschenden Arbeitsbedingungen führen: Ein Mitarbeiter, der bei Einleitung des Statusverfahrens noch annahm, er könne seine Tätigkeit wie bisher mit gleicher Bezahlung in einem Arbeitsverhältnis fortsetzen, wird später häufig eines Besseren belehrt. Denn die höheren Honorare für freie Mitarbeiter dienen auch als Ausgleich für fehlenden Bestandsschutz und Sozialvorsorge. Wer als Festangestellter den arbeitsrechtlichen Regelungen und Schutzbestimmungen untersteht, muss hingegen nicht mehr für diese Risiken entschädigt werden. Aus diesem Grund ist das Mitarbeiterhonorar überwiegend an den Status als Freiberufler gebunden. Es ist dann nur selbstverständlich, dass der Arbeitnehmer seine oft erheblich über dem Tariflohn liegende Vergütung im Falle eines Arbeitsverhältnisses nicht weiter verlangen kann. Eine unangenehme Konsequenz der Statusklärung ist deshalb, dass der Beschäftigte als Arbeitnehmer im Regelfall nur Anspruch auf die für Festangestellte übliche Vergütung gemäß § 612 Abs. 2 BGB hat. Denn nur in Ausnahmefällen ist das höhere Honorar auch für die Annahme eines Arbeitsverhältnisses vereinbart worden. Hinzu kommen oftmals beträchtliche Honorarrückforderungen der Rundfunkanstalt für Zeiträume, für die der Beschäftigte seinen Arbeitnehmerstatus geltend gemacht hat. Häufig dürfte es darauf hinauslaufen, dass sich der Freie einen relativ sicheren Arbeitsplatz „erkauft" und dafür auf einen großen Teil seines bisherigen Honorars verzichtet, was bei der allgemeinen Arbeitsmarklage und in Zeiten von Planstellenknappheit aber durchaus nachvollziehbar ist.

Besonders einschneidend sind die finanziellen Folgen für einen Mitarbeiter, der in der Vergangenheit im Jahresdurchschnitt nur wenige Stunden pro Woche für die Anstalt tätig war. Aufgrund von Sparzwang und Planstellenabbau ist davon auszugehen, dass die Rundfunkanstalt den Betreffenden nicht automatisch häufiger als zuvor einsetzen wird, sondern dass sie den früheren durchschnittlichen Beschäftigungsrahmen genau auf das Arbeitsverhältnis überträgt. Ergibt sich ein geringer Beschäftigungsumfang mit einer entsprechend niedrigen Vergütung, ist der Arbeitnehmer nach Abschluss des Statusprozesses in keiner besseren Lage als zuvor. Handelt es sich nur um eine geringfügige Beschäftigung i. S. v. § 8 SGB IV, bei der fast keine Sozialversicherungsansprüche entstehen, hat er durch die Festanstellung lediglich arbeitsrechtlichen Bestandsschutz dazu gewonnen. Ob er von dem niedrigeren Arbeitslohn seinen Lebensunterhalt bestreiten kann, ist fraglich. Wer hingegen schon früher vergleichbar einem Festangestellten disponiert wurde, muss sich zumindest hinsichtlich seines Arbeitspensums nicht umstellen. Auch inhaltlich ändert sich an der Zusammenarbeit grundsätzlich nichts. Die im Rundfunk üblichen Rahmenvereinbarungen bedeuten aber einen weiteren Risikofaktor auf dem Weg zur sicheren Festanstellung. Sollte sich die in der Rahmenvereinbarung enthaltene Befristungsabrede als wirksam erweisen, endet das festgestellte Arbeitsverhältnis mit Ablauf der entsprechenden Frist und die Statusklage war mehr oder weniger überflüssig.

Letztlich sollte jeder freie Mitarbeiter, der mit seinem rechtlichen Status unzufrieden ist, genau überlegen, welche Ziele er mit einem gewonnen Prozess erreichen möchte. Stehen für ihn gute Verdienstmöglichkeiten und soziale Absicherung im Vorderungrund, sollte er auch die Vorteile einer freien Mitarbeit sehen. Hinzu kommt, dass gerade im Rundfunkbereich die für arbeitnehemrähnliche Personen bestehenden Tarifverträge die Nachteile einer selbstständigen Tätigkeit verringern.

Und auch ein freier Mitarbeiter hat die Möglichkeit, sich alternativer Absicherungsformen zu bedienen. Allerdings finden auf die in den Tarifverträgen vorgesehenen Beendigungsmitteilungen Kündigungsschutzvorschriften keine Anwendung. Die (unbefristete) Festanstellung bietet demgegenüber trotz eventueller Einkommensminderung die mehr oder weniger langfristige Garantie eubes sicheren Arbeitsplatzes bei einem meist öffentlich-rechtlichen Arbeitgeber. Trotz der dargestellten Risiken kann es somit durchaus plausible Motive für die Einleitung des Statusverfahrens geben.

Literaturverzeichnis

Annuß, Georg; Thüsing, Gregor

Kommentar zum Teilzeit- und Befristungsgesetz, 1. Auflage Heidelberg 2002

Ascheid, Reiner; Preis, Ulrich; Schmidt, Ingrid

Kündigungsrecht; Großkommentar zum gesamten Recht der Beendigung von Arbeitsverhältnissen, 2. Auflage München 2004

Backhaus, Ludger

Die arbeitnehmerbegünstigende betriebliche Übung in der Rechtsprechung des BAG, ArbuR 1983, S. 65 ff

Baeck, Ulrich; Deutsch, Markus

Kommentar zum Arbeitszeitgesetz, 2. Auflage München 2004

Bauer, Jobst-Hubertus; Krieger, Steffen

Bezugnahmeklausel und Statusveränderung - Alterssicherung für leitende Angestellte?, NZA 2004, S. 464 ff

Bauschke, H-J

Zur Problematik tariflicher Bezugnahmeklauseln, ZTR 1993, S. 416 ff

Becker-Schaffner, Reinhard

Die Rechtsprechung im Bereich der Teilzeitbeschäftigung, DB 1986, S. 1773 ff

Bender, Wolfgang

Der Wegfall der Geschäftsgrundlage bei arbeitsrechtlichen Kollektivverträgen am Beispiel des Tarifvertrages und des Sozialplans, München 2005

Beppler, Klaus

Betriebliche Übungen - Ein erweiterter Rechtsprechungsbericht, RdA 2004, S. 226 ff

Berger-Delhey, Ulf; Alfmeier, Klaus

Freier Mitarbeiter oder Arbeitnehmer?, NZA 1991, 257 ff

Berkowsky, Wilfried

    Die betriebsbedingte Änderungskündigung, 1. Auflage Baden-Baden 2000

Berndt, Joachim

    Beitragsberechnung aus geschuldetem Arbeitsentgelt? - Ein Beitrag zur aktuellen Prüfpraxis der Rentenversicherungsträger, DStR 2000, S. 1520 ff

Beuthien, Volker; Wehler, Thomas

    Stellung und Schutz der freien Mitarbeiter im Arbeitsrecht, RdA 1978, 2 ff

    Gemeinsame Entscheidungsanmerkung, AP Nr. 15 - 21 zu § 611 BGB

Bezani, Thomas

    Der arbeitsrechtliche Status von Rundfunk- und Fernsehmitarbeitern, NZA 1997, S. 856 ff

Bezani, Thomas; Müller, Christoph

    Arbeitsrecht in Medienunternehmen, 1. Auflage Köln 1999

Bietmann, Rolf

    Rundfunkfreiheit und Arbeitnehmerbegriff - Der Beschluss des BVerfG und seine Auswirkungen auf die Rechtsprechung des BAG, NJW 1983, S. 200 ff

Birk, Rolf

    Das Nachweisgesetz zur Umsetzung der Richtlinie 91/533/EWG in das deutsche Recht, NZA 1996, S. 281 ff

    Das Direktionsrecht, AR-Blattei D. Direktionsrecht

Bitter, Walter

    Zur Stellung der freien Mitarbeiter, RdA 1978, S. 24 ff

Blaes, Ruth

    Medienberufe in der Jahrtausendwende, Beschreibung einer Situation – Blickwinkel Oktober 1999, ZUM Sonderheft 2000, S. 616 ff

Blomeyer, Wolfgang

    Wegfall der Geschäftsgrundlage, AR-Blattei Wegfall der Geschäftsgrundlage Nr. 1

Blümich

    Kommentar zum Einkommensteuergesetz, Körperschaftsteuergesetz, Gewerbesteuergesetz, 91. Ergänzungslieferung München 2006

Boemke, Burkhard

Gewerbeordnung: Kommentar zu §§ 105 – 110, Heidelberg 2003

Neue Selbstständigkeit und Arbeitsverhältnisse, ZfA 1998, S. 285 ff

Brand, Jürgen

Die Behandlung des Problems „Scheinselbständigkeit" durch die Sozialgerichte, NZS 1997, S. 552 ff

Brox, Hans; Walker, Wolf-Dietrich

Allgemeines Schuldrecht, 30. Auflage, München 2004

Buchholz, Goetz

Ratgeber Freie Kunst und Medien, 6. Auflage, Hamburg April 2002

Buchner, Herbert

Die arbeitnehmerähnliche Person, das unbekannte Wesen, ZUM Sonderheft 2000, S. 624 ff

Die Rechte der Arbeitnehmer, der Arbeitnehmerähnlichen und der Selbständigen - jedem das Gleiche oder jedem das Seine, NZA 1998, S. 1144 ff

Canaris, Claus-Wilhelm

Lehrbuch des Schuldrechts, Zweiter Band, Besonderer Teil, Zweiter Halbband, 13. Auflage, München 1994

Canaris, Claus-Wilhelm

Erklärungsbewusstsein bei der Willenserklärung und Anfechtbarkeit, NJW 1984, S. 2281 f

Dalichau, Gerhard

Entscheidungsanmerkung zu BAG vom 22.4.1998, EWiR 1998, S. 973 f

Danne, Harald

Urlaubsdauer bei unterschiedlicher Tagesarbeitszeit, DB 1990, S. 1965 ff

Däubler, Wolfgang

Tarifvertragsrecht, [Däubler/Bearbeiter]], 2. Auflage, Baden-Baden 2006

Entscheidungsanmerkung zu BAG vom 22.4.1998, EWiR 1998, 1121 f

Dauner-Lieb, Barbara

Die geplante Schuldrechtsmodernisierung – Durchbruch oder Schnellschuss?, JZ 2001, 8 ff

Dohrmann, Dieter

    Die Rechnung im Umsatzsteuerrecht ab 1.1.2004, StBp 2006, S. 118 ff

Dörr, Dieter

    Wo bleibt die Rundfunkfreiheit? Verfassungsrecht contra Arbeitsrecht, ZUM Sonderheft 2000, S. 666 ff

    Die Rundfunkfreiheit und der Status des freien Mitarbeiters, ZTR 1994, S. 355 ff

    Die freien Mitarbeiter und die Rundfunkfreiheit – Forstbestehende Divergenzen zwischen dem Bundesverfassungsgericht und der Arbeitsgerichtsbarkeit, Festschrift für Werner Thieme zum 70. Geburtstag, München 1993, S. 911 ff

Dötsch, Franz

    Entscheidungsanmerkung zu BFH 4.5.2006, jurisPR-SteuerR 38/2006 Anm. 4

Eckert, Michael

    Arbeitnehmer oder „freier Mitarbeiter" – Abgrenzung, Chancen, Risiken, DStR 1997, S. 705 ff

Eidenmüller, Horst

    Der Spinnerei-Fall – Die Lehre von der Geschäftsgrundlage nach der Rechtsprechung des Reichsgerichts und im Lichte der Schuldrechtsmodernisierung, Jura 2001, 824 ff

Einem v., Hans-Jörg

    Rechtliche Probleme bei Mehrfachtätigkeit geringfügig Beschäftigter, BB 1989, S. 1614 ff

Emmerich, Volker

    Das Recht der Leistungsstörungen, 6. Auflage, München 2005

    Erfurter Kommentar zum Arbeitsrecht [ErfK/Bearbeiter], 7. Auflage, München 2006

Erman, Walter

    Handkommentar zum Bürgerlichen Gesetzbuch in 2 Bänden, 11. Auflage 2005

Etzel, Gerhard

    Tarifordnung und Arbeitsvertrag, NZA 1987, Beil. Nr. 1, S. 19 ff

Etzel, Gerhard; Fischermeier, Ernst; Friedrich, Hans-Wolfgang; Lipke, Gert-Albert; Pfeiffer, Thomas; Rost, Friedhelm; Spilger, Andreas; Vogt, Norbert; Weigand, Horst; Wolff, Ingeborg

Gemeinschaftskommentar zum Kündigungsschutzrecht und zu sonstigen kündigungsschutzrechtlichen Vorschriften, (KR-Bearbeiter), 8. Auflage, München 2004

Falkenberg, Rolf-Dieter

Gegenstand und Grenzen des arbeitgeberseitigen Weisungsrechts, DB 1981, S. 1087 ff

Fastrich, Lorenz

Gleichbehandlung und Gleichstellung, RdA 2000, S. 65 ff

Entscheidungsanmerkung zu BAG vom 27.10.1998, AP Nr. 211 zu § 611 BGB Gratifikation

Fenn, Herbert

Entscheidungsanmerkung zu BAG vom 7.6.1973, SAE 1975, S. 104 f

Arbeitsverhältnisse und sonstige BeschäftigungsverhältnissFestschrift für Friedrich Wilhelm Bosch zum 65. Geburtstag, S. 171 ff

Finke, Hugo; Brachmann, Wolfgang; Nordhausen, Willy

Künstlersozialversicherungsgesetz, 2. Auflage, München 1992

Fischer, Hans-Jörg; Harth, Angela

Die Behandlung des sogenannten „Scheinselbstständigen" in arbeitsrechtlicher und steuerrechtlicher Hinsicht, ArbuR 1999, 126 ff

Flume, Werner

Allgemeiner Teil des Bürgerlichen Rechts, Zweiter Band, Das Rechtsgeschäft, 3. Auflage, Berlin 1979

Fohrbeck, Karla; Wiesand, Andreas Johannes

Der WDR als Kultur- und Wirtschaftsfaktor, 1. Auflage, Köln 1989

Forster, Wolfgang

Bereicherungsrecht und Wegfall der Geschäftsgrundlage nach Feststellung der Arbeitnehmereigenschaft, Diskussionsbeiträge der Wirtschaftswissenschaftlichen Fakultät Ingoldstadt Nr. 146, S. 28ff

Gamillscheg, Franz

Entscheidungsanmerkung zu BAG vom 14.2.1974, EzA § 611 BGB Nr. 16

Gaul, Björn

Der Musterarbeitsvertrag – zwischen unternehmerischer Vorsorge und den Vorgaben des Nachweisgesetzes, NZA 2000, S. 51 ff, (Sonderbeilage zu Heft 3)

Gaul, Dieter

Schranken der Bezugnahme auf einen Tarifvertrag, ZTR 1993, S. 355 ff

Erstreckungsinhalt und Umfang einer tariflichen Bezugnahmeklausel auf den BAT, ZTR 1991, 188 – 197

Giesen, Dieter

Grundsätze der Konfliktlösung im Besonderen Schuldrecht – Die ungerechtfertigte Bereicherung (Teil 1 – Leistungskondiktionen), Jura 1995, S. 169 ff

Giloy, Jörg

Zum Begriff des Arbeitnehmers im steuerrechtlichen Sinne, DB 1986, S. 822 ff

Gitter, Wolfgang

Sozialversicherungsrecht, 5. Auflage München 2001

Beschäftigungsverhältnis und Arbeitsverhältnis, Festschrift für Georg Wannagat zum 65. Geburtstag, S. 141 ff

Goretzki, Susanne; Hohmeister, Frank

Scheinselbstständigkeit – Rechtsfolgen im Sozialversicherungs-, Steuer- und Arbeitsrecht, BB 1999, S. 635 ff

Gravenhorst, Wulf

Rückzahlung überhöhter Vergütung aus verdecktem Arbeitsverhältnis, jurisPR-ArbR 24; 2005 Anm. 2

Vergütungshöhe in einem von den Vertragsparteien rechtsirrtümlich als freigewerbliches Dienstverhältnis geführten Arbeitsverhältnis, jurisPR-ArbR 18; 2005 Anm. 5

Griebeling, Gert

Mitarbeit in den Medien , ZUM Sonderheft 2000, S. 646 ff

Der Arbeitnehmerbegriff und das Problem der „Scheinselbstständigkeit", RdA 1998, S. 208 ff

Die Merkmale des Arbeitsverhältnisses, NZA 1998, S. 1137 ff

Groeger, Axel

Die Geltendmachung des Annahmeverzugslohnanspruchs, NZA 2000, S. 793 ff

Grunsky, Wolfgang

Entscheidungsanmerkung zu BAG vom 10.5.1974, AP Nr. 48 zu § 256 ZPO

Haarmann, Wilhelm

Wegfall der Geschäftsgrundlage bei Dauerrechtsverhältnissen, Berlin 1979

Hagemeier, Christian; Kempen, Otto Ernst; Zachert, Ulrich

Tarifvertragsgesetz, 4. Auflage Frankfurt 2006

Hanau, Hans

Der arbeitsrechtliche Gleichbehandlungsgrundsatz zwischen Privatautonomie und Kontrahierungszwang, Festschrift für Horst Konzen zum 70. Geburtstag, S. 233 ff

Hanau, Peter; Strick, Kerstin

Die Abgrenzung von Selbständigen und Arbeitnehmern (Beschäftigten) im Versicherungsaußendienst, DB Beilage 1998, Nr. 14, S. 1 ff

Heilmann, Karin

Der arbeitsrechtliche Status von Rundfunkmitarbeitern, AuA 1998, S. 190 ff

Hein, Werner

Überlegungen zur Entstehung des steuerrechtlichen Erstattungsanspruchs, DStR 1990, S. 301 ff

Hennige, Susanne

Rechtliche Folgewirkungen schlüssigen Verhaltens der Arbeitsvertragsparteien, NZA 1999, S. 281 ff

Hergenröder, Carmen Silvia

Entscheidungsanmerkung zu BAG vom 17.4.2002, AR-Blattei ES 350 Nr. 185

Herrmann, Carl; Heuer, Gerhard; Raupach, Arndt

Einkommensteuer- und Körperschaftsteuergesetz Loseblatt, Köln ab 1982

Herrmann, Günter

Rundfunkrecht: Fernsehen und Hörfunk mit neuen Medien, 2. Auflage, München 2004

Hilger, Marie-Luise

Rundfunkfreiheit und „Freie Mitarbeiter", RdA 1981, S. 265 ff

Hochrathner, Uwe

Entscheidungsanmerkung zu BAG vom 20.9.2000, ZUM 2001, S. 218 f

Die Statusrechtsprechung des 5. Senats des BAG seit 1994, NZA-RR 2001, S. 561 ff

Noch einmal: Rechtsprobleme rückwirkender Statusfeststellungen, NZA 2000, S. 1083 ff

Rechtsprobleme rückwirkender Statusfeststellungen, NZA 1999, S. 1016 ff

Hohmeister, Frank

Arbeits- und sozialversicherungsrechtliche Konsequenzen eines vom Arbeitnehmer gewonnenen Statusprozesses, NZA 1999, S.1009 ff

Holling, Detmar

Arbeitsrechtlicher Rechtsformzwang und Franchising, Bonn 1996

Hopfner, Sebastian

Verlängerung befristeter Arbeitsverhältnisse aus der Geltungszeit des § 1 Beschäftigungsförderungsgesetz, BB 2001, S. 200 f

Hoyningen-Huehne, Gerrick von

Der "freie Mitarbeiter" im Sozialversicherungsrecht, BB 1987, 1730 ff

Die Bezugnahme auf den Tarifvertrag – ein Fall der Tarifbindung, RdA 1974, S. 138 f

Hoyningen-Huehne, Gerrick von; Link, Rüdiger

Kommentar zum Kündigungsschutzgesetz, 14. Auflage, München 2007

Hromadka, Wolfgang

Befristete und bedingte Arbeitsverhältnisse neu geregelt, BB 2001, S. 621 ff

Arbeitnehmerbegriff und Arbeitsrecht – Zur Diskussion um die „neue Selbstständigkeit", NZA 1997, S. 569 ff

Das allgemeine Weisungsrecht, DB 1995, S. 2601 ff

Irrtümliche Überzahlung von Lohn, Geschichtliche Rechtswissenschaft: Ars tradendo innovandoque aequitatem sectandi

Freundesgabe für Söllner zum 60. Geburtstag, S.105 ff

Hromdadka, Wolfgang; Maschmann, Frank

Individualarbeitsrecht Band 1, 3. Auflage, Berlin 2004

Kollektivarbeitsrecht und Arbeitsrechtsstreitigkeiten Band 2, 3. Auflage, Berlin 2004

Hueck, Alfred

Der Treuegedanken im modernen Privatrecht, München 1947

Hueck, Alfred; Nipperdey, Hans Carl

Lehrbuch des Arbeitsrechts, Erster Band, 7. Auflage Berlin, Frankfurt a. M. 1963

Lehrbuch des Arbeitsrechts, Zweiter Band, 1. Halbband, 7. Auflage, Berlin, Frankfurt a. M. 1963

Hueck, Götz

Entscheidungsanmerkung zu BAG vom 3.10.1975, AP Nr. 10 zu § 611 BGB Abhängigkeit

Jahnke, Volker

Rechtsformzwang und Rechtsformverfehlung bei der Gestaltung privater Rechtsverhältnisse, ZHR 146 (1982), S. 595 ff

Jakob, Wolfgang

Abgabenordnung: Steuerverwaltungsverfahren und finanzgerichtliches Verfahren, 4. Auflage München 2006

Joch, Bernd

Arbeitsrecht für Film und Fernsehen – Die Beendigung von Arbeitsverhältnissen, insbesondere zur Möglichkeit der Vereinbarung von auflösenden Bedingungen, ZUM 1999, S. 368 ff

Junker, Abbo

Der „Besserverdienende" als Rechtsbegriff, ZIP 1994, S. 671 ff

Kaiser, Dagmar

Die Rechtsprechung des Bundesarbeitsgerichts im Jahre 1994, ZfA 1996, S. 115 ff

Kasseler Handbuch zum Arbeitsrecht

[Kasseler Handb./Bearbeiter], 2. Auflage Neuwied, Kriftel 2000

Keller, Harald

Faktisches Arbeitsverhältnis bei Vorliegen eines Umgehungsgeschäfts?, NZA 1999, S. 1311 ff

Kempen, Otto Ernst; Zachert, Ulrich

Tarifvertragsgesetz, 3. Auflage, Köln 1997

Kettler, Gero

Vertrauenstatbestände im Arbeitsrecht, NZA 2001, S. 928 ff

Kirchhof, Paul

Der bestandskräftige Steuerbescheid im Steuerverfahren und im Steuerstrafverfahren, NJW 1985, S. 2977 ff

Kirchhof, Paul; Söhn, Hartmut

> Einkommensteuergesetz Kommenta r(Loseblatt), seit 2000

Klempt, Walter

> Zur Konkretisierung des Arbeitsverhältnisses, Arbeitsgesetzgebung und Arbeitsrechtsprechung, Festschrift für Eugen Stahlhacke zum 70.Geburtstag, S. 261 ff

Kliemt, Michael

> Das neue Befristungsrecht, NZA 2001, S. 296 ff

Koenig, Ulrich

> Der allgemeine Erstattungsanspruch der Abgabenordnung 1977, DStR 1991, S. 633 ff

Kolmhuber, Martin

> „Verdecktes Arbeitsverhältnis" – Rückabwicklung nach Statusurteil, ArbRB 2003, S. 12 ff

Konzen, Horst; Rupp, Heinrich

> Entscheidungsanmerkung zu BVerfG vom 13.11.1982, EzA Art. 5 GG Nr. 9

Konzen; Horst

> Arbeitsrechtliche Drittbeziehungen, ZfA 1982, S. 259 ff

Köster, Hans-Wilhelm

> Die Nachentrichtung von Sozialversicherungsbeiträgen bei der Aufnahme mehrerer geringfügiger Beschäftigungen, NZA 1994, S. 54 ff

Kramer, Ralph

> Die Scheinselbstständigkeit und ihre Folgen, 1988

Krasney, Otto

> Das Gesetz zur Einordnung der Vorschriften über die Pflichten des Arbeitgebers und die Beitragszahlung zur Sozialversicherung vom 20.12.1988, NJW 1989, S. 1007 ff

Krause, Rüdiger

> Entscheidungsanmerkung zu BAG vom 25.4.1995, EzA § 1 BetrAVG Gleichbehandlung Nr. 8
>
> Vereinbarte Ausschlussfristen, RdA 2004, S. 106 ff

Kreuder, Thomas

> Arbeitnehmereigenschaft und „neue Selbständigkeit" im Lichte der Privatautonomie, ArbuR 1996, S. 386 ff

Küchenhoff, Günther

Entscheidungsanmerkung zu BAG vom 23.4.1980, AP Nr. 34 zu § 611 BGB Abhängigkeit

Kunz, Jürgen; Kunz, Petra

Freie-Mitarbeiter-Verträge als Alternative zur Festanstellung? – Arbeits-, steuer- und sozialversicherungsrechtliche Folgen einer falschen Handhabung, DB 1993, S. 326 ff

Küttner, Wolfdieter

Personalhandbuch 2006, 13. Auflage, München 2006

Larenz, Karl; Canaris, Claus-Wilhelm

Lehrbuch des Schuldrechts, Zweiter Band Besonderer Teil, Zweiter Halbband, [Larenz/ Canaris SchR II 2], 13. Auflage, München 1994

Larenz, Karl; Wolf, Manfred

Allgemeiner Teil des deutschen Bürgerlichen Rechts, [Larenz/ Wolf AT BGB], 9. Auflage, München 2004

Lieb, Manfred

Beschäftigung auf Produktionsdauer – selbständige oder unselbständige Tätigkeit? RdA 1977, S. 210 ff

Rechtsformzwang und Rechtsformverfehlung im Arbeitsrecht, RdA 1975, S. 49 ff

Entscheidungsanmerkung zu BAG vom 14.2.1974, AP Nr.12 zu § 611 BGB Abhängigkeit

Lieb, Manfred; Jacobs, Matthias,

Arbeitsrecht, 9. Auflage, Heidelberg, Landsberg, München, Berlin 2006

Löffler, Martin

Presserecht, Kommentar zu den Landespressegesetzen der Bundesrepublik Deutschland, 4. Auflage München 1997

Löwisch, Manfred

Die Änderung von Arbeitsbedingungen auf individualrechtlichem Wege, insbesondere durch Änderungskündigung, NZA 1988, S. 633 ff

Löwisch, Manfred; Rieble, Volker

Kommentar zum Tarifvertragsgesetz, 2. Auflage München 2004

Löwisch, Manfred; Spinner, Günter

Kommentar zum Kündigungsschutzgesetz, 9. Auflage, Heidelberg 2004

Matthießen, Volker

Arbeits- und handelsvertreterrechtliche Ansätze eines Franchisenehmerschutzes, ZIP 1988, S. 1089 ff

Meiser, Carola; Theelen, Ulrich

Filmschaffende und Arbeitsrecht, NZA 1998, S. 1041 ff

Merten, Philip; Schwarz, Philip

Die Ablösung einer betrieblichen Übung durch Betriebsvereinbarung, DB 2001, S. 646 ff

Mestwerdt, Wilhelm

Eingruppierung und Nachweisgesetz, jurisPR-ArbR 40; 2005 Anm. 1

Müller, Knut

Arbeitnehmer und freie Mitarbeiter, MDR 1998, S. 1061 ff

Müller, Wigo

Lohnsteuernachforderungen des Finanzamtes beim Arbeitgeber und dessen Erstattungsanspruch gegen den Arbeitnehmer, DB 1981, S. 2172 ff

Münchener Anwaltshandbuch Arbeitsrecht [MAHArbR/Bearbeiter], 2. Auflage, München 2005

Münchener Anwaltshandbuch Sozialrecht [MAHSozR/Bearbeiter], 2. Auflage, München 2005

Münchener Handbuch zum Arbeitsrecht [MünchArbR/Bearbeiter], 2. Auflage, München 2000

Münchener Kommentar zum Bürgerlichen Gesetzbuch [MüKo/Bearbeiter], 4. Auflage, München ab 1993

Musielak, Hans-Joachim

Kommentar zur Zivilprozessordnung, 5. Auflage, München 2007

Neumann, Dirk; Fenski, Martin,

Kommentar zum Bundesurlaubsgesetz nebst allen anderen Urlaubsbestimmungen des Bundes und der Länder, 9. Auflage, München 2003

Niebler, Michael; Meier, Horst; Dubber, Anja

Arbeitnehmer oder freier Mitarbeiter? Ein arbeits-, steuer- und sozialversicherungsrechtlicher Leitfaden durch das Recht der Beschäftigungsverhältnisse, 2. Auflage, Berlin 2000

Niepalla, Peter

Statusklagen freier Mitarbeiter gegen Rundfunkanstalten, ZUM 1999, S. 353 ff

Niepalla, Peter; Dütemeyer, Jochen

> Die vergangenheitsbezogene Geltendmachung des Arbeitnehmerstatus und Rückforderungsansprüche des Arbeitgebers, NZA 2002, S. 712 ff

Nikisch, Arthur

> Allgemeine Lehren und Arbeitsvertragsrecht, Band 1, 3.Auflage, Tübingen, 1961

Nikisch, Arthur

> Koalitionsrecht, Arbeitskampfrecht, Tarifvertragsrecht Band 2, 2.Auflage Tübingen, 1959

Oesterle, Harald

> Entscheidungsanmerkung zu LAG München vom 13.9.2005, JurisPR-ArbR 19/2006 Anm. 3

Oetker, Hartmut

> Entscheidungsanmerkung zu BAG vom 19.1.1999, AP Nr. 9 zu § 1 TVG Bezugnahme auf Tarifvertrag
>
> Entscheidungsanmerkung zu BAG vom 19.1.1999, AP Nr. 9 zu § 1 TVG Bezugnahme auf Tarifvertrag

Offerhaus, Klaus

> Zur Haftung des Arbeitgebers im Lohnsteuerverfahren BB 1982, S. 793 ff

Ohlenhusen von, Albrecht Götz,

> Die Nichtverlängerungsmitteilung im Medienrecht, ZUM 2002, S. 621 ff
>
> Medienarbeitsrecht für Hörfunk und Fernsehen, Konstanz 2004
>
> Freie Mitarbeit in den Medien, Baden-Baden 2002
>
> Die arbeitnehmerähnliche Person im Presse und Medienrecht, ZUM 1991, S. 557 ff
>
> Die Ein- und Umgruppierung von Mitarbeitern der öffentlich-rechtlichen Rundfunk- und Fernsehanstalten, ZUM 1993, S. 116 ff

Olbing, Klaus

> Neue Gefahren in der Besteuerung freier Mitarbeiter, ZIP 1999, S. 226 ff

Ory, Stephan

> Entscheidungsanmerkung zu BSG vom 28.1.1999, BB 1999, S. 1662 ff

Freie Journalisten, „Scheinselbstständige" und die Künstlersozialversicherung, BB 1999, S. 897 ff

Vom Kampf gegen die „Scheinselbstständigkeit" zur Förderung der Selbstständigkeit, AfP 2000, S. 143 ff

Ory, Stephan; Schmittmann, Jens

Freie Mitarbeit in den Medien, 1. Auflage, München 2002

Ossenbühl, Fritz

Rechtsprobleme der freien Mitarbeit im Rundfunk, Frankfurt a. M. 1978

Otto, Hansjörg

Rundfunkspezifischer Arbeitnehmerstatus, ArbuR 1983, S. 1 ff

Palandt

Kommentar zum Bürgerlichen Gesetzbuch, 65. Auflage, München 2006

Plander, Harro

Rundfunkfreiheit und Arbeitnehmerstatus, BlStSozArbR 1982, S. 225 ff

Preis, Ulrich

Der Arbeitsvertrag: Handbuch der Vertragspraxis und Vertragsgestaltung, 2. Auflage, Köln 2005

Das Nachweisgesetz – lästige Förmelei oder arbeitsrechtliche Zeitbombe?, NZA 1997, S. 10 ff

Preis, Ulrich; Gotthardt, Michael

Das Teilzeit- und Befristungsgesetz, DB 2001, S. 145 ff

Reinecke, Gerhard

Die gerichtliche Feststellung der Arbeitnehmereigenschaft und ihre Rechtsfolgen für Vergangenheit und Zukunft, RdA 2001, S. 357 ff

Der Kampf um die Arbeitnehmereigenschaft – prozessuale, materielle und taktische Probleme, NZA 1999, S. 729 ff

Neudefinition des Arbeitnehmerbegriffs durch Gesetz und Rechtsprechung?, ZIP 1998, S. 581 ff

Prozessuale und taktische Probleme bei der Geltendmachung der Arbeitnehmereigenschaft, DB 1998, S. 1282 ff

Rückforderung von überzahltem Arbeitsentgelt und tarifliche Ausschlussfristen, Festschrift für Günther Schaub S. 593 ff

Reinicke, Dietrich

Die Bedeutung der Schriftformklauseln unter Kaufleuten, DB 1976, S. 2289 ff

Reiserer, Kerstin; Freckmann, Anke

Scheinselbstständigkeit – heute noch ein schillernder Rechtsbegriff, NJW 2003, S. 180 ff

Reiserer, Kersting; Schulte, Knut

Der GmbH-Geschäftsführer im Sozialversicherungsrecht, BB 1995, S. 2162 ff

Reitzel, Johannes

Arbeitsrechtliche Aspekte der Arbeitnehmerähnlichen im Rundfunk, Frankfurt a. M. 2007

Rieble, Volker

Die relative Verselbstständigung von Arbeitnehmern – Bewegung in den Randzonen des Arbeitsrechts?, ZfA 1998, S. 327 ff

Rohlfing, Bernd

Zum arbeitsrechtlichen Status von (Honorar-) Lehrkräften, NZA 1999, S. 1027 f

Rosenfelder, Ulrich

Der arbeitsrechtliche Status des freien Mitarbeiters, Berlin 1982

Rüthers, Bernd

Programmfreiheit der Rundfunkanstalten und Arbeitsrechtsschutz der freien Mitarbeiter, DB 1982, S. 1869 ff

Rüthers, Bernd; Buhl, Dieter

Arbeitsvertrag und Rundfunkfreiheit bei programmgestaltenden Mitarbeitern, ZfA 1986, S. 19 ff

Rüthers, Bernd; Stadler, Astrid

Allgemeiner Teil des BGB, 13. Auflage, München 2003

Schaub, Günter

Arbeitsrechtshandbuch [Schaub/Bearbeiter], 11. Auflage, München 2005

Schlechtriem, Peter

Prinzipien und Vielfalt – Zum gegenwärtigen Stand des deutschen Bereicherungsrechts, ZHR 149 (1985), S. 327 ff

Schlegel, Reiner

Wen soll das Sozialrecht schützen? – Zur Zukunft des Arbeitnehmer- und Beschäftigtenbegriffs im Sozialrecht, NZS 2000, S. 426 ff

Schliemann, Harald

Das Arbeitsrecht im BGB [ArbR-BGB/Bearbeiter], 2. Auflage 2002

Schmidt, Bettina; Schwerdtner, Peter,

Scheinselbstständigkeit, 2. Auflage, München 2000

Schmidt, Ingrid

Arbeitsrecht und Sozialrecht, RdA 1999, S. 124 ff

Schmidt, Ludwig

Einkommensteuergesetz Kommentar, 25. Auflage, München 2006

Schnorr von Carolsfeld, Ludwig

Entscheidungsanmerkung zu BAG vom 3.10.1975, SAE 1977, S. 121 ff

Schrader, Peter

Neues zu Ausschlussfristen, NZA 2003, S. 345 ff

Schwab, Martin

Verwirkung des Anspruchs des Arbeitgebers auf Rückerstattung von Lohnüberzahlungen, BB 1995, S. 2212 ff

Seidel, Norbert

Der Medienmensch im Tarifvertrag. Was leisten die Tarifverträge für Arbeitnehmerähnliche? ZUM Sonderheft 2000, S. 660 ff

Soergel

Bürgerliches Gesetzbuch mit Einführungsgesetz und Nebengesetzen, Stuttgart (ab 1978)

Sölch, Otto

Umsatzsteuergesetz, München 2005

Söllner, Alfred

„From status to contract" – Wandlungen in der Sinndeutung des Arbeitsrechts, Festschrift für Wolfgang Zöllner zum 70. Geburtstag, S. 949 ff

Söllner, Alfred

Fortgef. von Waltermann, Raimund, Arbeitsrecht, 14. Auflage München 2007

Söllter, Frank

Sieben Jahre Künstlersozialabgabe: Entwicklung, Sachstand und Rechtsprechungsübersicht, BB 1990, Beilage 22

Sommer, Thomas

Das Ende der Scheinselbstständigkeit? NZS 2003, S. 169 ff

Stahlhacke, Eugen; Preis, Ulrich; Vossen, Reinhard

Kündigung und Kündigungsschutz im Arbeitsverhältnis [Stahlhacke/Bearbeiter], 8. Auflage, München 2002

Staudinger J. von

Staudingers Kommentar zum Bürgerlichen Gesetzbuch mit Einführungsgesetz und Nebengesetzen[Staudinger/Bearbeiter], 12. Auflage (ab 1979) und 13. Bearbeitung (ab 1993)

Steinau-Steinrück, Robert von

Entscheidungsanmerkung zu BAG 21.1.1998, SAE 1999, S. 318 ff

Stoffels, Markus

Statusvereinbarungen im Arbeitsrecht, NZA 2000, S. 690 ff

Strick, Kerstin

Die Anfechtung von Arbeitsverträgen durch den Arbeitgeber, NZA 2000, S. 695 ff

Stückemann, Wolfgang

Dokumentationspflichten für den Arbeitgeber – Rechtsklarheit durch das Nachweisgesetz vom 20.7.1995, BB 1995, S. 1846 ff

Thüsing, Gregor; Lambrich, Thomas

Arbeitsvertragliche Bezugnahme auf Tarifnormen, RdA 2002, S. 193 ff

Tremml, Bernd; Karger, Michael

Freie Mitarbeit und Scheinselbstständige, Planegg 2000

Uthoff, Hayo; Deetz, Werner; Brandhofe, Ruth; Nöh, Birgit

Funktionsverluste des Rundfunks – Wirkungsanalyse der Festanstellungsrechtsprechung des Bundesarbeitsgerichts, Berlin 1980

Voß, Peter

Eröffnungsrede für das Symposium „Freiheit der Mitarbeit in den Medien", ZUM Sonderheft 2000, S. 614 ff

Wank, Rolf

Arbeitnehmer und Selbstständige, München 1988

Die Rechtsprechung des BAG im Jahre 1986, ZfA 1987, S. 355 ff

Die Auslegung von Tarifverträgen, RdA 1998, S. 71 ff

Das Nachweisgesetz, RdA 1996, S. 21 ff

Die „neue Selbständigkeit", DB 1992, S. 90 ff

Entscheidungsanmerkung zu BAG vom 7.5.1980, AP Nr. 36 zu § 611 BGB Abhängigkeit

Weber, Hans-Jörg

Die Ansprüche auf Urlaub, Urlaubsentgelt und Urlaubsabgeltung, RdA 1996, S. 229 ff

Weber, Hans-Jörg

Entscheidungsanmerkung zu BAG vom 20.3.1984, AP Nr. 22 zu § 670 BGB

Wiedemann, Herbert

Tarifvertragsgesetz, Zit.: Wiedemann; Bearbeiter, 6. Auflage München 1999

Wiegelmann, Lothar

Beitragsbemessungsgrenzen, Bezugsgrößen, Beitragssätze in der Sozialversicherung 2006, BB Beilage 2006, Nr. 12, S. 1 ff

Wrede, Beatrice

Bestand und Bestandsschutz von Arbeitsverhältnissen in Rundfunk, Fernsehen und Presse, NZA 1999, S. 1019 ff

Zöller, Richard; Geimer, Arnold; Greger, Reinhard

Zivilprozessordnung, 26. Auflage, Köln 2006

Zöllner, Wolfgang; Loritz, Karl-Georg

Arbeitsrecht, 5. Auflage, München 1998

**Studien zum deutschen
und europäischen Medienrecht**

Herausgegeben von Dieter Dörr und Udo Fink
mit Unterstützung der Dr. Feldbausch Stiftung

Band 1 Peter Charissé: Die Rundfunkveranstaltungsfreiheit und das Zulassungsregime der Rundfunk- und Mediengesetze. Eine verfassungs- und europarechtliche Untersuchung der subjektiv-rechtlichen Stellung privater Rundfunkveranstalter. 1999.

Band 2 Dieter Dörr: Umfang und Grenzen der Rechtsaufsicht über die Deutsche Welle. 2000.

Band 3 Claudia Braml: Das Teleshopping und die Rundfunkfreiheit. Eine verfassungs- und europarechtliche Untersuchung im Hinblick auf den Rundfunkstaatsvertrag, den Mediendienste-Staatsvertrag, das Teledienstegesetz und die EG-Fernsehrichtlinie. 2000.

Band 4 Dieter Dörr, unter Mitarbeit von Mark D. Cole: *Big Brother* und die Menschenwürde. Die Menschenwürde und die Programmfreiheit am Beispiel eines neuen Sendeformats. 2000.

Band 5 Martin Stock: Medienfreiheit in der EU-Grundrechtscharta: Art. 10 EMRK ergänzen und modernisieren! 2000.

Band 6 Wolfgang Lent: Rundfunk-, Medien-, Teledienste. Eine verfassungsrechtliche Untersuchung des Rundfunkbegriffs und der Gewährleistungsbereiche öffentlich-rechtlicher Rundfunkanstalten unter Berücksichtigung einfachrechtlicher Abgrenzungsfragen zwischen Rundfunkstaatsvertrag, Mediendienstestaatsvertrag und Teledienstegesetz. 2001.

Band 7 Torsten Schreier: Das Selbstverwaltungsrecht der öffentlich-rechtlichen Rundfunkanstalten. 2001.

Band 8 Dieter Dörr: Sport im Fernsehen. Die Funktionen des öffentlich-rechtlichen Rundfunks bei der Sportberichterstattung. 2000.

Band 9 Dieter Dörr (Hrsg.): www.otello.de. Klassik nur noch im Internet oder per pay? Symposium aus Anlass des 85. Geburtstages von Professor Dr. Heinz Hübner. 2000.

Band 10 Markus Nauheim: Die Rechtmäßigkeit des Must-Carry-Prinzips im Bereich des digitalisierten Kabelfernsehens in der Bundesrepublik Deutschland. Illustriert anhand des Vierten Rundfunkänderungsstaatsvertrages. 2001.

Band 11 Stefan Sporn: Die Ländermedienanstalt. Zur Zukunft der Aufsicht über den privaten Rundfunk in Deutschland und Europa. 2001.

Band 12 Christian Ebsen: Fensterprogramme im Privatrundfunk als Mittel zur Sicherung von Meinungsvielfalt. 2003.

Band 13 Dieter Dörr / Stephanie Schiedermair: Rundfunk und Datenschutz. Die Stellung des Datenschutzbeauftragten des Norddeutschen Rundfunks. Eine Untersuchung unter besonderer Berücksichtigung der verfassungsrechtlichen und europarechtlichen Vorgaben. 2002.

Band 14 Dieter Dörr (Hrsg.): Rundfunk über Gebühr. Die Finanzierung des öffentlich-rechtlichen Rundfunks im Zeitalter der technischen Konvergenz. 3. Mainzer Mediengespräch. 2003.

Band 15 Dieter Dörr / Stephanie Schiedermair: Die Deutsche Welle. Die Funktion, der Auftrag, die Aufgaben und die Finanzierung heute. 2003.

Band 16 Frauke Blechschmidt: Das Instrumentarium audiovisueller Politik der Europäischen Gemeinschaft aus kompetenzrechtlicher Sicht. 2003.

Band 17 Christine Jury: Die Maßgeblichkeit von Art. 49 EG für nationale rundfunkpolitische Ordnungsentscheidungen unter besonderer Berücksichtigung von Art. 151 EG. Eine Untersuchung am Beispiel öffentlich-rechtlicher Spartenkanäle. 2005.

Band 18 Sabine Groh: Die Bonusregelungen des § 26 Abs. 2 S. 3 des Rundfunkstaatsvertrages. 2005.

Band 19 Sylke Wagner: Das *Websurfen* und der Datenschutz. Ein Rechtsvergleich unter besonderer Berücksichtigung der Zulässigkeit sogenannter *Cookies* und *Web Bugs* am Beispiel des deutschen und U.S.-amerikanischen Rechts. 2006.

Band 20 Stephanie Reese: Der Funktionsauftrag des öffentlich-rechtlichen Rundfunks vor dem Hintergrund der Digitalisierung. Zur Konkretisierung des Funktionsauftrages in § 11 Rundfunkstaatsvertrag. 2006.

Band 21 Henrike Maaß: Der Dokumentarfilm – Bürgerlichrechtliche und urheberrechtliche Grundlagen der Produktion. 2006.

Band 22 Dorit Bosch: Die „Regulierte Selbstregulierung" im Jugendmedienschutz-Staatsvertrag. Eine Bewertung des neuen Aufsichtsmodells anhand verfassungs- und europarechtlicher Vorgaben. 2007.

Band 23 Johannes Gerhard Reitzel: Arbeitsrechtliche Aspekte der Arbeitnehmerähnlichen im Rundfunk. 2007.

Band 24 Ulf Böge / Jürgen Doetz / Dieter Dörr / Rolf Schwartmann: Wieviel Macht verträgt die Vielfalt? Möglichkeiten und Grenzen von Medienfusionen. 2007.

Band 25 Valérie Schüller: Die Auftragsdefinition für den öffentlich-rechtlichen Rundfunk nach dem 7. und 8. Rundfunkänderungsstaatsvertrag. 2007.

Band 26 Simone Naumann: Die arbeitnehmerähnliche Person in Fernsehunternehmen. 2007.

Band 27 Nathalie Hellmuth: ARTE – Europa auf Sendung. Verfassungsrechtliche Rahmenbedingungen für die Beteiligung von ARD und ZDF an supranationalen Gemeinschaftssendern am Beispiel des Europäischen Kulturkanals ARTE. 2007.

Band 28 Dieter Dörr / Stephanie Schiedermair: Ein kohärentes Konzentrationsrecht für die Medienlandschaft in Deutschland. 2007.

Band 29 Dieter Dörr / Simone Sanftenberg / Rolf Schwartmann (Hrsg.): Medienherausforderungen der Zukunft. Seminar zum nationalen und internationalen Medienrecht. Vom 06.–10. Dezember 2006 in Lech am Arlberg (Österreich). 2008.

Band 30 Nina Nicole Hütt: Zur Frage der Existenz von Hörfunkrechten des Sportveranstalters unter besonderer Berücksichtigung der Fußball-Bundesliga. 2008.

Band 31 Hans-Martin Schmidt: Rundfunkgebührenfinanzierung unter dem GATS. 2008.

Band 32 Julia Niebler : Die Stärkung der Regionalfensterprogramme im Privaten Rundfunk als Mittel zur Sicherung der Meinungsvielfalt durch den Achten Rundfunkänderungsstaatsvertrag. 2008.

Band 33 Jörg Michael Voß: Pluraler Rundfunk in Europa – ein duales System für Europa? Rahmenbedingungen für den öffentlich-rechtlichen Rundfunk in einer europäischen dualen Rundfunkordnung. Unter Berücksichtigung der Anforderungen der europäischen Meinungs- und Medienfreiheit. 2008.

Band 34 Nina Knorre: Die Abwicklung des Arbeitsverhältnisses nach erfolgreicher Statusklage im Rundfunk. 2008.

www.peterlang.de

www.ingramcontent.com/pod-product-compliance
Ingram Content Group UK Ltd.
Pitfield, Milton Keynes, MK11 3LW, UK
UKHW021835210426
5322IPUK00021B/306